普通高等教育土建类系列教材

建筑电气

主　编　武校刚
副主编　荣忠利　吴宏伟
参　编　赵东辉　孙　良　茅赛琴　刘育田

机械工业出版社

本书根据全国高等学校本科建筑电气人才培养目标、结合当前建筑电气工程设计内容编写。本书共9章，包括绪论、建筑电气中的导线、建筑供配电的负荷计算与无功功率补偿、建筑电气基本配电设备、建筑电气照明系统、建筑供配电系统、建筑防雷与接地系统、火灾自动报警与消防联动系统、建筑电气施工图设计与识读。本书各章自成系统、相对独立，又紧密联系，便于读者学习。章末附有习题，可帮助读者理解书中阐述的基本内容与基本方法。

本书可作为建筑环境与能源应用工程、建筑电气与智能化、电气工程及其自动化等专业建筑电气课程的教材，也可作为相关工程技术人员的参考书。

图书在版编目（CIP）数据

建筑电气 / 武校刚主编. -- 北京 : 机械工业出版社，2024. 6. -- ISBN 978-7-111-76171-6

Ⅰ. TU85

中国国家版本馆 CIP 数据核字第 2024HE1764 号

机械工业出版社（北京市百万庄大街 22 号　邮政编码 100037）

策划编辑：马军平　　责任编辑：马军平　于伟蓉

责任校对：李　杉　张　薇　　封面设计：张　静

责任印制：刘　媛

唐山三艺印务有限公司印刷

2024 年 8 月第 1 版第 1 次印刷

184mm×260mm · 13.5 印张 · 331 千字

标准书号：ISBN 978-7-111-76171-6

定价：43.80 元

电话服务　　网络服务

客服电话：010-88361066　机　工　官　网：www.cmpbook.com

010-88379833　机　工　官　博：weibo.com/cmp1952

010-68326294　金　书　网：www.golden-book.com

机工教育服务网：www.cmpedu.com

前　言

本书根据全国高等学校本科建筑电气人才培养目标、结合当前建筑电气工程设计内容编写。它是以培养当今行业需要的建筑电气专业人才为目标的新形态教材。

本书以“双碳”为引领，以绿色节能、以人为本的建筑电气设计为理念，基于建筑供配电设计技术和消防电气设计技术，通过典型工程案例，介绍了建筑电气系统的基本知识、设计原理与设计方法；并基于行业对专业人才的技术需求，详细系统地介绍了建筑电气系统的设计内容，包括平面图、系统图、干线图、设备选型等重要实施环节。本书结合当前的行业技术发展，采用了新标准，结合了编者参与的工程实际所使用的主流技术，并引入了相关的国内外先进技术成果。

本书内容包含了建筑照明系统、动力配电系统、防雷与接地系统、消防电气系统，具有完整的建筑电气工程知识体系结构。本书各章自成系统、相对独立，又紧密联系，便于读者学习。本书结构合理、系统性强，各章附有习题，可帮助读者理解书中阐述的基本内容与基本方法，有利于培养读者的基本工程技术能力和行业工程素养；各章还附有拓展阅读，有利于提高读者的人文素养。

本书由宁波工程学院武校刚担任主编。编写分工如下：第 1 章由湖南城市学院孙良编写，第 2 章由西南科技大学刘育田编写，第 3 章由沈阳工业大学赵东辉编写，第 4 章、第 5 章、第 6 章由武校刚编写，第 7 章、第 8 章由浙江高专建筑设计研究院有限公司荣忠利编写，第 9 章由宁波工程学院吴宏伟、茅赛琴编写。

编写本书过程中，编者参考了大量文献，在此谨向文献的作者表示衷心的感谢。本书编写及出版得到了宁波工程学院专项经费资助，编者在此表示感谢。

由于编者水平有限，书中难免存在不妥之处，敬请广大读者提出宝贵意见。

编　者

重点授课视频二维码清单

章节位置	资源名称	二维码图形	章节位置	资源名称	二维码图形
1.2.1	电力系统中的交流电		5.1.2	照明灯具	
2.1	导线的类型		5.1.3	照明开关	
2.2	导线的选择		5.2	照度计算	
2.3	导线的敷设		5.3.1	灯具的布置	
4.1	配电箱		5.3.2	照明灯的控制（一）	
4.2.1	断路器		5.3.2	照明灯的控制（二）	
4.2.4	双电源自动切换开关		5.3.3	照明回路的设计	
5.1.1	照明光源		5.3.5	照明配电箱系统图	

（续）

章节位置	资源名称	二维码图形	章节位置	资源名称	二维码图形
6. 1. 1	普通插座的布置		8. 3. 1	消防联动系统的基本部件与系统	
6. 1. 2	插座配电箱系统图		8. 3. 2	消火栓系统的联动	
6. 2. 1	分体式空调配电		8. 3. 2	自动喷水灭火系统的联动	
6. 2. 2	集中式空调配电		8. 3. 2	防烟排烟系统的联动	
7. 1. 2	建筑物防雷装置		9. 3. 1	建筑电气照明平面图设计实例与识读	
7. 1. 4	建筑物防雷措施		9. 3. 2	建筑配电系统施工图设计实例与识读——空调配电	
7. 1. 5	屋顶防雷平面图		9. 3. 2	建筑配电系统施工图设计实例与识读——动力配电	
7. 2. 2	建筑基础接地平面图		9. 3. 3	建筑防雷与接地系统施工图设计实例与识读	
8. 2. 1	火灾自动报警系统的基本部件		9. 3. 4	火灾自动报警系统施工图设计实例与识读	
8. 2. 2	火灾自动报警系统基本部件的设置				

目录

第1章 绪论

【学习目标驱动】初涉建筑电气，需要了解或者熟悉哪些内容呢？进行工程项目建筑电气设计前，一般需要以下内容的知识储备：建筑电气包含的内容；建筑电气设计对象——交流电；电力系统的组成；电力负荷等级与供电要求；变压器、变电所及建筑供电方式。

【学习内容】建筑电气的含义；建筑电气包含的内容；电力系统中的交流电；电力系统的概念及组成；电力负荷等级与供电要求；变压器与变电所；供电方式。

【知识目标】了解建筑电气的含义；了解建筑电气包含的内容；了解电力系统的概念及组成；熟悉变压器的结构、功能及变电所内的主要设备；熟悉电力系统中的交流电；熟悉供电方式。

【能力目标】学会电力负荷等级的划分并按其供电要求供电。

1.1 建筑电气概述

1.1.1 建筑电气的含义

建筑电气是建筑物及其附属建筑的各类电气系统的设计与施工以及所用产品、材料与技术的生产和开发的总称。建筑物里面所有与电气相关的产品、材料、技术等，都属于建筑电气的范畴。

建筑电气主要有三个功能：输送分配和应用电能；传递信息；为人们提供舒适便利、安全的建筑环境。输送分配和应用电能，属于强电的范畴，传递信息属于弱电的范畴。建筑电气的功能不仅要满足强电的要求，也要满足弱电的要求。在满足这两个功能的基础上，为人们提供舒适便利安全的生存环境。

1.1.2 建筑电气的内容

建筑电气系统可分为建筑强电系统和建筑弱电系统。建筑强电系统主要包括建筑照明系统、建筑供配电系统、防雷与接地系统。建筑弱电系统主要包括信息网络系统、通信网络系统、有线电视系统、安全技术防范系统、公共广播与厅堂扩声系统、火灾自动报警与消防联动系统，以及建筑设备监控系统。

在建筑工程项目的各专业设计中，建筑电气设计一般分为建筑强电设计和建筑弱电设计，而建筑强电设计是指建筑供配电设计，建筑弱电设计是指建筑智能化设计。

火灾自动报警与消防联动系统虽然属于建筑弱电系统的范畴，但是在实际的工程项目设计中被纳入了建筑强电系统设计的范畴。火灾自动报警与消防联动系统是一种关系着人的生命与财产安全的电气系统，这与建筑供配电系统中的电气安全一样，具有同等的安全重要性。因此，在实际工程项目设计中，火灾自动报警与消防联动系统往往由建筑强电专业人员来设计。

本书主要介绍建筑电气中建筑强电设计的内容，建筑弱电设计内容在此不再赘述。

1.2 电力系统概述

1.2.1 电力系统中的交流电

1. 三相交流电源

人们日常生活和工作中所使用的用电设备，既有交流电源供电，也有直流电源供电。然而，除少数用电设备使用直流电源供电外，大多数用电设备都使用交流电源供电。

电力系统中的交流电

直流电源（以下简称直流电）是指电压不随时间变化的电源。交流电源（以下简称交流电）是指电压随时间做周期性变化的电源，其基本的变化形式是呈正弦规律变化。我国交流电的电压波形为正弦交流电波形，交流电供电的标准频率规定为50Hz。

单相交流电是指呈正弦规律变化的交流电，如图1-1所示。如果三个单相的交流电合在一起，会构成一个怎么样的交流电呢？

如图1-2所示，u_A、u_B、u_C是呈正弦规律变化的交流电。将u_A、u_B、u_C交流电结合在一起，就构成了三相交流电。构成三相交流电的三个单相交流电是有要求的，这三个单相交流电必须是幅值相同、频率相同、相位差为120°。在图1-2中，u_A先出现，u_B后出现，u_C最后出现，所以在三相交流电里面是有相序的。那么这里是u_A先出现，其次u_B，最后u_C，所以相序为u_A、u_B、u_C。

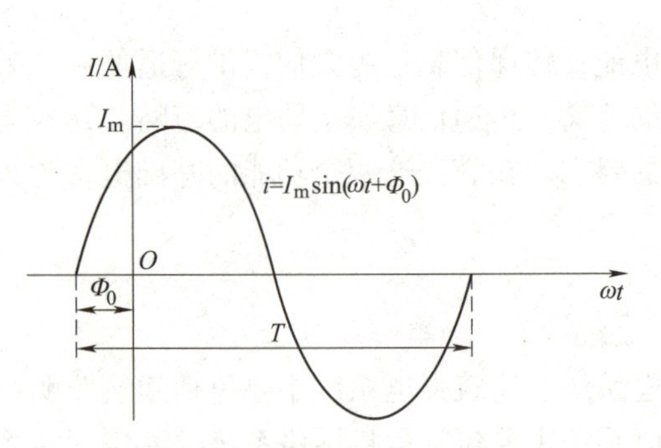

图1-1 单相交流电源波形图

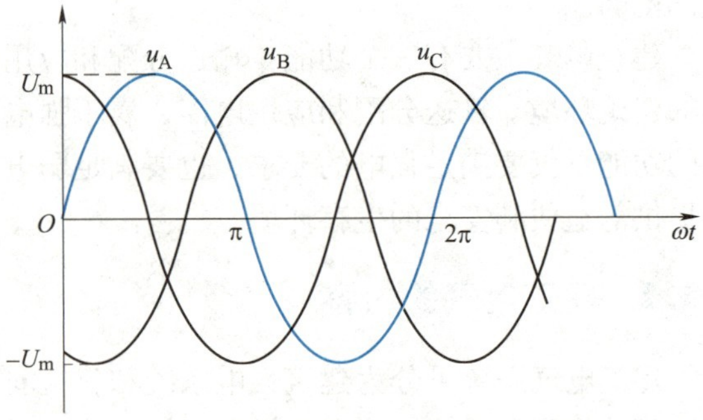

图1-2 三相交流电源波形示意图

图1-3是三相交流电源示意图。AX、BY、CZ为三个线圈。每个线圈可以认为是一个绕组。这里的绕组是发电机的绕组，即AX可以看成是一个发电机的绕组，BY可以看成是一个发电机的绕组，CZ也可以看成是一个发电机的绕组。每个发电机的绕组发出一个单相的交流电，然后这三个单相的交流电合在一起就构成了三相的交流电。

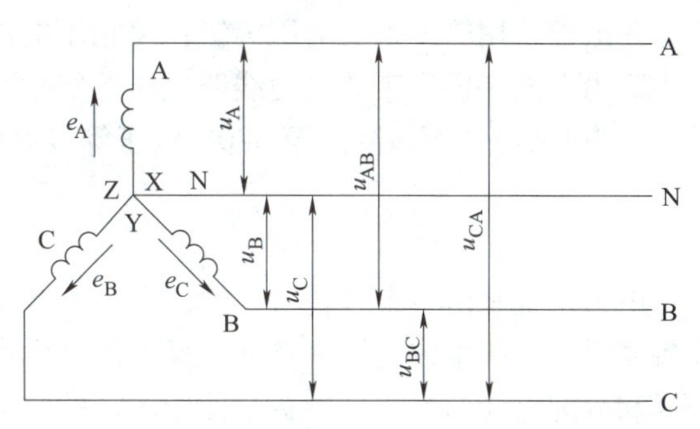

图1-3　三相交流电源示意图

三相交流电的构成必须满足其构成条件，即幅值相同、频率相同、相位差120°。这里AX、BY、CZ可以看成是三个发电机里面的绕组线圈，绕组线圈是由电线构成的，电线有首端和末端，那么对于AX、BY、CZ，其首端和末端分别是什么呢？AX的首端是A，BY的首端B，CZ的首端C，相应地，AX、BY、CZ的末端分别是X、Y、Z。从AX的首端引出来一根线，称这根线为A相线。从B节点引出来一根线，称为B相线。从C节点引出来一根线，称为C相线。那么按照相线的顺序，相序为A、B、C。X、Y、Z接在一起，构成中性点，从中性点引出来一根线，称这根线为中性线，记为N，也称为N线。故有A相线、B相线、C相线和N线。N线也就是中性线，即俗称的零线。A相线、B相线、C相线俗称火线。

相线和中性线之间的电压被称为相电压。相应地，相线与相线之间的电压为线电压。在图1-3中，A相线和N线之间有一个电压u_A，B相线和N线之间有一个电压u_B，C相线和N线之间有一个电压u_C，那么u_A、u_B、u_C被称为相电压。A相线和B相线之间有一个电压u_{AB}，B相线和C相线之间有一个电压u_{BC}，C相线和A相线之间有一个电压u_{CA}，那么u_{AB}、u_{BC}、u_{CA}为线电压。我国供电系统中，线电压为380V，相电压为220V，也就是单相电压是220V，三相电压是380V。

建筑供配电中，不同线路的颜色不同：A相线是黄色，B相线是绿色，C相线是红色。所以在三相交流电源中，三根相线的颜色分别是黄色、绿色和红色。而中性线也就是零线，它的颜色是黑色或蓝色。

俗称的三相四线制中的三相为A、B、C三相，四线为三根相线和一根零线，即三根火线和一根零线。在三相交流电源中还有三相三线制，三相三线制中的三相是指A、B、C三相，三线是指A、B、C三根火线。俗称的三相五线制中的三相为A、B、C三相，五线为三根火线、一根零线、一根接地保护（PE）线（它的颜色为双色）。在日常生活中，在配电箱（图1-4）里面可以看到黄色、绿色、红色三种颜色的电线，其分别代表了三根相线，也就是三根火线；如果是黑色或蓝色，则一般为零线；如果是带有两种颜色的线，则为接地保护线，也就是PE线。

图1-4　配电箱中的三相交流电

2. 电压等级

三相交流电源中，交流电的电压等级有220V、380V、3kV、6kV、10kV、35kV、63kV、110kV、220kV、330kV、500kV、750kV、1000kV等。

一般建筑用电设备的电压等级：单相用电设备是 220V，三相用电设备是 380V。民用建筑中，由电网提供进来的电力线路电压等级一般为 10kV。这时需要在建筑内配置 10kV 变压器，把 10kV 电压等级降压至 380V 电压等级后供单相或三相用电设备使用。

1.2.2 电力系统的概念及组成

电力系统是由生产、转换、输送、分配和使用电能的发电厂、变电站、电力线路和用电设备联系在一起组成的统一整体。发电厂是生产电能的，变电站是转换电能的，电力线路是输送和分配电能的，用电设备是使用电能的。因此，电力系统主要由发电厂、电力网、电力用户三部分组成。发电厂用来生产电能，电力用户是使用电能。电力网包括变电站和电力线路，因此，电力网是转换、输送和分配电能的。

电力系统组成示意图如图 1-5 所示。电能是由发电厂的发电机产生的，我国发电厂的发电机组输出额定电压一般为 3.15~20kV。下面以图 1-5 中电力系统组成为例对电力系统的组成进行介绍。图 1-5 中，发电厂的发电机输出电压为 3.15~20kV；在发电厂附近设置升压变电所，经升压变电所中的升压变压器，将发电厂发出来的 3.15~20kV 的电能升压至 35~500kV，然后经长距离高压输电线路输送，输送到用电负荷中心；在用电负荷中心设置降压变电所，经降压变电所中降压变压器，将 35~500kV 的电能降压至 6~35kV，然后通过短距离的输送设备，输送至电力用户；最后把 6~35kV 通过电力用户的配电变压器降压至 220V 或 380V。因此，这里的发电厂内有发电机，是生产电能；用户有用电设备，是使用电能；而在发电厂至用户中间这一段包括升压变压器、高压或超高压输电线、降压变压器、高压配电线等设备、线路，属于电力网，是转换、输送和分配电能的。电力网将发电厂生产的电能转换、输送和分配到电能用户，它包括变电所、配电所及电力线路。变电所是接收、变换、分配电能的，也就是说变电所具有接收电能、变换电能及分配电能的功能；而配电所是接收电能、分配电能的，即配电所具有接收电能和分配电能的功能。

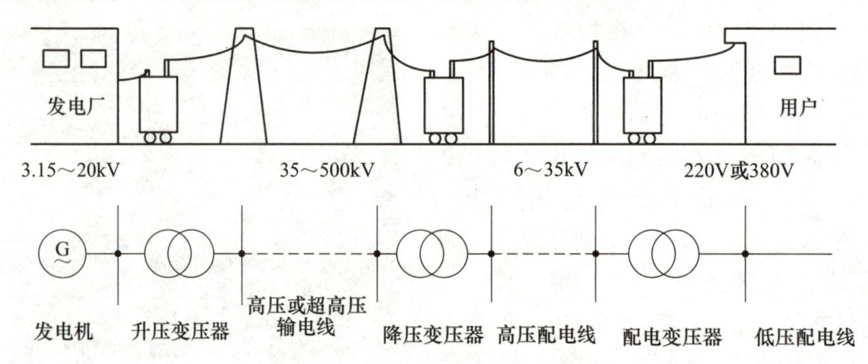

图 1-5　电力系统组成示意图

图 1-6 所示的电力系统中，有两个发电厂，即水力发电厂和火力发电厂。水力发电厂的发电机组发出来 10kV 的电能经过升压变电所的升压变压器升高至 220kV，经 220kV 输电线路输送至降压变电所；同样地，火力发电厂的发电机组发出来 10kV 的电能经过升压变电所的升压变压器升高至 220kV，经 220kV 输电线路输送至同一降压变电所；两个发电厂发出来的电能到达同一降压变电所后，经降压变电所内的降压变压器，把 220kV 降压至 35kV，然

后经35kV输电线路输送至地区枢纽变电所；电能到达地区枢纽变电所后，经地区枢纽变电所内的降压变压器，把35kV降压至10kV；最后经10kV电力线路，把电能输送至用户。电能到达用户后，经用户设置的变电所内的配电变压器，降压至220V或380V，供单相或三相用电设备使用。

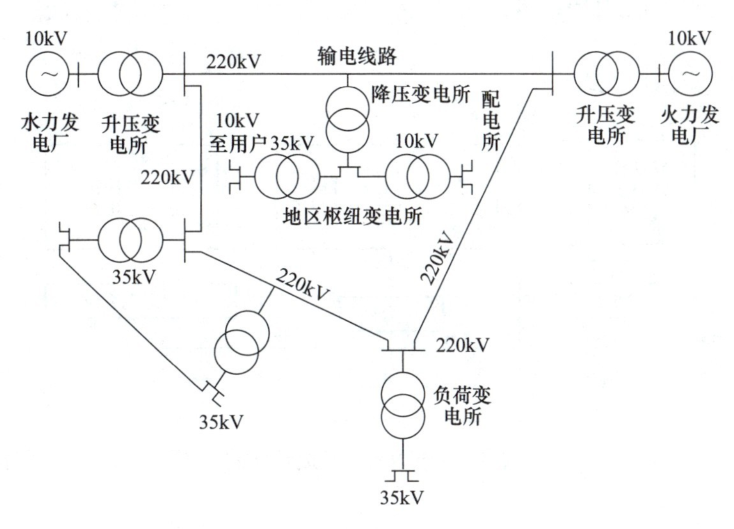

图1-6 电力系统示意图

另外，图1-6中，两个发电厂发出来的电能到达同一降压变电所后，经降压变电所内的降压变压器，还可把220kV直接降压至10kV，然后经10kV电力线路，把电能输送至用户。电能到达用户后，经用户设置的变电所内的配电变压器，降压至220V或380V，供单相或三相用电设备使用。民用建筑的电网供电电压等级一般为10kV，工业建筑的电网供电电压等级一般为10kV或35kV。

图1-7为电力系统组成示意图。发电厂可以是火力发电厂、水力发电厂、风力发电厂等。发电厂发电机发出来10kV，经过升压变电所升高到35kV，然后经过输电线长距离输送到负荷中心，也就是用户中心，再把35kV降低到10kV后，输送至用电单位。学校或小区里面的变压器把10kV降到220V或380V，然后供照明、空调、电梯、水泵、风机等设备使用。

1.2.3 电力负荷等级及供电要求

1. 电力负荷等级

电力系统中，电能用户的用电设备在某一时刻向电力系统取用的电功率的总和称为电力负荷，也称为用电负荷或用电负载。GB 51348—2019《民用建筑电气设计标准》规定，根据对供电可靠性的要求及中断供电所造成的损失或影响程度，电力负荷等级分为三级，分别是一级负荷、二级负荷和三级负荷。

(1) 一级负荷 中断供电将造成人身伤害、中断供电将造成重大损失或重大影响、中断供电将影响重要用电单位的正常工作或造成人员密集的公共场所秩序严重混乱的电力负荷，被划分为一级负荷。一级负荷中，特别重要场所不允许中断供电的负荷被划分为一级负荷中的特别重要负荷。

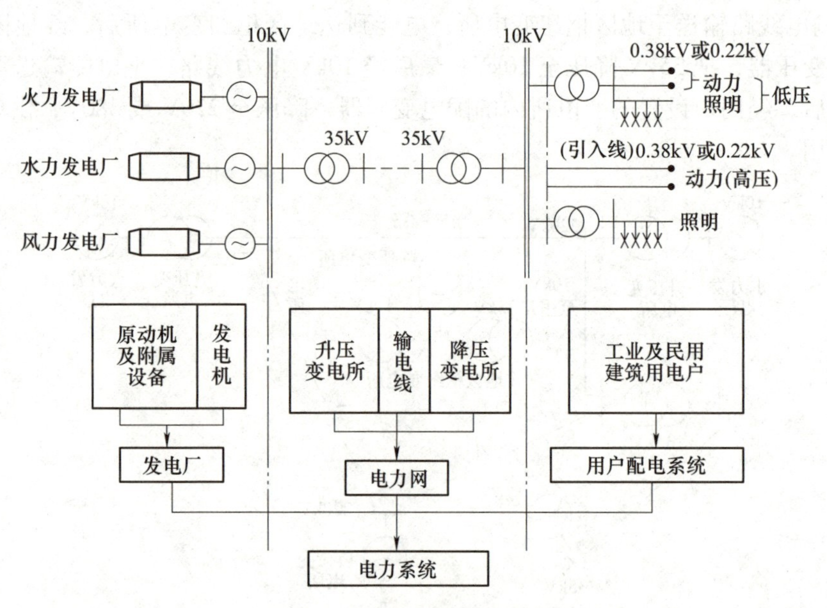

图 1-7　电力系统组成示意图

（2）二级负荷　中断供电将造成较大损失或影响、中断供电将影响较重要用电单位的正常工作或造成人员密集的公共场所秩序混乱的电力负荷，被划分为二级负荷。

（3）三级负荷　不属于一级和二级的电力负荷，被划分为三级负荷。

2. 电力负荷的供电要求

用电负荷等级不同，供电要求也有所不同。

（1）一级负荷的供电要求

1）一级负荷由双重电源供电，并且这两个电源不能同时损坏。双重电源可以是来自不同电网的电源，或者来自同一电网但在运行时电路相互之间联系很弱，或者来自同一个电网但其间的电气距离较远；而且，一个电源系统任意一处出现异常运行或发生短路故障时，另一个电源仍能不中断供电。

2）一级负荷中的特别重要负荷除由双重电源供电外，还应增设第三个应急电源供电。这里的应急电源应是与电网在电气上独立的各种电源，如蓄电池、柴油发电机等。

对于双重电源，根据 GB 50016—2014《建筑设计防火规范》（2018 年版），具备下列条件之一的，可视作向一级负荷供电的双重电源：电源来自两个不同发电厂；电源来自两个区域变电站（电压一般在 35kV 及以上）；电源来自一个区域变电站，另一个设置自备发电设备。

实际建筑工程项目中，在电网满足双重电源供电的前提下，一级负荷的两路电源可取自不同市政 10kV 供电线路的两台变压器的低压出线回路。

（2）二级负荷的供电要求　二级负荷由两个电源供电。对于两个电源，具备下列条件之一的，可视作向二级负荷供电的两个电源：电源由 35kV、20kV 或 10kV 双回线路供电的两台变压器的两个低压出线回路供电；电源由一路 35kV、20kV 或 10kV 电源供电的两台变压器的两个低压出线回路供电；由双重电源供电的两台变压器低压侧设有母联开关时，电源由任意一段低压母线单回路供电。

实际建筑工程项目中，在电网满足双重电源或两个电源供电的前提下，二级负荷的两个电源可取自不同市政10kV供电线路的两台变压器的低压出线回路，也可取自同一市政10kV供电线路的两台变压器的低压出线回路或单台变压器的两个不同低压出线回路。

（3）三级负荷的供电要求　三级负荷可采用单电源单回路供电。实际建筑工程项目中，三级负荷的单回路可取自市政10kV供电线路的变压器的低压出线回路。

1.3　供电系统

1.3.1　变压器与变电所

1. 变压器

变压器可以变换不同电压，它是利用电磁感应原理工作的，其工作原理示意图如图1-8所示。变压器主要由铁心、绕组、绝缘、外壳和必要的组件等组成。

如图1-8所示，变压器的主要部件是一个铁心和套在铁心上的两个绕组，这两个绕组具有不同的匝数且互相绝缘，两绕组间只有磁的耦合而没有电的联系。其中，接于电源侧的绕组称为一次侧绕组；用于接负载的绕组称为二次侧绕组。根据一次侧绕组和二次侧绕组的匝数不同，可实现一次侧绕组两接线端子间的电压和二次侧绕组两接线端子间的电压的升高或降低。

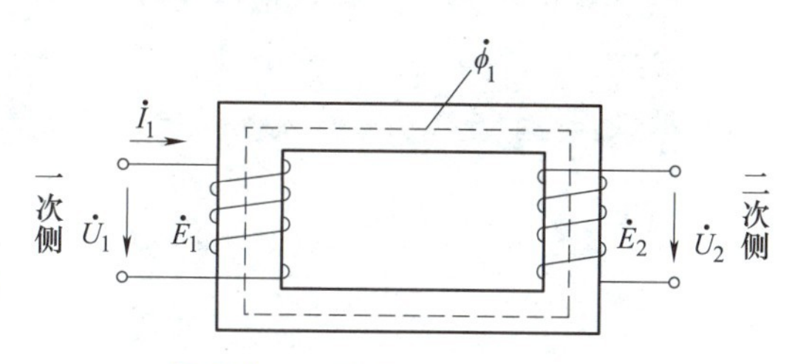

图1-8　变压器工作原理示意图

具体来讲，变压器本体主要由绕组和铁心组成。工作时，绕组是“电”的通路，而铁心则是“磁”的通路，且起绕组“骨架”的作用。一次侧输入电能后，交变的电流在铁心内产生了交变的磁场（即由电能变成磁场能）；由于匝链（穿透），二次侧绕组的磁力线在不断地交替变化，所以感应出二次电动势；当外电路接通时，产生了感生电流，向外输出电能（即由磁场能又转变成电能）。这种“电—磁—电”的转换过程是建立在电磁感应原理的基础上而实现的，这种能量转换过程就是变压器的工作过程。

1）变压器根据变换电压的相数分类，可分为单相变压器和三相变压器。

①单相变压器。单相变压器只能实现单相交流电的升压或降压的电压变换。单相变压器是一种一次侧绕组和二次侧绕组均为单相绕组的变压器，即单相变压器只有一个铁心，单相变压器的一次侧绕组和二次侧绕组均缠绕在这个铁心上，一次侧绕组为交流电压输入端，二次侧绕组为交流电压输出端。也就是说，单相变压器的闭合的铁心上绕有两个互相绝缘的绕组，接入电源的一侧为一次侧绕组，输出电能的一侧为二次侧绕组。当交流电源电压加到一次侧绕组后，就有交流电流通过该绕组并在铁心中产生交变磁通。这个交变磁通不仅穿过一次侧绕组，同时也穿过二次侧绕组，在两个绕组中分别产生感应电势。这时若二次侧绕组与外电路的负载接通，便会有电流流入负载，即二次侧绕组就有电能输出。而变压器一、二次侧绕组的匝数不同，将会导致一、二次侧绕组的电压不同，匝数多的绕组侧电压高，匝数少的绕组侧电压低。

②三相变压器。三相变压器能够实现三相交流电的升压或降压的电压变换。三相变压器

图 1-9　三相油浸式变压器的铁心

是电力系统应用比较多的一种变压器，三相变压器可以看作由三个相同容量的单相变压器组合而成，一次侧绕组为三相，二次侧绕组也为三相。三相变压器有三个铁心（图 1-9），每个铁心上都缠绕有一次侧绕组和二次侧绕组，从而实现单相交流电的升压或降压。缠绕在同一铁心上的一次侧绕组和二次侧绕组可共同构成一个整体，被称为线圈（图 1-10），也就是说，每个线圈上有一次侧绕组和二次侧绕组。综上可知，三相变压器的三个铁心上缠绕着三个线圈（图 1-11）。

图 1-10　三相油浸式变压器线圈

图 1-11　三相油浸式变压器

2）变压器根据冷却介质和冷却方式分类，可分为油浸式变压器和干式变压器。油浸式变压器和干式变压器是电力系统中常见的两种配电变压器。

①油浸式变压器。油浸式变压器（Oil-Immersed Transformer），也称为油浸变压器，是一种在绕组和铁心之间使用变压器油作为冷却和绝缘介质的变压器。油浸式变压器实物如图 1-12 所示，其设计节能序列型号有 S11 型、S12 型、S13 型、S15 型、S18 型、S20 型、S22 型等。油浸式变压器的能效等级：S22 为一级能效，S20 为二级能效，S13 为三级能效。

②干式变压器。干式变压器（Dry-Type Transformer）是一种在绕组和铁心之间使用固体绝缘材料和空气冷却的变压器。固体绝缘材料如绝缘纸和绝缘胶合板，在绝缘绕组周围形成绝缘层。干式变压器实物如图 1-13 所示。干式变压器的冷却方式有自然空气冷却（AN）与强迫空气冷却（PF）两种。干式变压器的结构类型有固定绝缘包封（SCB 型）绕组和不包封绕组两种。

下面以 SCB11-1250kVA/10kV/0. 4kV 型号的树脂浇筑干式变压器为例，来介绍干式变压器型号中的字母数字的含义。S 表示三相电力变压器；C 表示变压器绕组为树脂浇成型固体，在 C 字母位置上 G 表示绕组外绝缘介质为空气；B 为泊式绕组，在 B 的位置上 R 表示缠绕式绕组；11 是系列号；1250kVA 为变压器额定容量；10kV 为变压器一次侧额定电压；0. 4kV 为变压器二次侧额定电压。

干式变压器的能效等级：SCB18 为一级能效；SCB14 为二级能效；SCB12 为三级能效。油浸式变压器由于防火的需要，一般安装在单独的变压器室内或室外；而干式变压器肯定安装在室内，一般情况下安装在低压配电室内且与低压配电柜并排安装。

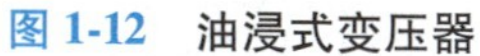

图 1-12 油浸式变压器

图 1-13 干式变压器

2. 变电所

变电所是接受电能、变换电能和分配电能的场所。变电所内布置有高压电气设备、变压器和低压电气设备。

在建筑工程项目设计中，变电所一般可被分为公用变电所和专用变电所。由供电部门管理的变电所称为公用变电所；由业主或业主委托物业管理的变电所称为专用变电所。变电所是公用变电所与专用变电所的总称。

变压器的电压等级有 1000kV、750kV、500kV、330kV、220kV、110kV、66kV、35kV、20kV、10kV、6kV。民用建筑中变电所内的变压器的电压等级一般为 10kV，因此，民用建筑中的变电所一般为 10kV 变电所。10kV 变电所内布置的单台变压器的额定容量常见的有 400kVA、500kVA、630kVA、800kVA、1000kVA、1250kVA、1600kVA 等。

民用建筑中，10kV 变电所内，一路 10kV 电力线路经高压电气设备接入变压器，变压器把 10kV 电压等级降压至 380V 电压等级，并由低压电气设备馈线出多个低压出线柜（图 1-14）。每个低压出线柜又可馈线出多个出线回路，每个出线回路再接线至建筑内的总配电箱，为大楼的用电设备供电。一般情况下，每个低压出线柜馈线出的出线回路不超过 12 个。

图 1-14 10kV 变电所变压器低压出线柜

1.3.2 供电方式

在一个建筑供配电项目的设计中，首先需要明确这个建筑的电源的供电系统形式。

根据三相交流电源的中性点是否接地，可确定供电系统的形式。不同供电系统的保护方式不同，也就是接地的系统形式不同。供电系统形式可分为 TN 系统、TT 系统和 IT 系统。供电系统形式根据两个方面来划分：一是电源端与地的关系；二是电气设备的外漏可导电部分与地的关系。

如图 1-15 所示，L1、L2、L3 为三相交流电源的 A、B、C 三相，也就是三根相线。N 是三相交流电源的中心点，接出来就是中性线。根据中性点是否接地，来判断它是哪种供电系统。

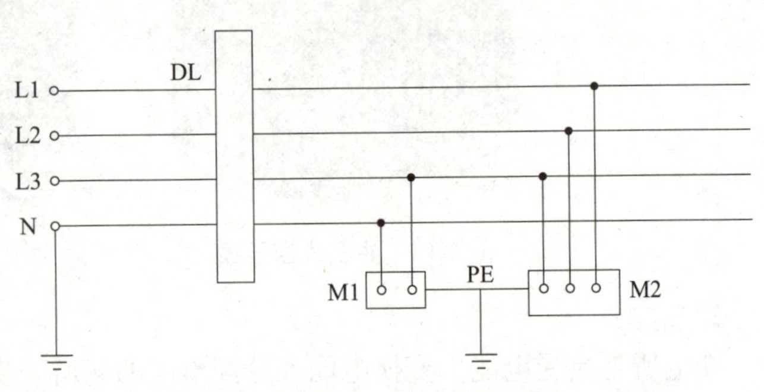

图 1-15 三相交流电源与电气设备接地示意图

图 1-15 中的设备 M1 接到 L3 和 N 线之间，说明设备 M1 是单相设备。图 1-15 中的设备 M2 接在了 L1、L2 和 L3 三相之间，说明设备 M2 是三相设备。根据 M1 和 M2 这两个电气设备的设备外壳是否接地，可区分供电系统的系统形式。故供电系统形式主要依据的是三相交流电源的中心点与大地的关系，以及电气设备的外壳与大地的关系。

1. TN 系统

TN 系统是电源的中性点直接接地，电气设备的外露可导电部分经电源的中性点接地。TN 系统根据中性线与保护线的组合情况，可分为三种形式：TN-C 系统、TN-S 系统和 TN-C-S 系统。

（1）TN-C 系统 中性线（N 线）与保护线（PE 线）公用一根线。TN-C 系统如图 1-16 所示，其低压配电系统的线路中性线（N 线）与保护线（PE 线）公用一根线（PEN 线），电源中性点是接地的，PEN 线是经过中性点接地的。电气设备的外露可导电部分是通过 PEN 线经电源中性点接地的。

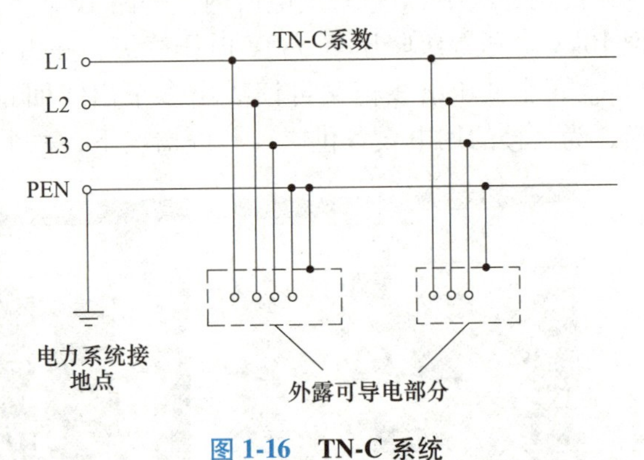

图 1-16 TN-C 系统

（2）TN-S 系统 中性线（N 线）与保护线（PE 线）严格分开，共两根线。TN-S 系统如图 1-17 所示，其中性线（N 线）与保护线（PE 线）是分开的，为两根线（N 线和 PE 线）。电源中性点是接地的，PE 线是经过中性点接地的。因为 PE 线是经过中性点接地，所以电气设备的外露可导电部分是通过 PE 线经连接电源中性点而接地的。

（3）TN-C-S 系统 中性线（N 线）与保护线（PE 线）先是公用一根线，后严格分开。TN-C-S 系统如图 1-18 所示，其低压配电系统的电源中性点是接地的，前一段线路中性线（N 线）与保护线（PE 线）公用一根线（PEN 线），电气设备的外露可导电部分是通过 PEN 线经电源中性点接地的；而后一段线路，将中性线（N 线）与保护线（PE 线）严格分开，电气设备的外露可导电部分是通过 PE 线经连接电源中性点而接地的。

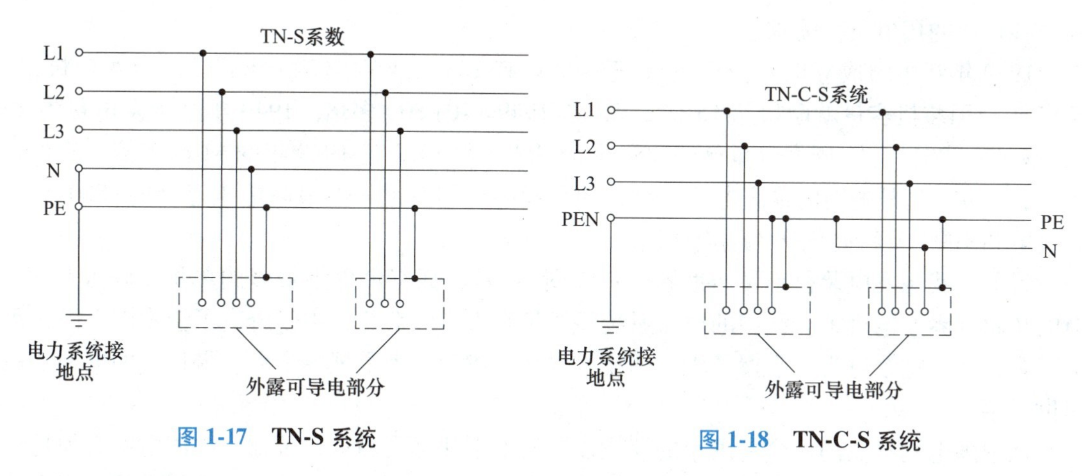

图 1-17 TN-S 系统

图 1-18 TN-C-S 系统

2. TT 系统

TT 系统中三相电源的中性点是直接接地的，电气设备外露的可导电部分通过 PE 线直接接地。

3. IT 系统

IT 系统中三相交流电源的中性点不接地或者通过一定的阻抗接地，而电气设备外露的可导电部分通过 PE 线直接接地。

因此，TN 系统、TT 系统和 IT 系统中两位字母符号代表的意义如下：

1）第一个字母表示电源对大地的关系。其中，T 表示电源中性点直接接地；I 表示电源中性点不接地或电源中性点经一电阻接地。

2）第二个字母表示电气设备外露的可导电部分与大地的关系。其中，N 表示电气设备外露的可导电部分与电源的中性点相接而间接接地；T 表示电气设备外露的可导电部分直接接地，它与系统中的其他任何接地点无直接关系。

1. 建筑电气的内容包括哪些？
2. 电力系统的组成是什么？
3. 三相交流电源线路中都有哪些线路？
4. 我国供电系统的电压等级有哪些？
5. 电力负荷等级分类有哪些？其供电要求是什么？
6. 什么是 TN 系统，它可分为哪些类型？
7. 变电所中布置的主要设备有哪些？

拓展阅读

我国拥有全世界规模最大、最稳定的电网

我国的电力事业起步比西方国家晚了 80 年，但我国电力人自信自强，守正创新，如今我国已经建成世界上规模最大的全国互联互通的电网，牢牢支撑着我国社会经济快速发展过

程中各行业的用电负荷需求。

1949 年新中国成立时，全国的装机容量只有 185 万 kW，仅相当于现在的两台机组。2015 年全国装机容量就已超达 15 亿 kW，是 1949 年的 800 多倍。1949 年全国发电量为 49 亿 kW·h，2015 年全国发电量已经达到 5.55 万亿 kW·h，是 1949 年的 1100 多倍。改革开放前，330kV 已是电网的最高电压等级，如今我国已拥有世界上最高电压等级的±800kV 直流输电和 1000kV 特高压交流输电线路。

目前，我国发电装机容量居世界第一（图 1-19），拥有世界上最多的单机 100 万 kW 以上的超超临界发电机组。我国的电力系统经过了几十年的奋斗，不仅解决了全中国人民的用电问题，还在这个过程中掌握了先进的技术水平，成为全世界规模最大、最稳定的电网，稳居世界第一。

从中国电网身负的使命、国家的期望以及肩上十几亿人的责任可知，中国电网必须足够强大。现在，我国已成为名副其实的世界电力大国、世界电力强国，这是值得全体中国人自豪的骄人业绩。

图 1-19　世界上最大的水力发电站——三峡大坝

中国特高压技术实现“中国引领”，助力国家“双碳”战略目标实现

特高压输电由 1000kV 及以上交流和±800kV 及以上直流输电构成，是目前全球最先进的输电技术，被誉为我国独有的“黑科技”，具有远距离、大容量、低损耗、占地少的综合优势。

我国在特高压技术领域取得了重大突破，不仅成功研发出具有完全自主知识产权的特高压输电技术，还建立了完整的特高压输电技术标准体系。迄今为止，我国是世界上首个也是唯一一个掌握特高压核心技术和全套装备制造能力并将其实现大规模商业化运营的国家，在特高压领域全方位实现了“中国引领”，成为制定标准的人，成功实现了“中国创造”和“中国引领”的逆袭。

目前，世界上电压等级最高的输电工程就是准东—皖南（华东）±1100kV 特高压直流工程。

准东—皖南±1100kV 特高压直流工程起于新疆昌吉换流站，止于安徽古泉换流站，途经新疆、甘肃、宁夏、陕西、河南、安徽六省（自治区），全长3324km，共有铁塔6079基，输送容量1200万kW，2016年5月1日开工，2019年9月26日建成投产。该工程是目前世界上电压等级最高、输电容量最大、送电距离最远的输变电工程，攻克了超长空气间隙绝缘、过电压深度控制、电磁环境控制等世界级难题，使我国全面掌握±1100kV特高压输电系统分析、工程设计、设备制造、施工安装和调试试验核心技术，代表了特高压输电技术研发、装备制造、设计建造的世界最高水平。

准东—皖南±1100kV特高压直流工程输送容量1200万kW，相当于可同时点亮4亿盏30W电灯，满足我国经济发达的华东地区5000万家庭的用电需求，每8h20min就可以输送1亿kW·h电能。该工程实现了直流电压、输送容量、交流网侧电压的全面提升，经济输电距离提升至3000~5000km。该工程投运后，每年可输送600亿~850亿kW·h的电能。清洁的电能从新疆送至安徽后，通过特高压电磁环网可高效输送至华东地区，将有效缓解华东地区中长期电力供需矛盾，使华东地区每年减少燃煤约3800万t。

准东—皖南±1100kV特高压直流工程的投运，可全面带动新疆火电、风电和太阳能发电联合外送，破解新疆能源资源难以大规模开发利用的困局，促进新疆资源优势转化为经济优势，优化能源配置。准东—皖南±1100kV特高压直流工程是国家实施“疆电外送”的第二条特高压输电通道。首个特高压输电通道哈密南—郑州特高压直流工程，已于2014年建成投运。

我国特高压技术能够实现“中国引领”，成为国际标准的制定者，是我国特高压人勇担使命、践行初心，拼出来、干出来、奋斗出来的（图1-20）。

图1-20 特高压输电线路

建筑电气中的导线 第2章

【学习目标驱动】用电设备配电，首要是为用电设备配置导线，并把导线从供电电源处，敷设至用电设备，这时就需要熟悉导线的类型、敷设与选择。基于工程项目建筑电气设计，完成用电设备配置导线，需具备以下知识：导线的类型；导线的敷设；导线的选择。

【学习内容】导线的类型；导线的敷设；导线的选择。

【知识目标】掌握常用导线的类型；掌握常用导线的敷设方式、敷设部位。

【能力目标】学会选用导线。

2.1 导线的类型

2.1.1 绝缘电线

绝缘电线又称为布电线，开头用“B”表示，如 BV 和 BYJ。绝缘电线是一种由内部线芯导体和外加绝缘构成的线缆。从结构上看，绝缘电线主要由导体层和绝缘层两部分构成，如图 2-1a 所示。导体材料一般为铜和铝，绝缘材料一般为聚氯乙烯和交联聚乙烯。常用的绝缘电线有 BV 和 BYJ，见表 2-1。

导线的类型

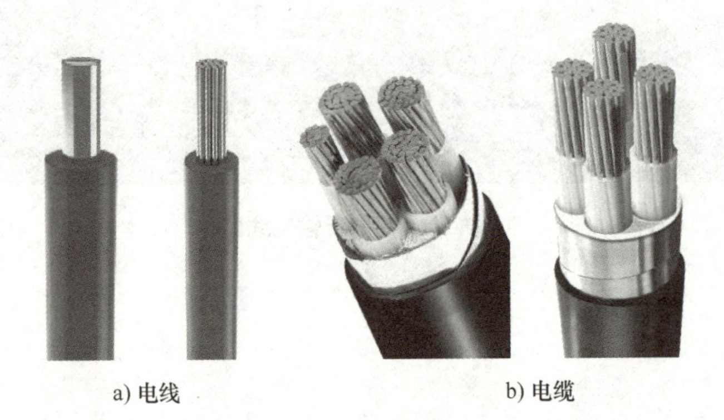
a) 电线　　b) 电缆

图 2-1　建筑电气中的导线

供配电系统中，供配电回路选用绝缘电线的根数有 5 根、4 根、3 根和 2 根。

表2-1 常用的绝缘电线

型号	名称	各字母含义
BV BLV	聚氯乙烯绝缘铜电线 聚氯乙烯绝缘铝电线	1. 导体材料：L代表铝；T（省略）代表铜 2. 绝缘材料：V代表聚氯乙烯；Y代表聚乙烯；YJ代表交联聚乙烯 3. 阻燃耐火类型：阻燃电线在代号前加ZR；耐火电线在代号前加NH；低烟无卤电线在代号前加WD
BYJ BLYJ	交联聚乙烯绝缘铜电线 交联聚乙烯绝缘铝电线	
ZR-BV ZR-BLV	阻燃型聚氯乙烯绝缘铜电线 阻燃型聚氯乙烯绝缘铝电线	
ZR-BYJ ZR-BLYJ	阻燃型交联聚乙烯绝缘铜电线 阻燃型交联聚乙烯绝缘铝电线	
NH-BV NH-BLV	耐火型聚氯乙烯绝缘铜电线 耐火型聚氯乙烯绝缘铝电线	
NH-BYJ NH-BLYJ	耐火型交联聚乙烯绝缘铜电线 耐火型交联聚乙烯绝缘铝电线	
WDZ-BV WDZ-BLV	低烟无卤阻燃型聚氯乙烯绝缘铜电线 低烟无卤阻燃型聚氯乙烯绝缘铝电线	
WDZ-BYJ WDZ-BLYJ	低烟无卤阻燃型交联聚乙烯绝缘铜电线 低烟无卤阻燃型交联聚乙烯绝缘铝电线	

（1）三相回路电线选用

1）三相五线制，选用5根线：3根为相线（L1相、L2相、L3相）、1根为中性（N）线、1根为接地保护（PE）线。

2）三相四线制，选用4根线：3根为相线（L1相、L2相、L3相）、1根为接地保护（PE）线。

（2）单相回路电线选用

1）单相三线制，选用3根线：1根为相线（L1相或L2相或L3相）、1根为中性（N）线、1根为接地保护（PE）线。

2）单相两线制，选用2根线：1根为相线（L1相或L2相或L3相）、1根为中性（N）线。

2.1.2 绝缘电缆

1. 塑料绝缘电缆

电缆是一种由内部缆芯导体外加绝缘和包覆层构成的线缆。从结构上看，电缆由内至外主要分别由导体层、绝缘层和包覆层三部分构成，因此，电缆可以简单地被看作由单根电线或多根电线集束在一起后外加一层护套构成，如图2-1b所示。导体材料一般为铜和铝，绝缘材料一般为交联聚乙烯或矿物绝缘。绝缘材料为交联聚乙烯的电缆可称为塑料绝缘电缆，绝缘材料为氧化镁的电缆称为矿物绝缘电缆。包覆层可包括护套层和铠装层。铠装层是由金属带、线、丝制成的电缆覆盖层，作用是削弱外界机械力对电缆的影响。有铠装层时护套层被分为内护套层和外护套层，护套层材料一般为聚氯乙烯和聚乙烯。常用的塑料绝缘电缆有

YJV 和 YJY，见表 2-2。

表 2-2　常用塑料绝缘电缆

<table>
<tr><th>型号</th><th>名称</th><th>各字母含义</th></tr>
<tr><td>YJV
YJLV</td><td>铜芯交联聚乙烯绝缘聚氯乙烯护套电力电缆
铝芯交联聚乙烯绝缘聚氯乙烯护套电力电缆</td><td rowspan="10">1. 导体材料：L 代表铝；T（省略）代表铜
2. 绝缘材料：V 代表聚氯乙烯；Y 代表聚乙烯；YJ 代表交联聚乙烯
3. 内护层：V 代表聚氯乙烯护套；Y 代表聚乙烯护套；L 代表铝护套；Q 代表铅护套；H 代表橡胶护套；F 代表氯丁橡胶护套
4. 特征：D 代表不滴流；F 代表分相；CY 代表充油；P 代表贫油干绝缘；P 代表屏蔽；Z 代表直流
5. 铠装层：0 代表无；2 代表双钢带；3 代表细钢丝；4 代表粗钢丝
6. 外护层：0 代表无；1 代表纤维外被；2 代表聚氯乙烯护套；3 代表聚乙烯护套
7. 阻燃耐火类型：阻燃电缆在代号前加 ZR；耐火电缆在代号前加 NH；低烟无卤电缆在代号前加 WD</td></tr>
<tr><td>YJY
YJLY</td><td>铜芯交联聚乙烯绝缘聚乙烯护套电力电缆
铝芯交联聚乙烯绝缘聚乙烯护套电力电缆</td></tr>
<tr><td>ZR-YJV
ZR-YJLV</td><td>铜芯交联聚乙烯绝缘聚氯乙烯护套阻燃电力电缆
铝芯交联聚乙烯绝缘聚氯乙烯护套阻燃电力电缆</td></tr>
<tr><td>ZR-YJY
ZR-YJLY</td><td>铜芯交联聚乙烯绝缘聚乙烯护套阻燃电力电缆
铝芯交联聚乙烯绝缘聚乙烯护套阻燃电力电缆</td></tr>
<tr><td>NH-YJV
NH-YJLV</td><td>铜芯交联聚乙烯绝缘聚氯乙烯护套耐火电力电缆
铝芯交联聚乙烯绝缘聚氯乙烯护套耐火电力电缆</td></tr>
<tr><td>NH-YJY
NH-YJLY</td><td>铜芯交联聚乙烯绝缘聚乙烯护套耐火电力电缆
铝芯交联聚乙烯绝缘聚乙烯护套耐火电力电缆</td></tr>
<tr><td>WD-YJV
WD-YJLV</td><td>铜芯交联聚乙烯绝缘聚氯乙烯护套低烟无卤电力电缆
铝芯交联聚乙烯绝缘聚氯乙烯护套低烟无卤电力电缆</td></tr>
<tr><td>YJV22
YJLV22</td><td>铜芯交联聚乙烯绝缘双钢带铠装聚氯乙烯护套电力电缆
铝芯交联聚乙烯绝缘双钢带铠装聚氯乙烯护套电力电缆</td></tr>
<tr><td>YJV32
YJLV32</td><td>铜芯交联聚乙烯绝缘细钢丝铠装聚氯乙烯护套电力电缆
铝芯交联聚乙烯绝缘细钢丝铠装聚氯乙烯护套电力电缆</td></tr>
<tr><td>YJV42
YJLV42</td><td>铜芯交联聚乙烯绝缘粗钢丝铠装聚氯乙烯护套电力电缆
铝芯交联聚乙烯绝缘粗钢丝铠装聚氯乙烯护套电力电缆</td></tr>
</table>

2. 矿物绝缘电缆

矿物绝缘电缆是用普通退火铜作为导体，氧化镁作为绝缘材料，普通退火铜或铜合金材料作为护套的电缆。矿物绝缘电缆是一种比 A 级耐火电缆更高等级的电缆，其按结构特性可分为柔性矿物绝缘电缆和刚性矿物绝缘电缆两种类型。

国标刚性矿物绝缘电缆的型号只有六种：轻载 500V 的 BTTQ、BTTVQ、WD-BTTYQ；重载 750V 的 BTTZ、BTTVZ、WD-BTTYZ。国标柔性矿物绝缘电缆的型号有 RTTZ、RTTYZ、RTTVZ，电压等级为 0.6kV/1kV 或 450V/750V。

刚性矿物绝缘电缆就是传统 MI 型矿物绝缘电缆（BTT 型无机物氧化镁绝缘耐火铜管）。柔性矿物绝缘电缆是在结合传统刚性矿物电缆和有机耐火电缆（NH）的性能基础上，研发出来的一种新型矿物绝缘防火电缆，使电缆具有大长度、可弯曲、方便施工和降低成本等优越性。国内柔性矿物绝缘电缆由各生产厂家自己命名，如 YTSY 系列矿物绝缘电缆，见表 2-3。YTSY 电缆结构及实物如图 2-2 所示，YTSLY/YTSGY 电缆结构及实物图如图 2-3 所示。

YTSY 系列矿物绝缘电缆为柔性矿物绝缘防火电缆，防火性能可达到刚性矿物绝缘电缆

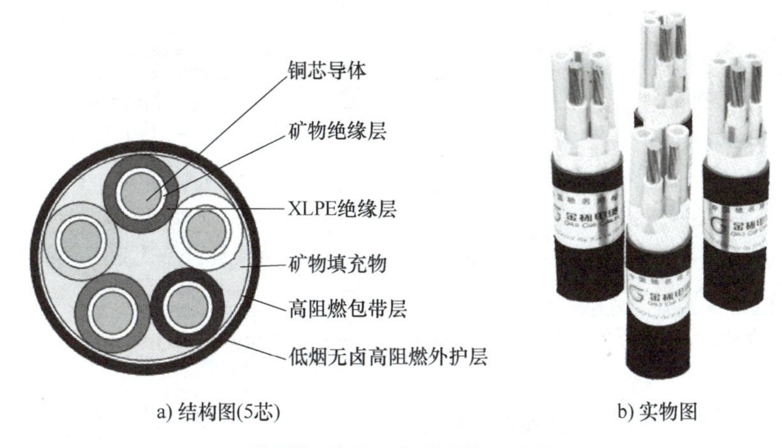

a) 结构图(5芯)　　b) 实物图

图 2-2　YTSY 电缆结构及实物

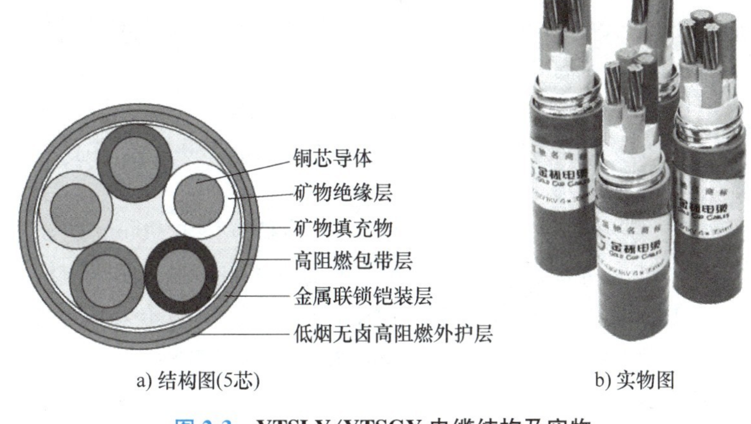

a) 结构图(5芯)　　b) 实物图

图 2-3　YTSLY/YTSGY 电缆结构及实物

BTTZ 的等级，并具有结构柔软、长度长、便于电缆安装施工、性价比高等特点。YTSY 系列矿物绝缘电缆适用于火灾报警设备、通信排烟设备、紧急向导灯等的供电线路，在发生火灾及救火的情况下，既能在 180min 内保障火灾场所电力的畅通，又能让电缆燃烧时释放的烟气毒性在可控范围内，不对人体造成二次伤害。

表 2-3　三种柔性矿物绝缘电缆

型号	名称	电压等级	截面面积/mm^2	芯数
YTSY	铜芯柔性矿物绝缘低烟无卤护套防火电缆	0.6kV/1kV	1.5~600	1~5
YTSLY	铜芯柔性矿物绝缘铝合金铠装低烟无卤护套防火电缆		2.5~630	
YTSGY	铜芯柔性矿物绝缘不锈钢铠装低烟无卤护套防火电缆		2.5~630	

表 2-3 中三种柔性矿物绝缘电缆型号规格的文字含义解释如下：

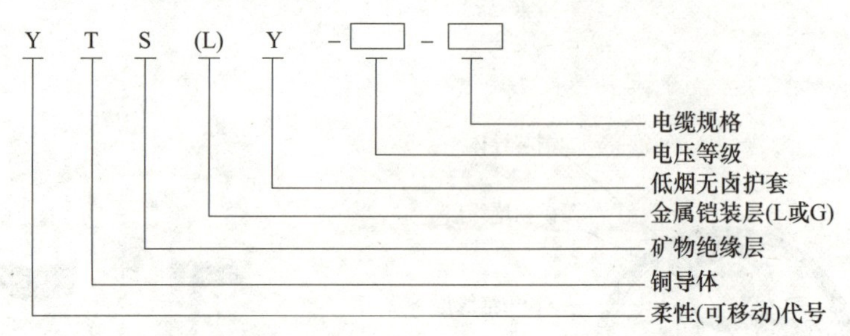

例 1：YTSY-0.6/1 4×35+1×16，表示 0.6kV/1kV，4 芯 35mm²+1 芯 16mm²截面的柔性矿物绝缘电缆。

例 2：YTSLY-0.6/1 4×35，表示 0.6kV/1kV，4 芯 35mm²截面的铝合金联锁铠装柔性矿物绝缘电缆。

例 3：YTSGY-0.6/1 4×35，表示 0.6kV/1kV，4 芯 35mm²截面的不锈钢联锁铠装柔性矿物绝缘电缆。

矿物绝缘电缆的优势与特点：

1）一旦发生火灾，在 3h 内（包括救火）既能保障火灾场所的电力、通信的畅通，又能让电缆燃烧时释放的烟气毒性（ZA1）在可控范围内，大幅减少对人体造成的二次伤害，是各类电缆标准中最高的防火标准。

2）矿物绝缘电缆无毒、无烟、不会燃烧，本身不会因短路而引起火灾，火灾时可以长时间连续供电，在供火的火焰温度为 950℃时，可持续供电 180min，并且可以经受火灾时喷淋水和重物坠落的冲击。

相比来说，耐火电缆只能达到在 750℃温度下电缆持续供电 90min 的要求，且无法承受喷淋水和重物坠落的冲击。为满足承受喷淋水和重物坠落的冲击，耐火电缆需要穿金属管或密封桥架进行保护。而金属管和金属线槽需涂刷防火涂料，涂刷防火涂料受到众多因素的限制，质量很难保证，影响防火效果。并且防火涂料通常需要每隔 2~3 年涂刷一次，往往很难保证定期涂刷，因此易造成安全隐患。

3. 电缆选用

供配电系统中，供配电回路选用电缆的芯数有 5 芯、4 芯、3 芯和 2 芯。

（1）三相回路电缆选用

1）三相五线制，选用 5 芯电缆：3 芯为相线（L1 相、L2 相、L3 相）、1 芯为中性（N）线、1 芯为接地保护（PE）线。

2）三相四线制，选用 4 芯电缆：3 芯为相线（L1 相、L2 相、L3 相）、1 芯为接地保护（PE）线。

（2）单相回路电缆选用

1）单相三线制，选用 3 芯电缆：3 芯为相线（L1 相或 L2 相或 L3 相）、1 芯为中性（N）线、1 芯为接地保护（PE）线。

2）单相两线制，选用 2 芯电缆：1 芯为相线（L1 相或 L2 相或 L3 相）、1 芯为中性（N）线。

2.1.3 封闭母线

母线（Bus Line）是指用一组铜（或铜排）或铝（或铝排）制成而用于汇集、传输和分配电能的产品。母线由于直接采用较大截面面积的铜（或铜排）或铝（或铝排），从而解决了电缆截面不可能制造得很大而无法很好地实现大电流传输的难题。

封闭母线是一种用金属外壳将导体（一般为铜排或铝排）连同导体之间的绝缘等封闭起来的母线。封闭母线是由载流导体（铜排或铝排）、壳体和绝缘材料及有关附件组成的母线系统。封闭母线实物如图 2-4 所示。

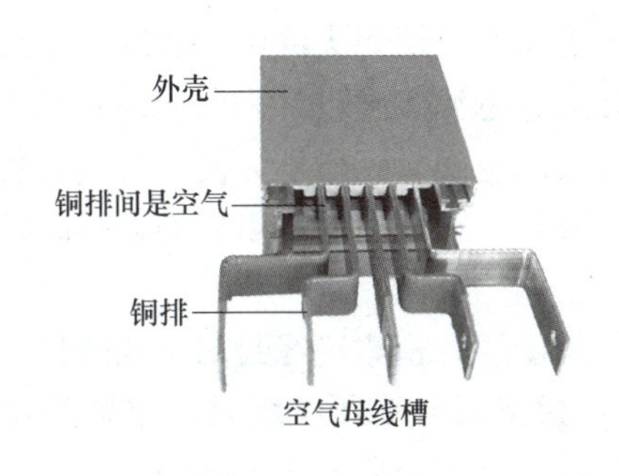

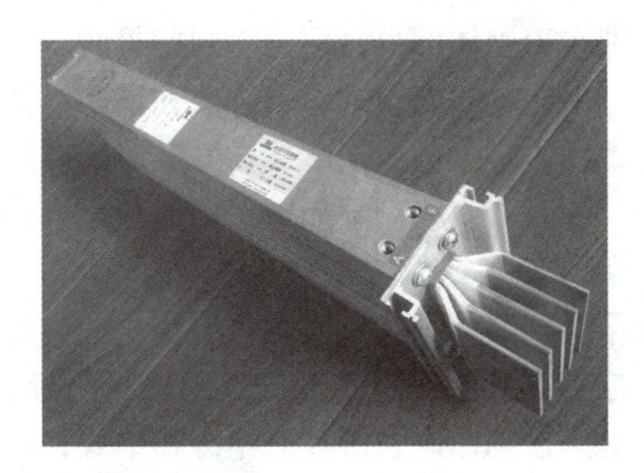

图 2-4　封闭母线实物

与电缆相比，封闭母线的载流量大，一般可达 250~6300A，主要用在大电流及分支回路多的高层建筑。封闭母线的载流量规格一般有 250A、400A、630A、800A、1000A、1250A、1600A、2000A、2500A、3150A、4000A、5000A、6300A 等，具体见表 2-4。

表 2-4　某型号封闭母线的技术参数

额定电流/A		400	630	800	1000	1250	1400	1600
外形尺寸/mm		185×102	185×102	185×102	185×105	185×120	185×135	185×150
导体截面/mm	L	6×30	6×35	6×40	6×50	6×65	6×80	6×95
	N	6×30	6×35	6×40	6×50	6×65	6×80	6×95
	PE	6×30	6×35	6×40	6×50	6×65	6×80	6×95
额定电流/A		2000	2300	2500	3100	3800	4300	5000
外形尺寸/mm		185×180	185×215	185×255	185×310	185×380	185×460	185×559
导体截面/mm	L	6×125	6×160	6×200	2×6×125	2×6×160	2×6×200	2×6×250
	N	6×125	6×160	6×200	2×6×125	2×6×160	2×6×200	2×6×250
	PE	6×125	6×160	6×200	2×6×125	2×6×160	2×6×200	2×6×250

高层建筑中电气竖井内封闭母线的使用离不开分支插接箱。分支插接箱是用于封闭母线引出分支回路的，内部一般装有断路器和封闭母线接插件，断路器是用于接通或切断封闭母线的分支回路；而封闭母线接插件主要用于封闭母线与分支回路间的连接，它具有安装方便，接插灵活，任意选择接插头等特点。高层建筑中电气竖井内使用封闭母线供电时，每楼层至少需设置一套插接箱，用于封闭母线引出分支回路，为该楼层供电。

1. 封闭母线按防火方式分类

封闭母线按防火方式分类，可分为普通型封闭母线和耐火型封闭母线两种。

（1）普通型封闭母线　这种封闭母线载流量大，但不耐高温，只能在200℃温度下工作，一般安装在输送市电的线路上。此种母线也叫作密集型封闭母线。

（2）耐火型封闭母线　这种封闭母线能耐高温，一般在环境温度700~1000℃的条件下，可维持1.5h的输电运行，其载流量最大可达到5000A。耐火型封闭母线与普通型封闭母线的差别在于壳体部分：耐火型封闭母线的壳体上涂有一层耐火涂料，而普通型封闭母线表面喷塑、平整、防腐层附着力强。在消防线路和应急电源线路设计采用母线时，均采用耐火型封闭母线。耐火型封闭母线在安装时需要比较大的空间，拐弯不方便，但其安装时的附件比较少。同时，耐火型封闭母线能防止小动物的破坏，安装后便于以后的运行维护。

2. 封闭母线按绝缘方式分类

封闭母线按绝缘方式分类，可分为空气绝缘封闭母线和密集绝缘封闭母线两种。

（1）空气绝缘封闭母线　空气绝缘封闭母线是指将裸母线用绝缘材料覆盖并用绝缘衬垫隔开后支撑在壳体内，不仅靠绝缘物绝缘，同时也靠空气介质绝缘的封闭母线。空气绝缘封闭母线线间通风良好，使封闭母线的防潮和散热功能有明显的提高，比较适应南方气候；由于线间有一定的空隙，使导线的温升下降，这样就提高了过载能力，并减少了磁振荡噪声。但它产生的杂散电流及感抗要比密集绝缘封闭母线大得多，因此在同规格比较时，它的导电排截面面积必须比密集绝缘封闭母线大。

（2）密集绝缘封闭母线　密集绝缘封闭母线是指将裸母线用绝缘材料覆盖后，紧贴通道壳体放置的封闭母线。其防潮、散热效果较差。在防潮方面，母线在施工时容易受潮及渗水，造成相间绝缘电阻下降。母线的散热主要靠外壳，由于线与线之间紧凑排列安装，L1、L2、L3相热能散发缓慢，造成封闭母线温升偏高。密集绝缘封闭母线受外壳板材限制，只能生产不大于3m的水平段。由于母线相间气隙小，母线通过大电流时，产生强大的电动力，使磁振荡频率形成叠加状态，造成过大的噪声。密集绝缘封闭母线布线灵活，抗动稳定能力、抗热稳定能力强，是新一代环保产品，适用于工矿、企事业和高层建筑中供配电的辅助设备，特别适用于车间、老企业的改造。

3. 封闭母线的选用

变电所内的母线一般选用的是裸母线（即裸铜排或裸铝排）。变电所内的母线用于变压器与低压出线柜、低压出线柜与低压出线柜等电气设备之间的电气连接、电能传输与分配。

建筑电气竖井内的母线一般选用的是封闭母线。电气竖井内竖直安装的封闭母线通过分支插接箱向各楼层引出分支回路，用于建筑内各楼层用电设备的供电。

2.2 导线的选择

2.2.1 导线的载流量

导线的选择

导体通过电流后，导体的温度将由初始温度开始上升。导体由于电阻损耗产生的热量，一部分用于本身的温度升高，另一部分以对流和辐射的形式散失到周围的介质中。具体来说，导体通过电流后，温度开始升高，经过（3~4）T（时间常数），导体达到稳定发热状态。导体升温过程的快慢取决于导体的发热时间常数，即与导体的吸热能力成正比，与导体的散热能力成反比，而与通过的电流大小无关。导体达到稳定发热状态后，由电阻损耗产生的热量全部以对流和辐射的形式散失掉，导体的温升趋于稳定，且稳定温升与导体的初始温度无关。

导体的载流量是指在规定条件下，导体能够连续承载而不致使其稳定温度超过规定值的最大电流，即在允许工作温度下导体中所传导的长期满载电流。如当导体温度为导体正常工作最高允许温度70℃、环境温度为额定环境温度25℃时，可计算出各种标准截面导体的长期允许载流量。因此，不同截面的导体，载流量也不同，特定截面的导体具有与其相对应的载流量。导体的截面越大，载流量越大。

导体标称截面面积是指导体横截面面积的近似值，单位为mm^2。为了达到规定的直流电阻，方便记忆并且统一而规定的一个导体横截面面积附近的一个整数值。需要注意的是，导体的标称截面面积不是导体的实际的横截面面积，导体实际的横截面面积大多比标称截面面积小。实际生产过程中，只要导体的直流电阻能达到规定的要求，就可以说这根电线或电缆的截面面积是达标的。

我国统一规定，电线和电缆的导体标称截面面积规格有1.0mm^2、1.5mm^2、2.5mm^2、4mm^2、6mm^2、10mm^2、16mm^2、25mm^2、35mm^2、50mm^2、70mm^2、95mm^2、120mm^2、150mm^2、185mm^2、240mm^2、300mm^2。电线和电缆的不同标称截面面积规格的导体具有的载流量，可参见表2-5（具体见附录A）。

表2-5 电线和电缆载流量

导体的标称截面面积/mm^2	BV载流量/A		YJV/YJY载流量/A	
	单相	三相	单相	三相
1.0	11	10.5	15	13.5
1.5	14.5	13	19	17
2.5	19.5	16	26	23
4	26	24	35	31
6	34	31	45	40
10	46	42	61	54
16	61	56	81	73
25	80	73	106	95
35	99	89	131	117
50	119	108	158	141
70	151	136	200	179
95	182	164	241	216
120	210	188	278	249
150	240	216	318	285
185	273	248	362	324
240	320	286	424	380
300	367	328	486	435

导线（电线或电缆）的规格由额定电压、根数或芯数、标称截面面积组成。供配电系统中，电线的额定电压一般为300V/500V、450V/750V，如450V/750V-BV；电缆的额定电压一般为0.6kV/1kV、6kV/10kV，如0.6kV/1kV-YJV。下面举例说明电线和电缆的根数或芯数与导体标称截面面积规格的使用方法。

例1：BV-2×2.5+PE2.5——3根铜芯聚氯乙烯绝缘电线，2根（L1或L2或L3相线，中性线）标称截面面积为2.5mm^2，1根（PE线）标称截面面积为2.5mm^2。

例2：BV-4×2.5+PE2.5——5根铜芯聚氯乙烯绝缘电线，4根（L1、L2、L3相线，中性线）标称截面面积为2.5mm^2，1根（PE线）标称截面面积为2.5mm^2。

例3：YJV-2×16+1×16——3芯铜芯交联聚乙烯绝缘聚氯乙烯护套电力电缆，2芯（L1或L2或L3相线，中性线）标称截面面积为16mm^2，1芯（PE线）标称截面面积为16mm^2。

例4：YJV-4×50+1×25——5芯铜芯交联聚乙烯绝缘聚氯乙烯护套电力电缆，4芯（L1、L2、L3相线，中性线）标称截面面积为50mm^2，1芯（PE线）标称截面面积为25mm^2。

导线的允许载流量与环境温度和敷设条件有关。当导线实际敷设地点的环境温度与导线允许载流量所采用的环境温度不同时，则需要把允许载流量乘以温度校正系数进行校正。电线的不同标称截面面积导体的载流量见附录A中表A-1和表A-3。电缆的不同标称截面面积导体的载流量见附录A中表A-2和表A-4。

供配电系统中，供配电回路的导线选取，主要是根据供配电回路的计算电流来选取导线的导体标称截面面积的。导线的允许载流量不应小于供配电回路的计算电流，即

$$I_{zl} \geqslant I_{js} \tag{2-1}$$

式中 I_{js}——供配电回路的计算电流（A）；

I_{zl}——导线的允许载流量（A）。

因此，具体地说，供配电回路的导线选取，首先计算出供配电回路所需的电流，然后根据式（2-1）确定导线的允许载流量规格，最后根据允许载流量规格选择对应的导体标称截面面积。

2.2.2 单相设备导线的选择

单相用电设备所需的电流按下式计算：

$$I_{js} = \frac{P_{js}}{U_p \cos\varphi} \tag{2-2}$$

式中 I_{js}——单相用电设备的计算电流（A）；

P_{js}——单相用电设备的计算功率（W）；

U_p——单相用电设备所需要的电压，即单相电压为220V；

$\cos\varphi$——单相用电设备的功率因数，一般取≥0.8。

【例2-1】 现在有一台单相的柜式空调，这台单相柜式空调的功率为3kW。请计算这台单相柜式空调所需要的电流是多少？并选出这台单相柜式空调所需的导线规格。

【解】 已知是单相的柜式空调，因此，可采用式（2-2）进行计算。这里取$\cos\varphi$ = 0.8，则根据式（2-2）计算，可得这台单相柜式空调所需要的电流为

$$I_{js}=\frac{P_{js}}{U_p\cos\varphi}=\frac{3000W}{220V\times0.8}=17.05A$$

因此，经过计算，这台单相柜式空调所需要的电流为17.05A。通过查阅表2-5，若选用BV电线，可得这台单相柜式空调选用的导线规格为BV-2×2.5+PE2.5；若选用YJV电缆，可得这台单相柜式空调选用的导线规格为YJV-2×1.5+1×1.5。

2.2.3 三相设备导线的选择

三相用电设备所需的电流按下式计算：

$$I_{js}=\frac{P_{js}}{\sqrt{3}U_L\cos\varphi} \tag{2-3}$$

式中 I_{js}——三相用电设备的计算电流（A）；

P_{js}——三相用电设备的计算功率（W）；

U_L——三相用电设备所需要的电压，即三相电压为380V；

$\cos\varphi$——三相用电设备的功率因数，一般取≥0.8。

【例2-2】 现在有一台三相的空调室外机，这台三相空调室外机的功率为22kW。请计算这台三相空调室外机所需要的电流是多少？并选出这台空调室外机所需的导线规格。

【解】 已知是三相的空调室外机，因此，可采用式（2-3）进行计算。这里取 $\cos\varphi=0.8$，则根据式（2-3）计算，可得这台三相空调室外机所需要的电流为

$$I_{js}=\frac{P_{js}}{\sqrt{3}U_L\cos\varphi}=\frac{22000W}{\sqrt{3}\times380V\times0.8}=41.78A$$

因此，经过计算，这台三相空调室外机所需要的电流为41.78A。通过查表2-5，若选用BV电线，可得这台三相空调室外机选用的导线规格为BV-4×10+PE10；若选用YJV电缆，可得这台三相空调室外机选用的导线规格为YJV-4×10+1×10。

2.3 导线的敷设

导线的敷设

导线的敷设是指导线的走线方式，即电线或电缆从一个配电箱（柜）出来以后到达用电设备或另一个配电箱（柜）的走线方式。导线的敷设包括敷设方式和敷设部位。

导线敷设可分为明敷和暗敷。导线明敷是指导线直接或经保护体保护敷设于墙面、顶板等部位表面的敷设。导线暗敷是指导线经保护体保护后，敷设于墙体、顶板、地板等部位内部的敷设。简单来说，导线明敷是人肉眼可以直接看得到的敷设，导线暗敷是人肉眼无法直接看得到的敷设。

2.3.1 导线的敷设方式

导线的敷设方式是指导线的保护方式，也就是导线是无保护措施直接敷设，还是通过放置于保护体内等保护措施后进行敷设。供配电系统中，常用的敷设方式有穿管敷设、电缆桥架敷设、电缆沟敷设、直埋敷设和电缆排管敷设。导线不能直接裸露敷设，必须采用穿管敷

设、电缆桥架敷设或电缆沟敷设，并且这三种敷设方式只能采用其中一种。

GB/T 50786—2012《建筑电气制图标准》规定了建筑电气施工图中导线敷设方式及其文字符号表示，导线敷设方式及其文字符号见表 2-6。

表 2-6　导线敷设方式及其文字符号

序号	名称	文字符号
1	穿低压流体输送用焊接钢管（钢导管）敷设	SC
2	穿普通碳素钢电线套管敷设	MT
3	穿可挠金属电线保护套管敷设	CP
4	穿硬塑料导管敷设	PC
5	穿阻燃半硬塑料导管敷设	FPC
6	穿塑料波纹电线管敷设	KPC
7	电缆托盘敷设	CT
8	电缆梯架敷设	CL
9	金属槽盒敷设	MR
10	塑料槽盒敷设	PR
11	钢索敷设	M
12	直埋敷设	DB
13	电缆沟敷设	TC
14	电缆排管敷设	CE

1. 穿管敷设

按所穿套管的材质分类，导线穿管敷设可分为穿塑料管敷设和穿金属管敷设。电线电缆常见的穿管敷设有 PC 和 SC。电线敷设没有防火性能要求时，一般穿塑料管敷设（PC）；电线敷设有防火性能要求时，一般穿金属管敷设（SC）。电缆敷设一般穿金属管敷设（SC）。PC 常用的管径有 16mm、20mm、32mm、40mm、50mm。SC 常用的管径有 20mm、32mm、40mm、50mm、70mm、80mm、100mm、150mm。

导线暗敷时需要穿管敷设，常用导线敷设管径值见附录 B。

2. 电缆桥架敷设

电缆桥架是由电缆托盘或电缆梯架的直线段、弯通、附件及支吊架等构成具有支撑电缆的刚性结构系统的全称，简称桥架。电缆托盘是一种由底板和与底板为一个整体的侧板组成，或由底板和与底板连接的侧板组成的组件。电缆桥架如图 2-5 所示。

图 2-5　电缆桥架

导线采用电缆桥架敷设时，电线或电缆不需要穿管，而是直接裸露放置在桥架内。而当导线不采用电缆桥架敷设（或电缆沟敷设）时，必须采用穿管敷设。电缆桥架也可按安装方式，分为水平桥架和竖直桥架，即电缆桥架可水平安装也可竖直安装。例如，建筑地下室水平走向的电缆桥架采用水平安装，建筑电气竖井内布置的电缆桥架采用竖直安装。

此外，电缆桥架按防火功能分类，可分为防火桥架和普通桥架。防火桥架内敷设消防电缆，普通桥架内敷设非消防电缆。电缆桥架按强弱电线缆使用分类，可分为强电桥架和弱电桥架。强电桥架内敷设电力电缆等强电线缆，弱电桥架内敷设网线、光缆等弱电线缆。

电缆桥架的规格尺寸一般表示为宽度（mm）×高度（mm），而桥架代号一般表示为 QJ。电缆桥架的常用规格尺寸有 100mm×50mm、150mm×50mm、200mm×50mm、150mm×100mm、200mm × 100mm、300mm × 100mm、400mm × 100mm、300mm × 150mm、400mm × 150mm、400mm×200mm 等。

电缆桥架规格尺寸的选用原则：电缆在桥架内敷设时，电缆总截面面积与桥架横截面面积之比，电力电缆不大于 40%，控制电缆不大于 50%。

3. 电缆沟敷设

电缆沟是指用于敷设和保护电缆及电缆配件的线路通道，也可称之为有盖板的沟道。电缆沟通常由混凝土或砖砌混凝土构成，其横断面形状通常为长方形或梯形。

电缆沟主要包括电缆沟通道、电缆支架和电缆沟盖板三部分，电缆沟通道就是地面下具有一定深度和宽度、通长空间的通道。电缆支架是安装在电缆沟通道两侧的支撑架，用于放置电缆；两侧支架之间或支架与电缆沟侧壁（单侧支架）之间一般留有一定宽度的通道。电缆沟盖板是安装在电缆沟通道上方，用于承受机械外力以保护电缆沟内部电缆；其盖板面可以和地面齐平，便于开启。

如图 2-6 所示，电缆沟内安装有电缆支架，电缆支架通常由金属材料做成，通过焊接或用螺钉固定在沟壁上，而电缆由支架托住，与沟底保持着一定的距离。

图 2-6　电缆沟

电缆沟可分为室内电缆沟和室外电缆沟。供配电系统中，室内电缆沟一般位于变电所，用于变电所内电缆的敷设；室外电缆沟一般位于变电所与各楼栋建筑之间，用于变电所内至各楼栋建筑之间电缆的敷设。

2. 3. 2　导线的敷设部位

导线的敷设部位，顾名思义，就是导线敷设在建筑内的哪个部位。供配电系统中，常用的敷设部位：暗敷设在墙内、暗敷设在顶板内、暗敷设在地板（地面）下、敷设在吊顶内。暗敷设在墙内、暗敷设在顶板内、暗敷设在地板（地面）下都是需要穿管敷设的。

GB/T 50786—2012《建筑电气制图标准》规定了建筑电气施工图中导线敷设部位及其文字符号表示，导线敷设部位及其文字符号见表 2-7。

表 2-7 导线敷设部位及其文字符号

序号	名称	文字符号
1	沿或跨梁（屋架）敷设	AB
2	沿或跨柱敷设	AC
3	沿吊顶或顶板面敷设	CE
4	吊顶内敷设	SCE
5	沿墙面敷设	WS
6	沿屋面敷设	RS
7	暗敷设在顶板内	CC
8	暗敷设在梁内	BC
9	暗敷设在柱内	CLC
10	暗敷设在墙内	WC
11	暗敷设在地板或地面下	FC

下面举例说明导线的敷设方式、敷设部位在导线标注中的使用方法。

例 1：BV-2×2.5+PE2.5 PC16 WC CC——3 根铜芯聚氯乙烯绝缘电线，2 根（L1 或 L2 或 L3 相线，中性线）标称截面面积为 2.5mm^2，1 根（PE 线）标称截面面积为 2.5mm^2；穿硬塑料管敷设，塑料管管径 16mm；暗敷设在墙内，暗敷设在顶板内。

例 2：BV-4×2.5+PE2.5 PC20 WC CC——5 根铜芯聚氯乙烯绝缘电线，4 根（L1、L2、L3 相线，中性线）标称截面面积为 2.5mm^2，1 根（PE 线）标称截面面积为 2.5mm^2；穿硬塑料管敷设，塑料管管径 20mm；暗敷设在墙内，暗敷设在顶板内。

例 3：YJV-2×16+1×16 SC40 WC FC——3 芯铜芯交联聚乙烯绝缘聚氯乙烯护套电力电缆，2 芯（L1 或 L2 或 L3 相线，中性线）标称截面面积为 16mm^2，1 芯（PE 线）标称截面面积为 16mm^2；穿低压流体输送用焊接钢管（钢导管）敷设，钢导管管径 40mm；暗敷设在墙内，暗敷设在地板内。

例 4：YJV-4×50+1×25 SC50 WC FC——5 芯铜芯交联聚乙烯绝缘聚氯乙烯护套电力电缆，4 芯（L1、L2、L3 相线，中性线）标称截面面积为 50mm^2，1 芯（PE 线）标称截面面积为 25mm^2；穿低压流体输送用焊接钢管（钢导管）敷设，钢导管管径 50mm；暗敷设在墙内，暗敷设在地板内。

1. 请写出建筑电气中常用的电线和电缆。

2. 请写出计算单相用电设备和三相用电设备所需电流的计算公式。

3. 请写出建筑电气中常用的导线敷设方式。

4. 请写出建筑电气中常用的导线敷设部位。

5. 请写出导线标注“NH-BJY-2×4+PE4 SC20 CT WC CC”中电线的规格型号、根数及电线的敷设方式、敷设部位。

6. 请写出导线标注“YJY-4×95+1×50 SC100 TC WC FC”中电缆的规格型号、芯数及电缆的敷设方式、敷设部位。

7. 现有一台通风机，这台通风机的供电电源是220V，功率为2.2kW。请计算这台通风机所需要的电流是多少？并选出这台通风机所需的导线规格。

8. 现有一台冷水机组，这台冷水机组的供电电源是380V，功率为36kW。请计算这台冷水机组所需要的电流是多少？并选出这台冷水机组所需的导线规格。

拓展阅读

我国电线电缆行业：绿色创新引领，“一带一路”助力

电线电缆广泛应用于各个领域，被誉为国民经济的“血管”和“神经”。2022年，我国电线电缆行业销售收入达1.22万亿元，我国已然成为全球最大的电线电缆消费市场。

目前，我国电线电缆行业正在向绿色化、智能化、数字化、高端化转型。中国电器工业协会电线电缆分会于2021年12月发布了《中国电线电缆行业“十四五”发展指导意见》，指出“十四五”期间要大力发展战略性新兴产业电线电缆、高端制造业电线电缆及电气装备用电线电缆。我国新能源、高端装备制造业等新兴领域的发展，以及“一带一路”倡议的不断深入，将为我国电线电缆行业带来新的发展动力。

为推动构建人类命运共同体、创造人类新文明，我国于2013年提出共建“一带一路”倡议。该倡议主导建立的跨国经济带，范围涵盖我国历史上丝绸之路和海上丝绸之路行经的国家和地区。截至2023年10月，我国已与150多个国家和地区、30多个国际组织签署了共建“一带一路”合作文件。

加入“一带一路”的国家和地区数量占全球国家和地区数量的77%，这些国家和地区是全球经济增长较快的国家和地区之一，这些国家和地区的经济发展需要大量的电力支持，同时我国也一直在这些国家和地区大力支持铁路、公路、港口、电网等基础设施建设，这都将积极推动对电线电缆等相关产品的巨大需求。

在“一带一路”和“中国制造2025”背景下，我国电线电缆行业龙头企业逐步重视国外市场的开发。凭借出色的产品质量和性价比优势，我国电线电缆行业出口量由2011年的180万t上升至2022年的228万t。

目前，国内电线电缆行业通过不断的科技创新，涌现了一批拥有一定创新研发能力与品牌知名度的企业，正是科技自立自强推动着这些企业积极开拓海外市场，由走出去的“中国制造”逐步成为走出去的“中国创造”（图2-7）。

图 2-7 “一带一路”中欧班列让“中国制造”和“中国创造”走出去

一颗匠心只为做好“一根电缆”

2023 年“五一”劳动节前后，获得全国五一劳动奖章的李淮忙得脚不沾地。即使在接受表彰时，他也惦记着回去完成手头的工作。

在获得全国五一劳动奖章之前，李淮已获得省劳动模范、省企业技术创新突出贡献人物、市产业领军人才、市工匠等诸多荣誉。这样杰出的人才，谁也不会想到最初的他只是一名普通工人。14 年来，李淮立足科技创新，一步一个脚印，在线缆产品的设计研发与检测、新技术、新工艺等方面的实战钻研练就了一身“硬功夫”。

李淮所在的企业是一家集各种电线电缆及新能源产业配套产品的设计开发、生产、销售和服务于一体的高新技术企业（图 2-8）。作为公司的高级工程师，李淮的工作内容更多是产品创新研发，对电线电缆进行从无到有的全过程工艺编制。2006 年，紧抓风电、光伏电缆风口，李淮所在的企业开始踏上新能源电缆发展之路。而李淮主要负责的一个项目就是风电电缆。由于国外的技术封锁，刚开始研究这个项目就让李淮犯了难。“其实当初我们的技术难点主要在导体上面，导体要经过正负极，正 4 圈然后负 4 圈的一个扭转，常温扭转 10000 次，低温扭转 6000 次，我们做一个实验要接近 15 天，所以很容易把电缆扭断、扭破。”李淮回忆道。

为了技术的成功研发和项目的落地，李淮并没有放弃，坚守着科技自立自强的信念，走上了科技创新之路，为此他和团队没少吃苦头。由于风电电缆多用在气候条件较为恶劣的地区，而在企业的模拟风力发电实验仓内，缺少重要的现场数值，李淮便带领团队去内蒙古，在-30℃及以下的低温环境中，他爬上风机，收集重要参数，回来验证产品的可靠性、稳定性。

最终，经过不懈努力，李淮和团队终于突破了风电电缆“卡脖子”技术，加速了我国线缆发展的脚步。李淮共研发了 40 余项新产品并实现成果转化，实现经济效益 10 亿余元。他负责的中压 B1 级耐火电缆突破了行业中一直存在的技术难题，得到了行业的肯定。他也因此获得省劳动模范、省科学技术进步三等奖、省机械工业科学技术三等奖、省企业技术创新突出贡献人物等奖项和荣誉。

然而在14年前，没有人会想到一名普通的技术工人会蜕变为高级工程师，也没人知道这个年轻人会为公司和电缆行业的发展做出如此大的贡献。李准在毕业后就进入了现在所在的企业，从导体拉丝、绞制、成缆、挤塑每个环节学起，李准在车间边学边提升自己。李准的同事在评价李准时说道："干一行、爱一行、钻一行、精一行，他用执着与坚守，诠释着真正的劳模和工匠精神。"

对于李准来说，线缆是随他一路前行的"益友"，也是他人生故事的"主角"。正是因为有着这样精益求精、勇于创新的工匠精神，一身甘于奉献的劳模风范，才让李准有了今天的成绩。

图2-8　先进、一流的电线电缆生产车间

第3章 建筑供配电的负荷计算与无功功率补偿

【学习目标驱动】建筑电气中，用电设备配电，首要是负荷计算；提高电能利用效率，无功功率补偿是基本手段。那么如何进行负荷计算和无功功率补偿呢？

基于工程项目的建筑电气设计，完成用电设备配电负荷计算和无功功率补偿需具备以下知识：计算负荷的概念与意义；无功功率补偿的意义；负荷计算的方法；无功功率补偿的方法。

【学习内容】计算负荷；负荷计算的方法；建筑供配电系统无功功率补偿。

【知识目标】了解计算负荷的概念与意义；了解无功功率补偿的意义；熟悉无功功率补偿的方法；掌握负荷计算的方法。

【能力目标】学会负荷计算。

3.1 计算负荷

3.1.1 计算负荷的概念

计算负荷是一个用于描述电力系统或设备所承受的电力负荷的术语。它是指在特定时间段内所需的电力量或能量，通常以单位时间内的功率表示（如kW或MW）。即计算负荷是指电力系统或设备在给定时间内所消耗的电能的总量。

计算负荷的大小取决于电力系统或设备所连接的负载的性质和需求。负载可以是各种各样的设备，包括家庭、工业和商业用电设备，如照明、空调、电动机、加热设备等。计算负荷的变化可以是周期性的，也可以是随机的，取决于负载的使用模式和需求。

计算负荷的基本参量包括负荷曲线、年最大负荷、年最大负荷利用小时数、平均负荷、负荷系数、需要系数、利用系数。

1. 负荷曲线

负荷曲线是反映电力负荷随时间变化情况的曲线。它直观地反映了用户用电的特点和规律，如图3-1所示。

负荷曲线是在直角坐标系中表示负荷随时间变化的曲线。用横坐标表示时间，纵坐标表示负荷量，根据每隔30min所测定的最大负荷量绘制而成的曲线就是负荷曲线。计算30min最大负荷的目的是按发热条件选择导线及配电设备。根据纵坐标表示的功率不同，分为有功功率负荷曲线和无功功率负荷曲线。根据负荷延续时间的不同（即横坐标的取值范围不同），分为日负荷曲线和年负荷曲线。

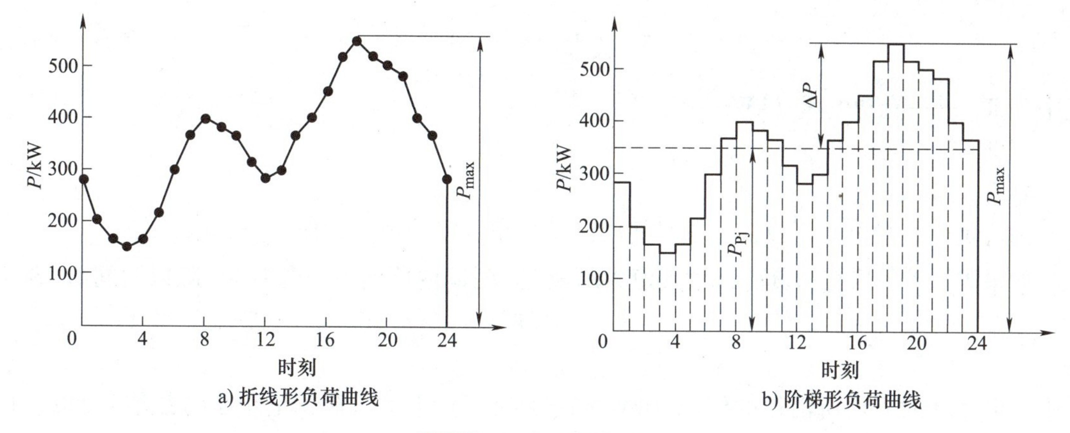

图 3-1　日有功负荷曲线

图 3-2 为南方某工厂的年负荷曲线，图中年负荷曲线上所占的时间为 $T=200\,t_1+165\,t_2$，t_1 和 t_2 由地理位置和气温情况而定。

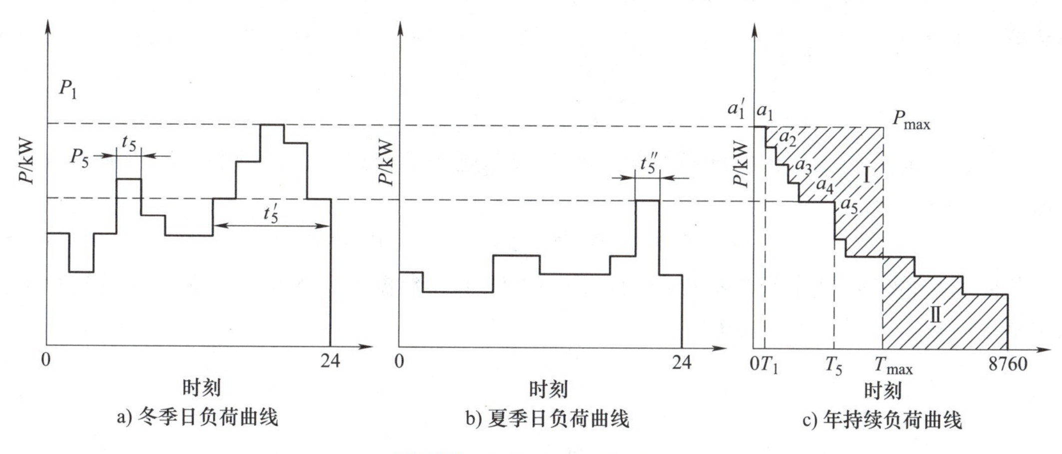

图 3-2　某工厂年负荷曲线

2. 年最大负荷

年最大负荷是负荷曲线上的最高点，是指全年中最大工作班内半小时平均功率的最大值，并用符号 P_{max}、Q_{max}、和S_{max} 分别表示年有功、无功和视在最大负荷。所谓最大工作班，是指一年中最大负荷月份内最少出现 2~3 次的最大负荷工作班，而不是偶然出现的某一个工作班。

3. 年最大负荷利用小时数

年最大负荷利用小时数 T_{max} 是一个假想时间，是标志工厂负荷是否均匀的一个重要指标。其物理意义是，如果用户以年最大负荷（如 P_{max}）持续运行时间 T_{max} 所消耗的电能恰好等于全年实际消耗的电能，那么 T_{max} 即年最大负荷利用小时数。

$$T_{max}=\frac{W_p}{P_{max}} \tag{3-1}$$

同理

$$T_{max}(无功)=\frac{W_q}{Q_{max}} \tag{3-2}$$

式中　W_p——有功电量（kW·h）；

W_q——无功电量（kvar·h）。

4. 平均负荷

平均负荷是指电力用户在一段时间内消费功率的平均值，记作 P_{av}、Q_{av}、S_{av}。

如果 P_{av} 为平均有功负荷，则其值为用户在 t 时间内所消耗的电能 W_p 除以时间 t，即

$$P_{av}=\frac{W_p}{t} \tag{3-3}$$

式中　W_p为 t 时间内所消耗的电能（kW·h），对于年平均负荷，全年小时数取 8760h，此时 W_p为全年消费的总电能。

5. 负荷系数

负荷系数也称为负荷率，又叫作负荷曲线填充系数。它是表征负荷变化规律的参数。在最大工作班内，平均负荷与最大负荷之比称为负荷系数，并用 α、β 分别表示有功、无功负荷系数，即

$$\alpha=\frac{P_{av}}{P_{max}},\ \beta=\frac{Q_{av}}{Q_{max}} \tag{3-4}$$

负荷系数越大，则负荷曲线越平坦，负荷波动越小。根据经验，一般工厂负荷系数年平均值为

$$\alpha=0.70\sim0.75,\ \beta=0.76\sim0.82 \tag{3-5}$$

相同类型的工厂或车间具有近似的负荷系数。上述数据说明无功负荷曲线比有功负荷曲线平滑。一般 α 值比 β 值低 10%~15%。

6. 需要系数

$$K_d=\frac{P_{max}}{P_e} \tag{3-6}$$

式中　P_{max}——用电设备组负荷曲线上最大有功负荷（kW）；

P_e——用电设备组的设备功率（kW）。

在供配电系统设计和运行中，常用需要系数 K_d见表 3-1~表 3-6。

表 3-1　宾馆饭店主要用电设备的需要系数和功率因数

序号	项目	需要系数 K_d	功率因数 $\cos\varphi$
1	全馆总负荷	0.4~0.5	0.8
2	全馆总电力	0.5~0.6	0.8
3	全馆总照明	0.35~0.45	0.85
4	冷冻机房	0.65~0.75	0.8
5	锅炉房	0.65~0.75	0.75
6	水泵房	0.6~0.7	0.8
7	通风机	0.6~0.7	0.8

（续）

序号	项目	需要系数 K_d	功率因数 $\cos\varphi$
8	电梯	0.18~0.2	DC 0.4/AC 0.8
9	厨房	0.35~0.45	0.7
10	洗衣房	0.3~0.4	0.7
11	窗式空调器	0.35~0.45	0.8
12	客房	0.4	
13	餐厅	0.7	
14	会议室	0.7	
15	办公室	0.8	
16	车库	1	

表 3-2　民用建筑照明负荷需要系数

建筑类别	需要系数 K_d	建筑类别	需要系数 K_d	建筑类别	需要系数 K_d
住宅楼	0.4~0.7	图书馆、阅览室	0.8	病房楼	0.5~0.6
科研楼	0.8~0.9	实验室、变电室	0.7~0.8	剧院	0.6~0.7
商店	0.85~0.95	单身公寓	0.6~0.7	展览馆	0.7~0.8
门诊楼	0.6~0.7	办公室	0.7~0.8	事故照明	1
影院	0.7~0.8	教学楼	0.8~0.9	托儿所	0.55~0.65
体育馆	0.65~0.75	社会旅馆	0.7~0.8		

表 3-3　10 层以上民用建筑照明负荷需要系数

户数	20 户以下	20~50 户	50~100 户	100 户以上
需要系数 K_d	0.6	0.5~0.6	0.4~0.5	0.4

表 3-4　建筑工地常用用电设备组需要系数及功率因数

用电设备组名称	需要系数 K_d	功率因数 $\cos\varphi$	$\tan\varphi$
通风机和水泵	0.75~0.85	0.80	0.75
运输机、传送机	0.52~0.60	0.75	0.88
混凝土及砂浆搅拌机	0.65~0.70	0.65	1.17
破碎机、振动筛、泥浆泵、砾石洗涤机	0.70	0.70	1.02
起重机、挖土机、升降机	0.25	0.70	1.02
电焊机	0.45	0.45	1.98
建筑室内照明	0.80	1.0	0
工地住宅、办公室照明	0.40~0.70	1.0	0
变电所照明	0.50~0.70	1.0	0
室外照明	1.0	1.0	0

表 3-5　民用建筑常用用电设备组的需要系数及功率因数

用电设备名称	需要系数 K_d	功率因数 $\cos\varphi$	$\tan\varphi$
照明	0.7~0.8	0.9~0.95	0.48
冷冻机房	0.65~0.75	0.8	0.75
锅炉房、热力站	0.65~0.75	0.75	0.88
水泵房	0.6~0.7	0.8	0.75
通风机	0.6~0.7	0.8	0.75
电梯	0.18~0.22	0.8	0.75
厨房	0.35~0.45	0.85	0.62
洗衣房	0.3~0.35	0.85	0.62
窗式空调房	0.35~0.45	0.8	0.75
舞台照明 100~200kW	0.6	1	0
舞台照明 200kW 以上	0.5	1	0

表 3-6　机械工业需要系数

用电设备名称	需要系数 K_d	功率因数 $\cos\varphi$	$\tan\varphi$
一般工作制的小批生产金属冷加工机床	0.14~0.16	0.5	1.73
大批生产金属冷加工机床	0.18~0.2	0.5	1.73
小批生产金属热加工机床	0.2~0.25	0.55~0.6	1.51~1.33
大批生产金属热加工机床	0.27	0.65	1.17
生产用通风机	0.7~0.75	0.8~0.85	0.75~0.62
卫生用通风机	0.65~0.7	0.8	0.75
泵、空气压缩机	0.65~0.7	0.8	0.75
不连锁运行的提升机、传送带运输等连续运输机械	0.5~0.6	0.75	0.88
带连锁的运输机械	0.65	0.75	0.88
暂载率 $\varepsilon=25\%$ 的起重机及电动葫芦	0.14~0.2	0.5	1.73
铸铁及铸钢车间起重机	0.15~0.3	0.5	1.73
轧钢及脱锭车间起重机	0.25~0.35	0.5	1.73
锅炉房、修理、金工、装配车间起重机	0.05~0.15	0.5	1.73
加热器、干燥箱	0.8	0.95~1	0~0.33
高频感应电炉	0.7~0.8	0.65	1.17
低频感应电炉	0.8	0.35	2.67
电阻炉	0.65	0.8	0.75
电炉变压器	0.35	0.35	2.67
自动弧焊变压器	0.5	0.5	1.73
点焊机、缝焊机	0.35~0.6	0.6	1.33
对焊机、铆钉加热器	0.35	0.7	1.02

（续）

用电设备名称	需要系数 K_d	功率因数 $\cos\varphi$	$\tan\varphi$
单头焊接变压器	0.35	0.35	2.67
多头焊接变压器	0.4	0.5	1.73
点焊机	0.1~0.15	0.5	1.73

此外，还需注意：

1）一般动力设备为 3 台以下时，需要系数为 $K_d=1$。

2）照明负荷需要系数的大小与灯的控制方式和开启率有关。大面积集中控制的灯比相同建筑面积的多个小房间分散控制的灯需要系数大。插座容量的比例大时，需要系数的选择可以偏小些。

3）消防负荷的需要系数为 $K_d=1$。

7. 利用系数

用电设备组在最大负荷班内的平均负荷的有功功率（kW）为

$$P_{av} = K_1 P_e \tag{3-7}$$

平均负荷的无功功率（kvar）为

$$Q_{av} = P_{av} \cdot \tan\varphi \tag{3-8}$$

式中　P_{av}、Q_{av}——用电设备组在最大负荷工作班内消耗的平均有功负荷（kW）、平均无功负荷（kvar）；

P_e——用电设备组的设备功率（kW）；

K_1——用电设备组在最大负荷工作班内的利用系数；

$\tan\varphi$——用电设备组功率因数角的正切值。

3.1.2　计算负荷的意义

1. 用电设备的主要特征

用电设备的工作制分为以下三种。

（1）长期连续工作制　长期连续工作制又称为连续运行工作制或长期工作制，是指电气设备在运行工作中能够达到稳定的温升，能在规定环境温度下连续运行，设备任何部分的温度和温升均不超过允许值。例如，通风机、水泵、电动发电机、空气压缩机、照明灯具、电热设备等负荷比较稳定，它们的工作时间较长，温度稳定。

（2）短时工作制　短时工作制又称为短时运行工作制，是指运行时间短而停歇时间长，设备在工作时间内的发热量不易达到稳定温升，而在间歇时间内能够冷却到环境温度。例如，车床上的进给电动机等，在停车时间温度能降回到环境温度。

（3）断续周期工作制　断续周期工作制又称为断续运行工作制或反复短时工作制，该设备以断续方式反复进行工作，工作时间 t 与停歇时间 t_0 相互交替重复，周期性地工作。一个周期一般不超过 10min，如起重电动机。断续周期工作制的设备用暂载率（或负荷持续率）来表示其工作特性。

暂载率为一个工作周期内工作时间与工作周期的百分比，用 ε 来表示，即

$$\varepsilon = \frac{t}{T}100\% = \frac{t}{t + t_0}100\% \tag{3-9}$$

式中 T——工作周期；

t——工作周期内的工作时间；

t_0——工作周期内的停歇时间。

工作时间加停歇时间称为工作周期。根据我国的技术标准，规定工作周期以 10min 为计算依据。起重电动机的标准暂载率分为 15%、25%、40%、60%四种；电焊设备的标准暂载率分为 50%、65%、75%、100%四种。其中自动电焊机的暂载率为 100%，在建筑工程中通常按 100%考虑。

2. 计算负荷的意义

在进行建筑供配电设计时，电气设计人员根据一个假想负荷——计算负荷，按照允许发热条件选择供配电系统的导线截面，确定变压器容量，制订提高功率因数的措施，选择及整定保护设备。那么这个假想的计算负荷从何而来呢？从电气本专业及电气以外设计人员提供的设备安装条件，电气设计人员可以知道设计图中所有用电设备的安装额定容量、额定电压和工艺过程等原始设计资料，这些就是负荷计算的依据之一。

根据这些原始资料及设备的工作特性，选择适当的计算方法，通过一系列的计算将设计中的设备安装负荷变成计算负荷。

负荷计算是供配电系统设计的基础，一般需要计算设备容量、有功功率、无功功率、视在功率、计算电流、尖峰电流等。

3.2 负荷计算

3.2.1 负荷计算的内容

负荷计算的主要内容包括设备容量、计算负荷（功率）、计算电流、尖峰电流等。

1. 设备容量（P_e）

设备容量也称为安装容量，它是用户安装的所有用电设备的额定容量或额定功率（设备铭牌上的数据）之和，也是配电系统设计和负荷计算的基础资料和依据。

2. 计算负荷（P_c）

计算负荷也称为计算容量或最大需要负荷，它是个假定的等效的持续性负荷，其热效应与同一时间内实际变动的负荷所产生的最大热效应相等。在配电设计中，通常采用能让中小截面导体达到稳定温升的时间段（30min）的最大平均负荷作为按发热条件选择配电变压器、导体及相关电器的依据，并用来计算电压损失和功率消耗。在工程上为方便计算，也可作为电能消耗量及无功功率补偿的计算依据。计算用的单位的各类总负荷也是确定供电电压等级和确定合理的配电系统的基础与依据。

3. 计算电流（I_c）

计算电流是计算负荷在额定电压下的电流。它是配电系统设计的重要参数，是选择配电变压器、导体、电器、计算电压偏差、功率损耗的依据，也可以作为电能损耗及无功功率的估算依据。

4. 尖峰电流（I_{if}）

尖峰电流也叫作冲击电流，是指单台或多台冲击性负荷设备在运行过程中，持续时间在 1s 左右的最大负荷电流。一般把设备起动电流的周期分量作为计算电压损失、电压波动、电压下降，以及选择校验保护器件等的依据。在校验瞬动元件时，还应考虑起动电流的非周期分量。大型冲击性电气设备的有功、无功尖峰电流是研究供配电系统稳定性的基础。

3.2.2　负荷计算的方法

负荷计算的主要方法有单位面积功率法、利用系数法、需要系数法、单位指标法等。

1. 单位面积功率法和单位指标法

单位面积功率法、单位指标法和单位产品耗电量法，前两者多用于民用建筑，后者适用于某些建筑进行可行性研究和初步设计阶段电力负荷估算。

由于建筑电气负荷具有负荷容量小、数量多且分散的特点，所以需要系数法、单位面积功率法和单位指标法比较适合建筑电气的负荷计算。负荷计算方法的选取原则：一般情况下需要系数法用于初步设计及施工图设计阶段的负荷计算；而单位面积功率法和单位指标法用于方案设计阶段进行电力负荷估算；对于住宅，在设计的各个阶段均可采用单位指标法。

2. 利用系数法

利用系数法是指利用系数求出最大负荷班的平均负荷，再考虑设备台数和功率差异的影响，乘以与有效台数有关的最大系数得出计算负荷。这种方法的理论根据是概率论和数理统计，因而计算结果比较接近实际。这种方法适用于各种范围的负荷计算，但计算过程较烦琐。

3. 需要系数法

用设备功率乘以需要系数（一般 $k=0.5\sim1.0$），直接求出计算负荷。这种方法比较简便，应用广泛，尤其适用于变、配电所的负荷计算。

例如，对于台数较少（4 台及以下）的用电设备：3 台及 2 台用电设备的计算负荷，取各设备功率之和；4 台用电设备的计算负荷，取设备功率之和乘以需要系数 0.9。

下面介绍采用需要系数法确定计算负荷。

(1) 用电设备组的计算负荷及计算电流

计算有功功率（kW）
$$P_c = K_d P_e \tag{3-10}$$

计算无功功率（kvar）
$$Q_c = P_c \tan\varphi \tag{3-11}$$

计算视在功率（kVA）
$$S_c = \sqrt{P_c^2 + Q_c^2} \tag{3-12}$$

计算电流（A）
$$I_c = \frac{S_c}{\sqrt{3}U_r} \tag{3-13}$$

式中　P_e——用电设备组的设备功率（kW）；

K_d——需要系数，见表 3-1～表 3-6；

$\tan\varphi$——用电设备组的功率因数角的正切值；

U_r——用电设备额定电压（线电压）（kV）。

（2）多组用电设备组的计算负荷

在配电干线上或在变电所低压母线上，常有多个用电设备组同时工作，但各个用电设备组的最大负荷并非同时出现，因此在求配电干线或变电所低压母线的计算负荷时，应再计入一个同时系数（或叫作同期系数）K_{Σ}，具体计算如下：

计算有功功率（kW）
$$P_c = K_{\Sigma p}\sum_{i=1}^{n} P_{ci} \tag{3-14}$$

计算无功功率（kvar）
$$Q_c = K_{\Sigma q}\sum_{i=1}^{n} Q_{ci} \tag{3-15}$$

计算视在功率（kVA）
$$S_c = \sqrt{P_c^2 + Q_c^2} \tag{3-16}$$

计算电流（A）
$$I_c = \frac{S_c}{\sqrt{3}U_r} \tag{3-17}$$

式中　$\sum_{i=1}^{n} p_{ci}$——n 组用电设备组的计算有功功率之和（kW）；

$\sum_{i=1}^{n} Q_{ci}$——n 组用电设备组的计算无功功率之和（kvar）。

3.3　建筑供配电系统无功功率补偿

3.3.1　无功功率补偿的意义

无功功率补偿是指在电力系统中通过安装无功补偿装置来提高系统的功率因数，以达到降低电能损耗、提高电能利用效率的目的。无功功率补偿对于电力系统和电力用户都具有重要的意义。

对于电力系统而言，无功功率补偿可以改善电网的电能质量，提高输电系统的稳定性和可靠性。由于无功功率补偿可以减少输电线路的电流，从而降低线路的电压降和损耗，使得输电线路的电压波动和损失都得到有效控制。

对于电力用户而言，无功功率补偿可以降低用电成本，提高用电效率。无功功率补偿可以减少电力用户用电设备的无功功率消耗，从而降低了设备的能耗和运行成本。同时，由于无功功率补偿可以改善用电设备的功率因数，使得设备在运行中产生的谐波和电磁干扰得到有效抑制，提高了设备的运行效率和寿命。

无功功率绝不是无用功率。在交流供电系统中，电感和电容都是必不可少的负载，如电动机、变压器等铁磁性负载，如果没有感性无功的励磁，设备无法正常工作。比如定距离送电的线路本身，就是容性负载，只要处于送电状态就相当于电容器在工作。也就是说，在交流供电系统中，无功的存在对能量的传输和交换有着巨大意义，不可缺少，或者说离开无功功率的交换系统就不能正常工作。

那么，大量的无功由哪里来？供配电系统中众多的无功负载，尤其是感性无功负载，正常来说，这些负载所吸收的无功功率是由发电厂提供的，也就是说，发电机在工作时就会向系统释放有功电能，同时对感性负载提供相应的无功电能。发电机运行时必须要保持适当的无功输出，如果没有无功输出就会对发电系统造成破坏性的影响，因此保护系统的无功平衡至关重要。

当系统中无功功率需求增大时，如果不在系统人为地安装无功补偿装置，发电厂要通过调相的方式来加大无功功率输出，由于发电机的容量是有限的，那么就势必要减少有功功率的输出量，也就是降低发电机的输出能力，为满足用电的要求，发电机、供电线路和变压器的容量需增大，这样不仅增加了供电投资、降低了设备利用率，也将增加线路损耗。

为了降低发电厂的无功供给压力，在供电系统中感性负载消耗较大的点投入相应的电容器来为感性负载提供无功功率，这样就极大地减轻了发电厂的无功供给压力。用户应在提高用电自然功率因数的基础上，设计和装设无功补偿装置，并做到随其负荷和电压变动及时投入或切除，防止无功倒送。

同时，将用户的功率因数达到相应的标准，以避免供电部门加收功率电费。因此，无论对供电部门还是用电部门，对无功功率进行自动补偿以提高功率因数，防止无功倒送，对节约电能、提高运行质量都具有非常重要的意义。

3.3.2　无功功率补偿的方法

一般在系统中所说的无功负载大部分是感性无功负载。把具有容性功率负荷的装置与感性功率负荷并联接在同一电路，当感性无功负载吸收能量时，容性负载释放能量，而感性负载释放能量时，容性负荷却在吸收能量，能量在容性负载和感性负载之间交换，这样容性负载所吸收的无功功率可以从容性负荷装置输出的无功功率中得到补偿，无功功率就地平衡掉，从而降低线路损失，提高带载能力，降低电压损失及缓解发电厂的供电压力，这就是无功补偿的基本原理。

1. 功率因数要求值

功率因数应满足当地供电部门的要求，当无明确要求时，应满足如下值：高压用户的功率因数应为0.90以上；低压用户的功率因数应为0.85以上。

2. 无功补偿措施

（1）提高自然功率因数

1）正确选择变压器容量。

2）正确选择变压器台数，可以切除季节性负荷用的变压器。

3）减少供电线路感抗。

4）有条件时尽量采用同步电动机。

（2）采用电力电容器补偿　一般在负载两端并联电容器，可提高整个电路功率因数，这种专门并联的电容器称为移相电容器。

1）低压侧集中补偿方式。在变电所低压侧装设移相电容器，对功率因数集中补偿。

2）设备附近就地补偿。在设备两端并联电容器，就地补偿功率因数。这种补偿的优点是效果好，能最大限度地减少系统的无功输送量，使得整个线路变压器的有功损耗减少；缺点是投资增加、电容器利用率低，且由于设备分散，难以统一管理。

3）对于连续运行的大容量设备宜采用就地补偿。

3. 无功功率补偿容量

1）在供电系统的方案设计时，无功补偿容量可按变压器容量的15%~25%估算。

2）在施工图设计时应进行无功功率计算。

电容器的补偿容量为

$$Q_c = P_c(\tan\varphi_1 - \tan\varphi_2) \tag{3-18}$$

式中　Q_c——补偿容量（kvar）；

P_c——计算负荷（kW）；

φ_1、φ_2——补偿前后的功率因数角。

常把 $\tan\varphi_1-\tan\varphi_2=\Delta q_c$，称为补偿率。

在确定总的补偿容量后，即可以根据所选并联电容器的单个容量确定电容器个数，即

$$n = \frac{Q_c}{q_c} \tag{3-19}$$

式中　q_c——单个电容器的容量。

由上式计算所得的电容个数 n，要考虑单相、三相电容器差别，若使用单相电容器补偿三相设备，应把 n 乘以3，以便三相平衡。

3）采用自动调节补偿方式时，补偿电容器的安装容量宜留有适当余量。

【例3-1】 已知小型冷加工机床车间380V系统，拥有设备如下：

1）机床35台，总计70.00kW，$K_{d1}=0.20$，$\cos\varphi_1=0.5$，$\tan\varphi_1=1.73$。

2）通风机4台，总计6.00kW，$K_{d2}=0.80$，$\cos\varphi_2=0.8$，$\tan\varphi_2=0.75$。

3）电暖器4台，总计12.00kW，$K_{d3}=0.80$，$\cos\varphi_3=1.0$，$\tan\varphi_3=0.00$。

4）行车2台，总计6kW，$K_{d4}=0.80$，$\cos\varphi_4=0.8$，$\tan\varphi_4=0.75$，$\varepsilon_4=15\%$。

5）电焊机3台，总计22kVA，$K_{d5}=0.35$，$\cos\varphi_5=0.6$，$\tan\varphi_5=1.33$，$\varepsilon_5=65\%$。

试求：每设备组的计算负荷（P_c、Q_c、S_c、I_c）。

【解】 1）机床组为连续工作制设备，则

$$P_e = P_r$$

$$P_{c1} = K_{d1}P_{e1} = (0.20 \times 70)\text{kW} = 14\text{kW}$$

$$Q_{c1} = P_{c1}\tan\varphi_1 = (14 \times 1.73)\text{kvar} = 24.22\text{kvar}$$

$$S_{c1} = \sqrt{P_{c1}^2 + Q_{c1}^2} = \sqrt{14^2 + 24.22^2}\text{kVA} = 27.97\text{kVA}$$

$$I_{c1} = \frac{S_{c1}}{\sqrt{3}\,U_r} = \frac{27.97}{\sqrt{3} \times 0.38}\text{A} = 42.05\text{A}$$

2）通风机组为连续工作制设备，则

$$P_{c2} = K_{d2}P_{e2} = (0.80 \times 6)\text{kW} = 4.80\text{kW}$$

$$Q_{c2} = P_{c2}\tan\varphi_2 = (4.80 \times 0.75)\text{kvar} = 3.60\text{kvar}$$

$$S_{c2} = 6.00\text{kVA}$$

$$I_{c2} = 9.12\text{A}$$

3）电暖器组为连续工作制设备，则

$$P_{c3} = K_{d3}P_{e3} = (0.80 \times 12)\text{kW} = 9.60\text{kW}$$

$$Q_{c3}=P_{c3}\tan\varphi_3=(8.0\times0.00)\text{kvar}=0$$

$$S_{c3}=9.60\text{kVA}$$

$$I_{c3}=14.59\text{A}$$

4）行车组的设备功率为统一换算到暂载率 $\varepsilon=25\%$ 的有功功率：

$$P_{e4}=2P_{r4}\sqrt{\varepsilon_4}=(2\times6\times\sqrt{15\%})\text{kW}=4.65\text{kW}$$

$$P_{c4}=K_{d4}P_{e4}=(0.80\times4.65)\text{kW}=3.72\text{kW}$$

$$Q_{c4}=P_{c4}\tan\varphi_4=(3.72\times0.75)\text{kvar}=2.79\text{kvar}$$

$$S_{c4}=4.65\text{kVA}$$

$$I_{c4}=7.07\text{A}$$

5）电焊机组的设备功率为统一换算到暂载率 $\varepsilon=100\%$ 时的有功功率：

$$P_{e5}=S_{r5}\times\sqrt{\varepsilon_5}\cos\varphi_5=(22\times0.6\times\sqrt{65\%})\text{kW}=10.64\text{kW}$$

$$P_{c5}=K_{d5}P_{e5}=(0.35\times10.64)\text{kW}=3.72\text{kW}$$

$$Q_{c5}=P_{c5}\cdot\tan\varphi_5=(3.72\times1.33)\text{kvar}=4.95\text{kvar}$$

$$S_{c5}=6.19\text{kVA}$$

$$I_{c5}=9.41\text{A}$$

【例 3-2】 已知条件同【例 3-1】。当有功功率同时系数 $K=0.9$，无功功率同时系数 $K=0.95$ 时，试求车间总的计算负荷（P_c、Q_c、S_c、I_c）。

【解】 通过上题的计算，已求出：

机床组：$P_{c1}=14\text{kW}$，$Q_{c1}=24.22\text{kvar}$

通风机组：$P_{c2}=4.80\text{kW}$，$Q_{c2}=3.60\text{kvar}$

电暖器组：$P_{c3}=9.60\text{kW}$，$Q_{c3}=0$

行车组：$P_{c4}=3.72\text{kW}$，$Q_{c4}=2.79\text{kvar}$

电焊机组：$P_{c5}=3.72\text{kW}$，$Q_{c5}=4.95\text{kvar}$

$$P_c=K_{\sum P}\sum_{i=1}^{n}P_{ci}=[0.9\times(14+4.8+9.6+3.72+3.72)]\text{kW}=32.26\text{kW}$$

$$Q_c=K_{\sum P}\sum_{i=1}^{n}Q_{ci}=[0.95\times(24.22+3.6+0+2.79+4.95)]\text{kvar}=33.78\text{kvar}$$

$$S_c=\sqrt{P_c^2+Q_c^2}=\sqrt{32.26^2+33.78^2}\text{kVA}=46.71\text{kVA}$$

$$I_c=\frac{S_c}{\sqrt{3}U_r}=\frac{46.71}{\sqrt{3}\times0.38}\text{A}=70.97\text{A}$$

在计算多组用电设备组的计算负荷时应当注意，当其中一组短时工作的设备且容量相对较小时，短时工作的用电设备组的容量不计入总容量。

【例 3-3】 某用户为两班制生产，最大负荷月的有功负荷为 35000kW，无功负荷为 19500kvar，则该用户的月平均功率因数是多少？欲将功率因数提高到 0.9，需装电容器的总容量是多少？补偿率取 0.11。

【解】 1）根据月无功和有功负荷求出功率因数，即

$$\cos\varphi = \frac{35000}{\sqrt{35000^2 + 19500^2}} = 0.87$$

2）补偿后的功率因数为0.9，补偿率为0.11。用户为两班制生产，一班按8h计，一日生产16h，则

$$P_c = \frac{35000}{16 \times 30}\text{kW} = 72.92\text{kW}$$

$$Q_c = P_c \Delta q_c = (72.92 \times 0.11)\text{kvar} = 8.02\text{kvar}。$$

1. 请写出计算负荷的概念。
2. 请写出计算负荷的意义。
3. 请写出负荷计算的主要方法。
4. 请写出无功功率补偿的意义。
5. 请写出无功功率补偿的基本原理。
6. 现有一栋建筑内室外机设备平台共有20台VRF空调室外机，每台VRF空调室外机的有功功率为18kW，供电电压为380V。请问这栋建筑内20台VRF空调室外机的有功计算负荷是多少？
7. 现有一栋建筑地下室内共有10台通风机，每台通风机的有功功率为2.0kW，供电电压为220V。请问这栋建筑内10台通风机的有功计算负荷是多少？

拓展阅读

我国建成世界上规模最大的农村电网，我国乡村供电基本全覆盖

我国是农业大国，乡村发展至关重要，关系到人民生活的和谐幸福。提高乡村居民的生活水平，实现乡村振兴和共同富裕，离不开电力这一现代社会的必需品。

我国的农村电力从新中国成立初的短缺现状，通过胸怀祖国、服务人民的农村电力人的不断创新、不断奋斗、攻坚克难，发展到现今农村电网基本全覆盖，取得了令世人瞩目的成就。

改革开放以来，我国农村电力发展经历了由小到大、由慢到快、由落后到先进、由分散到集中的发展过程。1978年，农村用电量为275.4亿kW·h，其中照明等生活用电量为48.3亿kW·h；2016年，农村居民生活用电量为3501亿kW·h。改革开放以来的40多年间，乡村居民生活用电量增长了70多倍。

我国先后通过农网建设与改造工程、县城电网改造工程、中西部地区农网改善工程、户户通电工程、农网改造升级工程等和“十三五”实施的新一轮农网改造升级工程，解决了4000万无电人口用电问题，实现了动力电全国农村地区基本全覆盖。我国的户户通电工程真正做到了“山再高，路再陡，也要千方百计送电上山”，这也是农村电力人的电力使命和社会责任。

截止到2020年，全国农村地区基本实现稳定可靠的供电服务全覆盖，农村电网供电可

靠率达到 99.8%，综合电压合格率达到 97.9%，已建成结构合理、技术先进、安全可靠、智能高效的现代农村电网。

改革开放以来，我国农村电力人不辱使命担当，践行初心，经过 40 多年的农村电力建设，我国已建成世界上规模最大、供电质量最高的农村电网（图 3-3）。

图 3-3　大山里的电网——“用电必达”

建筑电气基本配电设备 第4章

【学习目标驱动】建筑电气中，用电设备配电离不开配电箱，那么都有哪些配电箱呢？配电箱中配置有哪些低压配电设备呢？配电箱及其内部配置的低压配电设备都是建筑电气的基本配电设备。

基于工程项目建筑电气设计，完成用电设备配电需具备以下知识：配电箱类型及其配电等级、设置原则；断路器的规格及其选型方法；电能表、电流互感器的规格及其选型方法；双电源自动切换开关的种类及其选型方法。

【学习内容】配电箱类型；配电等级；断路器；电能表；电流互感器；双电源自动切换开关。

【知识目标】熟悉配电箱类型；熟悉配电等级；掌握断路器的选型方法；掌握电能表、电流互感器的选型方法；掌握双电源自动切换开关的功能、种类及其选型方法。

【能力目标】学会选用配电箱；学会选用断路器；学会选用电能表及电流互感器；学会选用双电源自动切换开关。

4.1 配电箱

4.1.1 配电箱的概念与类型

1. 配电箱的概念

配电箱

配电箱是接受电能、分配电能的箱柜。配电箱内有进线回路，也有出线回路，进线回路是接受电能，出线回路是分配电能。配电箱内装的是断路器，进线回路由进线回路上设置的断路器控制，出线回路由出线回路上设置的断路器控制。配电箱进/出线回路示意图如图 4-1 所示。

图 4-1 中，虚线框代表配电箱。虚线框内左侧为进线回路，由断路器控制；虚线框内右侧为出线回路，每个出线回路均由断路器控制。所以，对于配电箱来说，有用于接受电能的进线回路，有用于分配电能的出线回路，进线由断路器控制，而出线有几个出线回路，就由几个断路器来控制。也就是说，配电箱内有进线回路和出线回路，进线回路只有一个，由断路器控制；出线回路有多个，每个出线回路均由断路器控制，所有控制进/出线回路的断路器都安装在配电箱内。

另外，出线回路 1 上有一个标注 N1，代表这个出线回路为 N1 回路；出线回路 2 上有一个标注 N2，代表这个出线回路为 N2 回路；出线回路 3 上有一个标注 N3，代表这个出线回路为 N3 回路；同样地，出线回路 4、出线回路 5 和出线回路 6 上依次标注的 N4、N5 和 N6，分别代表出线回路为 N4 回路、N5 回路和 N6 回路。因此，N1～N6 分别是指配电箱的 6 个出线回路。

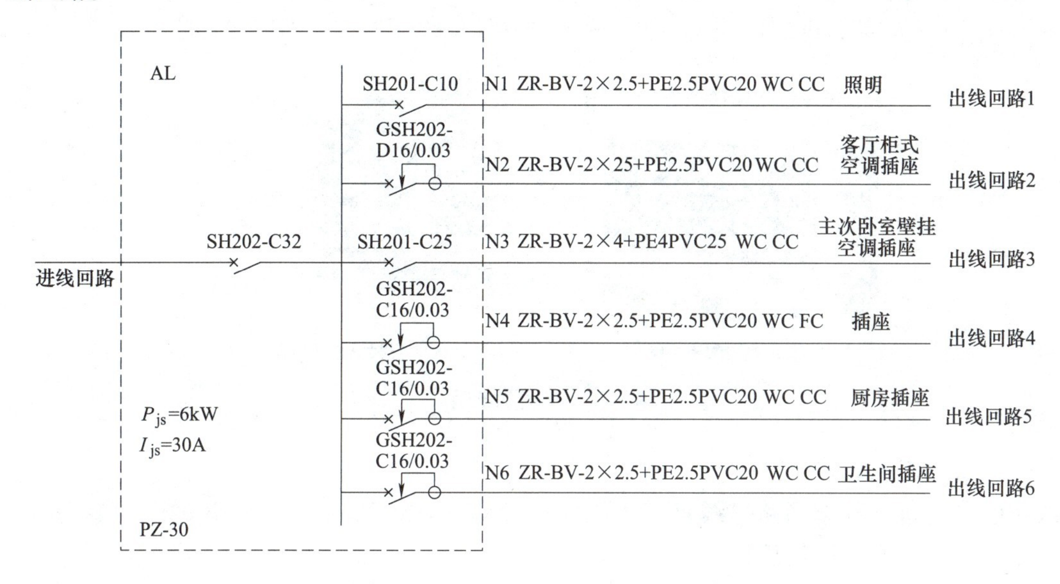

图 4-1　居住建筑用户户内配电箱进/出线回路示意图

由此可知，图 4-1 中配电箱内只有 1 个进线回路，由 1 个断路器控制，出线有 6 个出线回路（N1～N6），由 6 个断路器控制，则这个配电箱内共有 7 个断路器。因此，如果一个配电箱内有 n 个出线回路，再加上一个进线回路，那么可以得出这个配电箱内共有 $n+1$ 个断路器。配电箱内的断路器一般是导轨安装。

此外，图 4-1 中，出线回路 N1～N6 的回路名称分别为照明、客厅柜式空调插座、主次卧室壁挂空调插座、插座、厨房插座、卫生间插座；出线回路 N1～N6 采用的导线类型及根数、导线敷设方式及敷设部位也有标注。

2. 配电箱的类型

供配电系统中，常见的配电箱有照明配电箱、动力配电箱（柜）、电表箱、双电源自动切换箱。

（1）照明配电箱（AL）　照明配电箱是指一种单回路进线并专门用于照明与插座回路配电的终端配电箱。终端配电箱是指其出线回路直接接的是终端设备、直接为终端设备供电的配电箱。终端配电箱包括：

1）照明终端配电箱，出线回路专门直接接照明设备回路的配电箱。

2）插座终端配电箱，出线回路专门直接接插座设备回路的配电箱。

3）空调终端配电箱，出线回路专门直接接空调设备回路的配电箱。

4）动力终端配电箱，出线回路专门直接接风机、水泵等动力设备回路的配电箱。

照明配电箱的字母代号用 AL 表示，照明配电箱实物如图 4-2 所示。照明配电箱内的断路器采用导轨安装。

照明配电箱一般可有两种类型。一种是塑壳照明配电箱，即 PZ30 系列终端组合式配电箱，如图4-2a所示。塑壳照明配电箱（PZ30箱）一般用字母代号AL来表示，它的安装方式为墙体内嵌入式安装，即嵌墙安装。另一种是铁壳照明配电箱，如图4-2b所示。铁壳照明配电箱一般用字母代号AL来表示，有时也可用AP来表示。它的安装方式有两种，一种是墙体内嵌入式安装，即嵌墙安装；另一种是挂在墙体表面安装，即壁挂安装。

a) 塑壳照明配电箱(AL)

b) 铁壳照明配电箱(AL/AP)

图4-2 照明配电箱

(2) 动力配电箱（柜）(APL) 动力配电箱（柜）是指一种单回路进线且其进线回路直接接自变压器低压出线回路，并为动力终端配电箱提供电源的配电箱（柜）。动力配电箱（柜）一般也用于为照明插座终端配电箱和空调终端配电箱提供电源，即动力配电箱（柜）的出线回路一般也接照明插座终端配电箱和空调终端配电箱。也就是说，动力配电箱（柜）的进线回路接的是变电所内变压器低压出线回路，出线回路接的是终端配电箱。动力配电箱（柜）的字母代号一般用APL表示，有时也用AP表示。动力配电箱（柜）实物如图4-3所示。

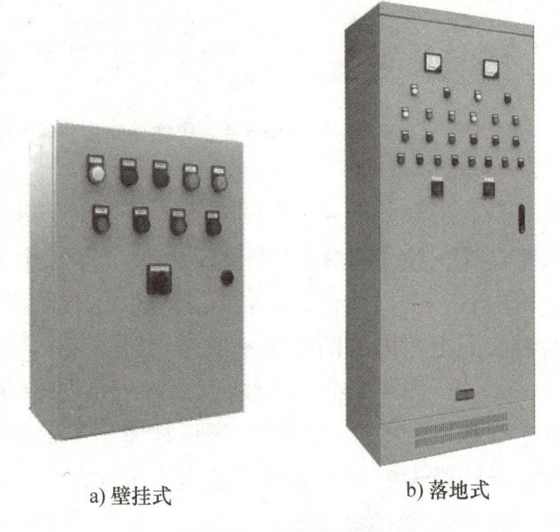

a) 壁挂式 b) 落地式

图4-3 动力配电箱

动力配电箱（柜）的安装方式有两种：一种是挂在墙体表面安装，即壁挂式安装；另一种是放置在地板面安装，即落地式安装。动力配电箱（柜）一般设置在建筑楼层内的强电间。

动力配电箱（柜）内的断路器采用导轨安装。动力配电箱（柜）内的空间较大，因此，动力配电箱（柜）内除安装断路器外，还可安装用于计量回路电能的电能表、电流互感器，以及用于回路控制的交流接触器、继电器等电气元件。

(3) 电表箱 电表箱是一种单回路进线、专门用于安装电能计量表的配电箱。电表箱内专门在进线回路和各出线回路上安装电能计量表，实现对其进线回路和出线回路的电能计量和监测。电表箱实

图4-4 电表箱

物如图 4-4 所示。电表箱内除在其进线回路和各出线回路上设置电能计量表外，还需在其进线回路和各出线回路上设置断路器，以对其进线回路和各出线回路进行通断电控制。

电表箱的尺寸一般用高（mm）×宽（mm）×厚（mm），电表箱的尺寸可参见表 4-1。电表箱的安装方式有两种：一种是墙体内嵌入式安装，即嵌墙安装；另一种是挂在墙体表面安装，即壁挂安装。电表箱在建筑内一般是嵌墙安装，以不影响其所在建筑部位的空间利用。

表 4-1 电表箱柜体尺寸参考值

电表箱	表位	计量箱尺寸/mm（高×宽×厚）
单相	2+2	800× 728 ×180
	4+2	800×870×180
	6+2	800×1106×180
	8+2	800×1248×180
	10+2	1000×1166×180
	12+2	1000×1318×180
三相	2+2	1000×890×180
	4+2	1000×1220×180
	6+2	1000×1400×180

（4）双电源自动切换箱 双电源自动切换箱是一种双回路进线，可实现主用电源回路和备用电源回路自动切换并投入使用的配电箱。双电源自动切换箱实物如图 4-5a 所示。双电源自动切换箱内安装有双电源自动切换开关，双电源自动切换开关是一种能实现主用电源回路和备用电源回路相互自动切换至投入运行状态的开关装置。双电源自动切换开关实物如图 4-5b 所示。双电源自动切换箱因其内部安装有双电源自动切换开关，能实现当一路主用电源回路出现故障等情况断电时，可立即自动切换至另一路备用电源回路，使得备用电源回路启用并为其后面的出线回路持续供电。因此，双电源自动切换箱是一种双路电源（主用电源和备用电源）进线的配电箱，适用于一级负荷和二级负荷的配电。

a) 双电源自动切换箱

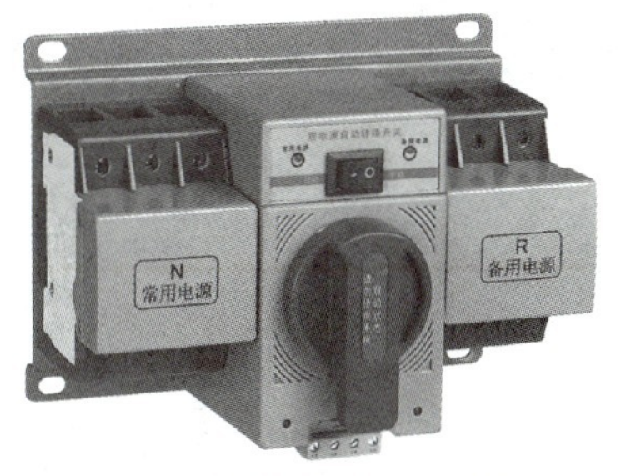

b) 双电源自动切换开关

图 4-5 双电源自动切换箱和切换开关

供配电系统中，常见的配电箱图例见表 4-2。

表 4-2 建筑电气图中的配电箱图例

序号	图例	名称
1	■	照明（插座）配电箱
2	⊟	动力照明配电箱
3	⊘	双电源自动切换开关箱
4	◫	电表箱
5	⊠	应急照明配电箱
6	◪	电源（电控）箱

4.1.2 配电等级

低压配电系统中，配电级数一般分为三级，且不宜超过三级。也就是说，配电等级一般分为三级配电，且不宜超过三级配电。配电级数可以理解为，一个供电回路通过配电装置分配为几个分支配电回路，这样的配电称为一个级数的配电。一个配电装置的进线开关和出线开关合起来可被看作为一级，不因它的进线开关是采用断路器或采用隔离开关（或负荷开关）而改变它的配电级数。低压配电系统中的三级配电等级划分示意图如图 4-6 所示。相应地，配电箱配电等级划分示意图如图 4-7 所示。

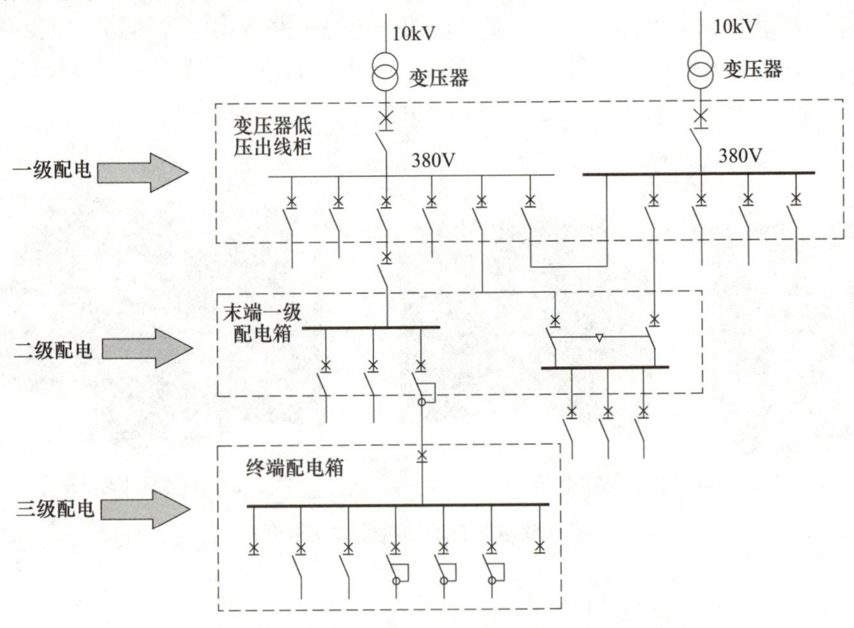

图 4-6 低压配电系统中的三级配电等级划分示意图

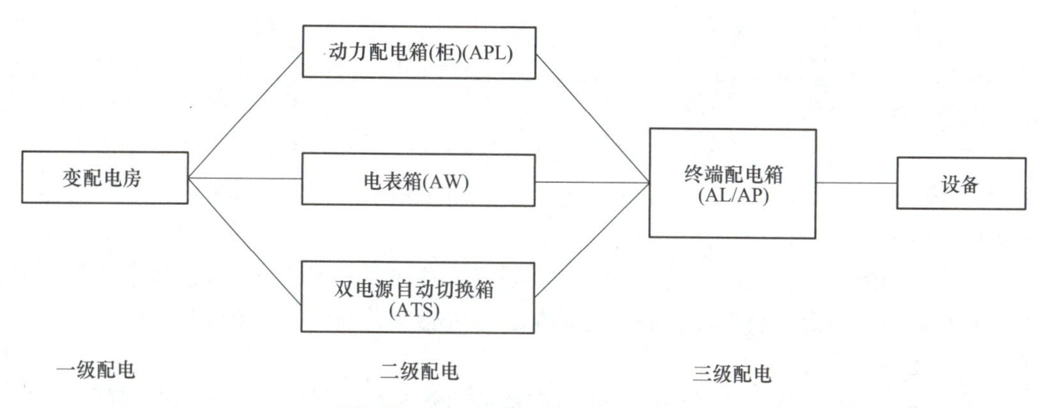

图 4-7　配电箱配电等级划分示意图

1. 一级配电

变电所内 10kV 变压器低压侧的一路低压母线至各低压出线柜的分支出线回路的配电，可看作一级配电。一级配电位于 10kV 变电所内，低压出线柜可称为一级配电柜。

2. 二级配电

建筑楼层总配电箱（柜）内把一路引自 10kV 变电所内低压出线柜分支出线回路的进线回路分配为多个为终端配电箱供电的出线回路的配电，可看作二级配电。这里，建筑楼层总配电箱（柜）的进线回路接自 10kV 变电所内低压出线柜的分支出线回路，出线回路接终端配电箱的进线回路。

二级配电位于建筑楼层总配电箱内，建筑楼层总配电箱（柜）可称为二级配电箱（柜）。建筑楼层总配电箱（柜）可有动力配电箱（柜）（APL）、电表箱（AW）、双电源自动切换箱（ATS）。

3. 三级配电

建筑楼层终端配电箱内把一路引自总配电箱（柜）出线回路的进线回路分配为多个为终端设备供电的出线回路的配电，可看作三级配电。这里，建筑楼层终端配电箱的进线回路接自总配电箱（柜）的出线回路，出线回路直接接终端设备。

三级配电位于建筑楼层终端配电箱内，建筑楼层终端配电箱可称为三级配电箱。建筑楼层终端配电箱（柜）可有照明配电箱（如 AL-ZM）、插座配电箱（如 AL-CZ）、空调终端配电箱（如 AL-KT）等。

4.2　配电箱内的基本部件

断路器

4.2.1　断路器

断路器（Circuit Breaker）是一种能接通、承载以及分断正常电路条件下的电流，也能在所规定的非正常电路（如短路）下接通、承载一定时间和分断电流的一种机械开关电器。

与隔离开关、负荷开关不同，断路器通过配置不同类型脱扣器可具有过载保护、短路保护、过压保护、欠压保护等保护功能。断路器脱扣器类型有过电流脱扣器、欠电压脱扣器、分励脱扣器等。

短路分断（或接通）能力：在规定的条件下，包括开关电器接线端短路在内的分断（或接通）能力。额定短路分断能力是制造商在规定的条件及额定工作电压下对断路器规定的短路分断能力值。

极限短路分断能力：按规定的试验程序所规定的条件，不要求断路器连续承载其额定电流能力的分断能力。额定极限短路分断能力是制造商按相应的额定工作电压规定断路器在规定的条件下应能分断的极限短路分断能力值。

运行短路分断能力：按规定的试验程序所规定的条件，要求断路器连续承载其额定电流能力的分断能力。额定运行短路分断能力是制造商按相应的额定工作电压规定断路器在规定的条件下应能分断的运行短路分断能力值。

断开时间：从断开操作开始瞬间起到所有极的弧触头都分开瞬间为止的时间间隔。

断路器的极数是指断路器能够接通和分断的相线和中性线的数量，断路器的极数（Pole，P）一般用P表示。断路器的极数有1P、2P、3P和4P，具体见表4-3。

表4-3　断路器的极数

极数	断路器的极数	断路器控制的导线根数
1P	1极	控制通断一根相线（L1相或L2相或L3相）
2P	2极	控制通断一根相线（L1相或L2相或L3相）和一根中性线（N）
3P	3极	控制通断三根相线（L1相、L2相、L3相）
4P	4极	控制通断三根相线（L1相、L2相、L3相）和一根中性线（N）
1P+N	2极	控制通断一根相线（L1相或L2相或L3相），中性线接入但不断开
3P+N	4极	控制通断三根相线（L1相、L2相、L3相），中性线接入但不断开

低压断路器是一种用于额定电压交流1000V或直流电压1500V及以下电路中的断路器。低压断路器根据设计形式和结构不同可分为三种类型：微型断路器、塑料外壳式断路器（简称塑壳断路器）和框架断路器（也可称为万能式断路器）。

1. 微型断路器（MCB）

微型断路器（Micro Circuit Breaker，MCB）是一种具有热塑性绝缘材料模制外壳，用于终端配电装置中的终端保护电器。微型断路器的额定电流一般为1~125A。微型断路器可分为微型断路器和剩余电流动作微型断路器。剩余电流是电气回路给定点处的所有带电体电流值的矢量和，也可称为漏电电流。剩余电流动作保护器（Residual Current Operated Protective Device，RCD），简称剩余电流保护电器，是一种漏电保护装置。剩余电流动作微型断路器是配有剩余电流动作保护器的微型断路器，即具有漏电保护功能的微型断路器。

微型断路器的脱扣特性有B、C、D等。脱扣特性B适用于为阻性负载及无冲击电流的负载提供线路保护。脱扣特性C适用于为阻性负载或低感照明配电系统提供保护。脱扣特性D适用于为对线路接通时有较大冲击电流的负载（如电动机）提供线路保护。

（1）NXB-63系列微型断路器　NXB-63系列微型断路器是不具有漏电保护功能的微型断路器。NXB-63系列微型断路器具有过载和短路保护功能。NXB-63系列微型断路器实物如图4-8所示。

NXB-63系列微型断路器的技术参数如下：

1）额定电流（I_n）：1A、2A、3A、4A、6A、10A、16A、20A、25A、32A、40A、

50A、63A。

2）额定工作电压（U_e）：230V（1P～2P、1P+N），400V（2P～4P、3P+N）。

3）额定绝缘电压（U_i）：500V。

4）频率：50Hz。

5）瞬时脱扣特性：B、C、D。

6）极数：1P、1P+N、2P、3P、3P+N、4P。

7）机械寿命：20000 次。

8）电气寿命：10000 次。

9）额定短路分断能力（I_{cn}）：6000A，10000A（2P/230V）。

10）运行短路分断能力（I_{cs}）：6000A，7500A（2P/230V）。

11）额定冲击耐受电压（U_{imp}）：4kV。

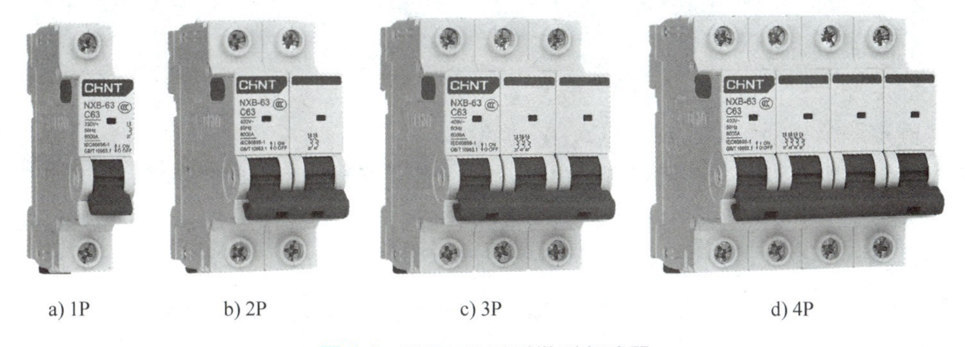

a) 1P　　b) 2P　　c) 3P　　d) 4P

图 4-8　**NXB-63 系列微型断路器**

下面举例说明 NXB-63 系列微型断路器的型号规格的含义：

1）NXB-63 C40/1P：NXB-63 系列微型断路器，额定电流为 40A，脱口特性为 C，极数为 1 极。

2）NXB-63 C63/3P：NXB-63 系列微型断路器，额定电流为 63A，脱口特性为 C，极数为 3 极。

（2）NXBLE-63 系列剩余电流动作微型断路器　NXBLE-63 系列剩余电流动作微型断路器是具有漏电保护功能的微型断路器，并且具有过载和短路保护功能。NXBLE-63 系列剩余电流动作微型断路器实物如图 4-9 所示。

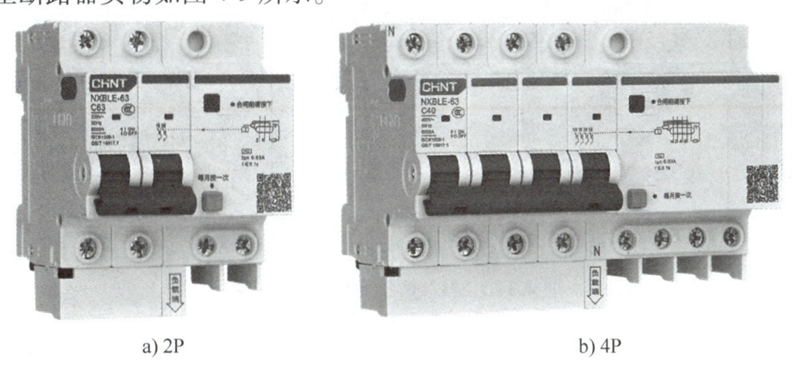

a) 2P　　b) 4P

图 4-9　**NXBLE-63 系列剩余电流动作微型断路器**

NXBLE-63 系列剩余电流动作微型断路器的技术参数如下：

1）额定电流（I_n）：6A、10A、16A、20A、25A、32A、40A、50A、63A。

2）额定剩余动作电流（$I_{\Delta n}$）：0.01A(1P+N、2P)、0.03A、0.05A、0.075A、0.1A、0.3A(AC 型)；0.03A、0.14A、03A(A 型)。

3）额定工作电压（U_e）：230V(1P+N、2P)，400V(3P、3P+N、4P)。

4）额定绝缘电压（U_i）：500V。

5）频率：50Hz。

6）瞬时脱扣特性：B、C、D。

7）极数：1P+N、2P、3P、3P+N、4P。

8）机械寿命：20000 次。

9）电气寿命：10000 次。

10）分断能力：6000A。

11）额定冲击耐受电压（U_{imp}）：4kV。

12）额定剩余接通和分断能力（$I_{\Delta m}$）：630A。

下面举例说明 NXBLE-63 系列剩余电流动作微型断路器的型号规格的含义：

1）NXBLE-63 C40/2P-0.03A：NXBLE-63 系列剩余电流动作微型断路器，额定电流为 40A，脱口特性为 C，极数为 2 极，剩余电流动作保护值为 0.03A。

2）NXBLE-63 C63/4P-0.03A：NXBLE-63 系列剩余电流动作微型断路器，额定电流为 63A，脱口特性为 C，极数为 4 极，剩余电流动作保护值为 0.03A。

（3）S200 系列微型断路器 S200 系列微型断路器常用的是 SH200 系列微型断路器和 GSH200 系列剩余电流动作微型断路器。SH200 系列微型断路器实物如图 4-10 所示。SH200 系列微型断路器的型号说明如图 4-11 所示。

a) 1P　　b) 2P　　c) 3P　　d) 4P

图 4-10　SH200 系列微型断路器

GSH200 系列剩余电流动作微型断路器实物如图 4-12 所示。其中，GSH202 系列如图 4-12a 所示，GSH204 系列如图 4-12b 所示。GSH200 系列剩余电流动作微型断路器的型号说明

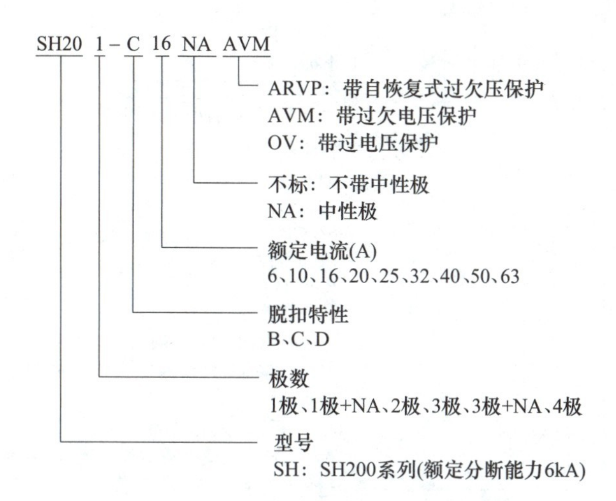

图 4-11 SH200 系列微型断路器的型号说明

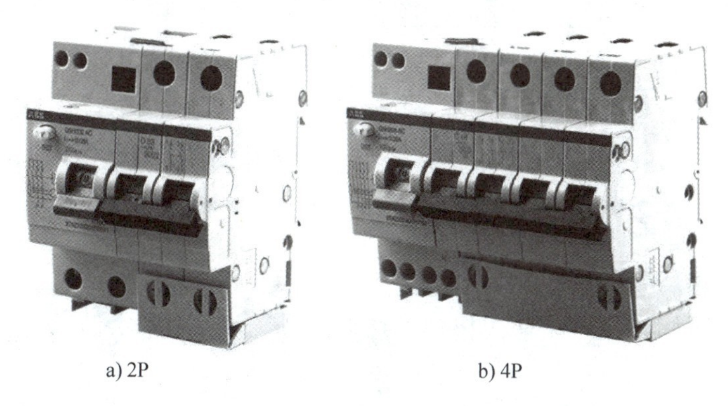

a) 2P　　b) 4P

图 4-12 GSH200 系列剩余电流动作微型断路器

如图 4-13 所示。

下面举例说明 S200 系列微型断路器的型号规格的含义：

1）SH201-C16：SH200 系列微型断路器，额定电流为 16A，脱口特性为 C，极数为 1 极。

2）SH203-C16：SH200 系列微型断路器，额定电流为 16A，脱口特性为 C，极数为 3 极。

3）GSH202-C16/0.03A：GSH200 系列剩余电流动作微型断路器，额定电流为 16A，脱口特性为 C，极数为 2 极，剩余电流动作保护值为 0.03A。

4）GSH204-C16/0.03A：GSH200 系列剩余电流动作微型断路器，额定电流为 16A，脱口特性为 C，极数为 4 极，剩余电流动作保护值为 0.03A。

此外，S200 系列微型断路器中，还有额定电流为 80A 和 100A 的 S200 型微型断路器，极数有 1P、1P+NA、2P、3P、3P+NA、4P，脱口特性有 B 和 C。其型号规格如下：S201-C80、S203-C80、S201-C100、S203-C100。

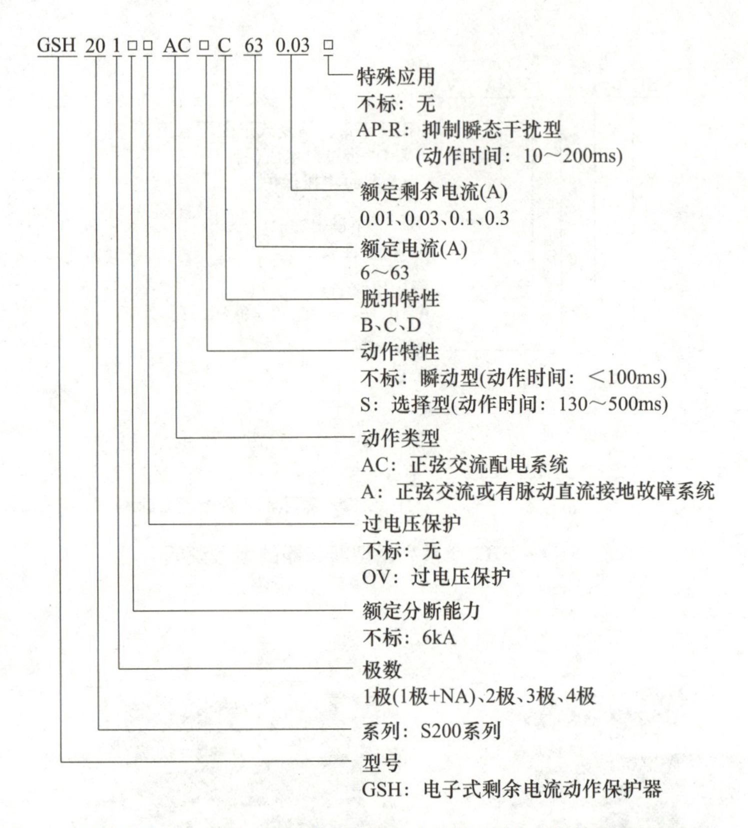

图 4-13　GSH200 系列剩余电流动作微型断路器的型号说明

2. 塑壳断路器（MCCB）

塑料外壳式断路器（Moulded Case Circuit Breaker，MCCB）是一种具有一个用模压绝缘材料制成的外壳作为断路器整体部件的断路器，可简称为塑壳断路器。塑壳断路器的额定电流一般可达400~630A，有的塑壳断路器额定电流也可达到800A及以上。塑壳断路器实物如图4-14所示。塑壳断路器可分为塑壳断路器和剩余电流动作塑壳断路器。剩余电流动作塑壳断路器是配有剩余电流动作保护器的塑壳断路器，即具有漏电保护功能的塑壳断路器。

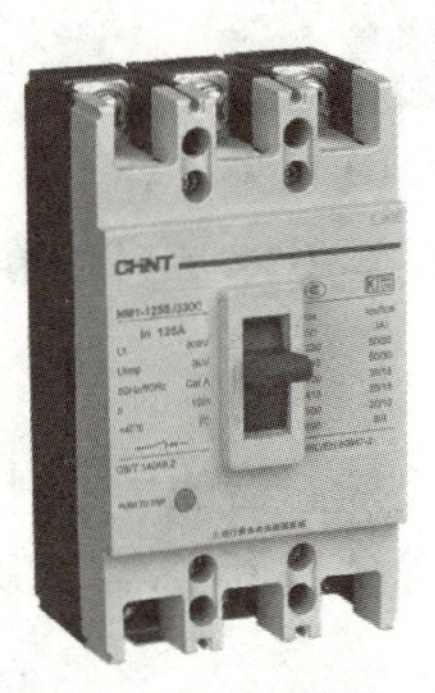

a) NM1系列(3P)

b) NM1LE系列(4P)

图 4-14　塑壳断路器

（1）NM1 系列塑壳断路器　该断路器额定绝缘电压至800V，适用于交流50Hz/60Hz，额定工作电压至690V（2P产品，NM1-63为415V），额定工作电流从10A至250A的配电网络电路中，用来分配电能和保护线路及电源设备免受过载、短路、欠电压等故障的损坏。同时也能作为电动机的不频繁起动及过载、短路、欠电压保护。产品具有隔离功能。NM1系列塑壳断路器实物如图4-14a所示。NM1系列塑壳断路器额定电流规格见表4-4。

表 4-4　**NM1 系列塑壳断路器额定电流规格**

型号	壳架电流/A	额定电流/A
NM1-63S	63	10、16、20、25、32、40、50、63
NM1-125S	125	10、16、20、25、32、40、50、63、80、100、125
NM1-250S	250	160、200、250

下面举例说明 NM1 系列塑壳断路器的型号规格的含义：

1）NM1-63S/3P 50A：NM1 型塑壳断路器，壳架电流 63A，分断能力为标准型，极数为 3 极，额定电流为 50A。

2）NM1-125S/3P 100A：NM1 型塑壳断路器，壳架电流 125A，分断能力为标准型，极数为 3 极，额定电流为 100A。

3）NM1-250S/3P 160A：NM1 型塑壳断路器，壳架电流 250A，分断能力为标准型，极数为 3 极，额定电流为 160A。

（2）NM1LE 系列剩余电流动作塑壳断路器　NM1LE 系列剩余电流动作塑壳断路器适用于交流 50Hz，额定电压 400V，额定电流 16A 至 800A 的电路中。NM1LE 系列剩余电流动作塑壳断路器实物如图 4-14b 所示。NM1LE 系列剩余电流动作塑壳断路器额定电流规格见表 4-5。

表 4-5　**NM1LE 系列剩余电流动作塑壳断路器额定电流规格**

型号	壳架电流/A	额定电流/A	额定剩余动作电流/mA
NM1LE-125S	125	10、16、20、25、32、40、50、63、80、100、125	30、50、100、200、300、500
NM1LE-250S	250	125、160、200、250	30、50、100、200、300、500
NM1LE-400S	400	250、315、350、400	50、100、200、300、500、1000
NM1LE-630S	630	400、500、630	100、200、300、500、1000
NM1LE-800S	800	630、800	100、200、300、500、1000

NM1LE 系列剩余电流动作塑壳断路器是综合采用国际先进技术设计、开发的新型剩余电流动作塑壳断路器之一。其主要功能是对有致命危险的人身触电提供间接接触保护。额定剩余动作电流不超过 30mA 的剩余电流动作塑壳断路器在其他保护措施失效时，也可作为直接接触的补充保护，但不能作为唯一的直接接触保护。同时，还可用来防止由于接触故障电流而引起的电气火灾。并可用来保护线路的过载、短路，也可作为线路的不频繁转换之用。

NM1LE 系列剩余电流动作塑壳断路器具有体积小（和相对应的塑壳断路器体积相等）、分断高、飞弧短及剩余动作电流，同时可带报警触头、分励脱扣器、欠电压脱扣器、辅助触头、旋转手柄操作机构、电动操作机构等附件，并可采用板前、板后和插入式等多种接线方式，是用户使用的理想产品。

下面举例说明 NM1LE 系列剩余电流动作塑壳断路器的型号规格的含义：

1）NM1LE-125S/4P 100A 300mA：NM1LE 型剩余电流动作塑壳断路器，壳架电流 125A，分段能力为标准型，极数为 4 极，额定电流为 100A，额定剩余动作电流为 300mA。

2）NM1LE-250S/4P 160A 300mA：NM1LE 型剩余电流动作塑壳断路器，壳架电流 250A，分段能力为标准型，极数为 4 极，额定电流为 160A，额定剩余动作电流为 300mA。

3）NM1LE-400S/4P 315A 300mA：NM1LE 型剩余电流动作塑壳断路器，壳架电流400A，分段能力为标准型，极数为4极，额定电流为315A，额定剩余动作电流为300mA。

4）NM1LE-630S/4P 500A 300mA：NM1LE 型剩余电流动作塑壳断路器，壳架电流630A，分段能力为标准型，极数为4极，额定电流为500A，额定剩余动作电流为300mA。

供配电系统中，与三级配电的配电级数相同，剩余电流动作保护一般也分为三级，即一级保护、二级保护和三级保护。10kV 变电所内低压出线柜一级配电中的剩余电流动作保护为一级保护，建筑楼层总配电箱（柜）二级配电中的剩余电流动作保护为二级保护。建筑楼层终端配电箱三级配电中的剩余电流动作保护为三级保护。第三级剩余电流动作保护是对终端设备回路的保护，剩余电流动作保护值为10~30mA，一般为30mA；第二级剩余电流动作保护是对进线回路的保护，剩余电流动作保护值为100~300mA，一般为300mA；第一级剩余电流动作保护是对低压侧回路的保护，剩余电流动作保护值为300~500mA，一般为500mA。

（3）Tmax 系列塑壳断路器 Tmax 系列塑壳断路器是一种壳架电流为160~1600A 的塑壳断路器，Tmax 系列塑壳断路器实物如图4-15所示。Tmax 系列塑壳断路器有T1~T8共8个型号，其中T1和T2型的壳架电流为160A，T3和T4型的壳架电流为250A，T5型的壳架电流为400A和630A，T6型的壳架电流为630A和800A，具体见表4-6。Tmax 系列塑壳断路器可装配剩余电流脱扣器，T1、T2和T3塑壳断路器可与RC221或RC222系列剩余电流脱扣器配合使用。T4和T5塑壳断路器可与RC222剩余电流脱扣器配合使用。T6塑壳断路器可与RCQ剩余电流继电器配合使用。

图4-15 Tmax 系列塑壳断路器

表4-6中，TM 可选：

1）TMD 热磁保护：热脱扣可调（0.7~$1I_n$），磁脱扣不可调。

2）TMA 热磁保护：热脱扣可调（0.7~$1I_n$），磁脱扣可调（5~$10I_n$）。

表4-6中，PR 可选：

1）PR221DS-LS/I 三段保护：过载长延时+短路短延时/短路瞬时。

2）PR222DS/P-LSI 三段保护：过载长延时+短路短延时+短路瞬时。

3）PR222DS/P-LSIG 四段保护：过载长延时+短路短延时+短路瞬时+接地故障保护。

Tmax 系列塑壳断路器的型号规格表示如图4-16所示。

下面举例说明 Tmax 系列塑壳断路器的型号规格的含义：

1）T1N 160 R100/3P：T1 塑壳断路器，短路分断能力为36kA，壳架电流为160A，额定电流为100A，极数为3极。

2）T1N 160 R100/4P-RC221 0.3A：T1 塑壳断路器，短路分断能力为36kA，壳架电流为160A，额定电流为100A，极数为4极，额定剩余动作电流为300mA。

3. 框架断路器（ACB）

框架断路器（Air Circuit Breaker，ACB）也称为万能式断路器，是一种具有一个用绝缘的金属框架的外壳作为断路器整体部件的断路器，其所有零件都装在一个绝缘的金属框架内。框架断路器的额定电流一般为400~6300A。框架断路器常用在10kV 变电所变压器低压侧出线总开关、母线联络开关及低压出线柜大容量出线回路开关。

表 4-6　Tmax 系列塑壳断路器的壳架电流及额定电流

系列	短路分断能力 I_{cu}(380/415V AC)							壳架电流/A	脱扣器	额定电流 I_n/A																					安装方式	主接线	极数
	B	C	N	S	H	L	V			4	6.3	10	16	20	25	32	40	50	63	80	100	125	160	200	250	320	400	500	630	800			
T1								160	TM																						F	FC	3P,4P
T2								160	TM																						F,P	F	
									PR																								
T3								250	TM																						F,P		
T4								250	TM																						F,P,W		
									PR																								
T5								400,630	TM																						F,P,W		
									PR																								
T6								630,800	TM																						F,W		
									PR																								
	16	25	36	50	70	120	200																										
	(kA)																																

注：表中浅灰色表示可选，深灰色表示推荐选用，空白表示不可选。

4.2.2 电能表

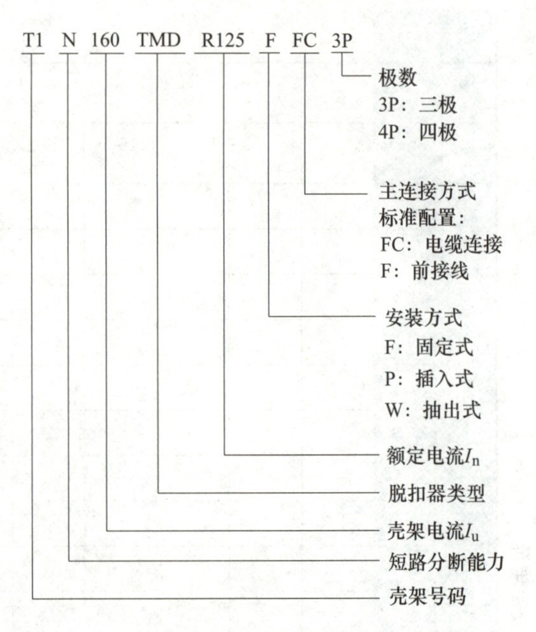

图 4-16 Tmax 系列塑壳断路器的型号规格表示

电能表是一种用来计量电路电能数据的仪表。按结构和工作原理分类，电能表可分为机械式电能表和电子式电能表。机械式电能表，又称为感应式电能表，是一种通过电感应测量元件圆盘的旋转而工作的电能表。电子式电能表是一种通过对电压和电流实时采样，采用专用的电能表集成电路，对采样电压和电流信号进行处理，通过计度器或数字显示器显示的电能表。

按计量用电设备的工作电源分类，电能表一般可分为单相电能表和三相电能表，三相电能表又可分为三相三线电能表和三相四线电能表。TN 系统供电的用电设备一般采用三相四线电能表进行计量。按安装接线方式分类，可分为直接接入方式和间接接入方式。直接接入方式是直接接入计量回路的接线方式，而间接接入方式是经电流互感器接入计量回路的接线方式。电能表的准确等级有 0.2S、0.5S、0.2、0.5、1.0、2.0 等。

下面介绍 D606 系列电子式电能表。D606 系列电子式电能表有单相 DDS606 型和三相 DTS606 型。单相 DDS606 型和三相 DTS606 型电子式电能表均有直接接入式和间接接入式，直接接入式电能表的具体规格见表 4-7。

表 4-7 D606 系列直接接入式电子式电能表的规格

型号	相数	准确等级	基本电流（额定最大电流）/A
DDS606	单相	1、2	5(20)、10(40)、15(60)、20(80)、30(100)
DTS606	三相	1、2	5(20)、10(40)、15(60)、20(80)、30(100)

下面举例说明 D606 系列电子式电能表的型号规格的含义：

1）DDS606-10(40)：DDS606 型单相电能表，基本电流是 10A，额定最大电流是 40A。

2）DTS606-10(40)：DTS606 型三相电能表，基本电流是 10A，额定最大电流是 40A。

表 4-7 中，电能表的基本电流是受电能表的精确度和用电设备启动的负荷电流影响，而最大电流一般会受用电设备的负荷功率影响。电能表选型时，按额定最大电流来选取电能表。低压配电系统中，供配电回路设置电能表的额定最大电流的选取原则如下：

1）电能表的额定最大电流不小于供配电回路所选断路器的额定电流。

2）电能表的额定最大电流不小于供配电回路所选导线的载流量。

4.2.3 电流互感器

低压配电系统中，供配电回路负荷电流为 50A 及以下时，一般采用直接接入式电能表；而供配电回路负荷电流为 50A 以上时，一般采用经电流互感器接入的间接接入式电能表。

电流互感器（Current Transformers，CT）是一种在正常使用条件下其二次电流与一次电流实际成正比，并且在连接方法正确时其相位差接近于零的互感器。电流互感器的一次绕组是流过被变换电流的绕组，二次绕组是给测量仪表、继电器等提供电流的绕组。电流互感器实物如图4-17所示。一般电流互感器的铁心为环形铁心（图4-17a）和矩形铁心（图4-17b），二次绕组沿铁心圆周均匀分布，中间窗口供被测线路（相当于一次绕组）穿绕使用。

a) 环形铁心

b) 矩形铁心

图4-17 电流互感器

电流互感器一次绕组或被测回路通过的电流被称为一次电流，二次绕组通过的电流被称为二次电流。电流互感器额定一次电流标准值一般为10A、12.5A、15A、20A、25A、30A、40A、50A、60A、75A，以及它们的十进位倍数或小数。电流互感器的二次侧额定电流标准值有1A和5A，低压配电系统中，电流互感器的二次侧额定电流一般为5A。

电流互感器的实际电流比是实际一次电流与实际二次电流之比，电流互感器的额定电流比是额定一次电流与额定二次电流之比。AKH-0.66G系列电流互感器是一款计量用电流互感器，额定电流比规格见表4-8。

表4-8 AKH-0.66G系列电流互感器额定电流比规格

<table>
<tr><th>型号</th><th>相数</th><th>准确等级</th><th>额定电流比（一次电流/二次电流）</th></tr>
<tr><td>AKH-0.66G</td><td>单相</td><td>0.2、0.5</td><td rowspan="2">75/5、100/5、150/5、200/5、250/5、300/5、400/5、450/5、500/5、600/5、700/5、800/5</td></tr>
<tr><td>3×AKH-0.66G</td><td>三相</td><td>0.2、0.5</td></tr>
</table>

下面举例说明AKH-0.66G系列电流互感器的型号规格的含义：

1）AKH-0.66G 200A/5A 0.2：1个AKH-0.66G计量型电流互感器，用于单相供配电回路，额定一次电流为200A，额定二次电流为5A，额定电流比为40，准确等级为0.2。

2）3×AKH-0.66G 200A/5A 0.2：3个AKH-0.66G计量型电流互感器，用于三相供配电回路，额定一次电流为200A，额定二次电流为5A，额定电流比为40，准确等级为0.2。

低压配电系统中，与计量用电流互感器匹配使用的电能表为间接接入式电能表，也可称为互感式电能表。D606系列间接接入式电能表是需要经电流互感器接入的电能表，具体规格见表4-9。

表4-9 D606系列间接接入式电能表规格

型号	相数	准确等级	基本电流（额定最大电流）/A	接线方式
DDS606	单相	1、2	1.5(6)	经电流互感器接入
DTS606	三相	1、2	1(10)、1.5(6)、3(6)	经电流互感器接入

电流互感器按功能分类，可分为计量用电流互感器和保护用电流互感器。计量用电流互感器是一种为测量仪表提供电流的电流互感器，保护用电流互感器是一种为保护用继电器供电的电流互感器。

电流互感器按安装方式分类，可分为套管式电流互感器和电缆式电流互感器。套管式电流互感器是一种没有一次绕组和一次绝缘，直接套装在绝缘的套管上或绝缘的导线上的电流互感器。电缆式电流互感器是一种没有一次绕组和一次绝缘，直接安装在绝缘的电缆上使用的电流互感器。

4.2.4 双电源自动切换开关

双电源自动切换开关

双电源自动切换开关（Automatic Transfer Switching Equipment，ATSE）是一种由一个或多个开关设备构成、用于将负载电路自动从一路电源断开并连接至另外一路电源的电器。双电源自动切换开关能够自动将一个或多个负载电路从一个电源自动转换至另一个电源，以保证负载电路的正常供电。简单来说，双电源自动切换开关是两路电源进线，即一路常用、一路备用，而当一路常用电源突然故障或断电时，通过双电源自动切换开关，可以自动投入另一路备用电源上，使设备仍能正常运行。双电源自动切换开关用于需要双路电源供电的一级负荷和二级负荷配电。双电源自动切换开关实物如图 4-5b 和图 4-18 所示。

双电源自动切换开关根据分断能力，可分为两种类型，一种是 PC 级，另一种是 CB 级，具体如图 4-19 所示。

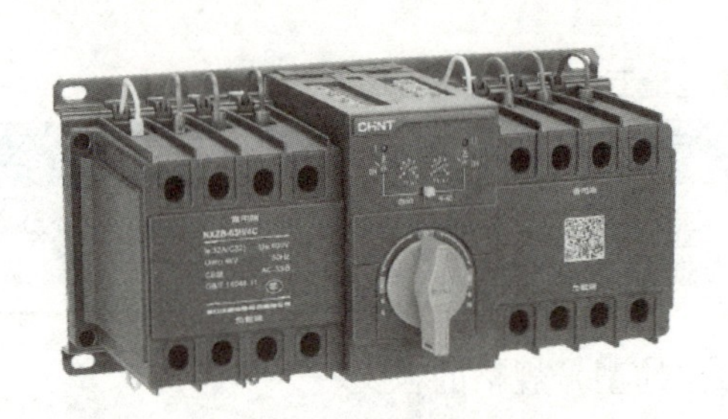

图 4-18 双电源自动切换开关

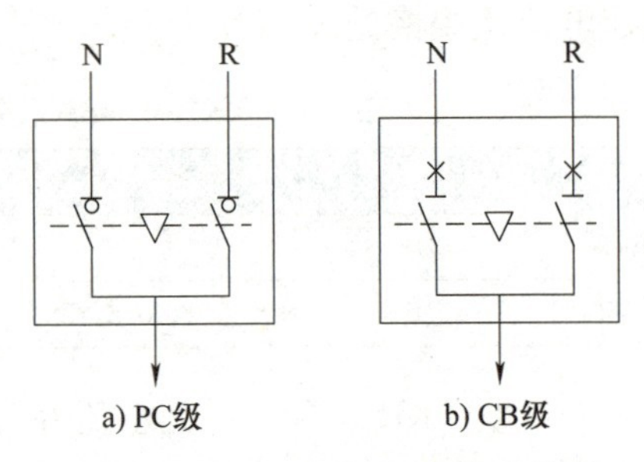

图 4-19 双电源自动切换开关

1. PC 级双电源自动切换开关

PC 级是能够接通、承载，但不能分断短路电流的双电源自动切换开关。PC 级双电源自动切换开关内部主要由两个负荷隔离开关和能够实现切换功能的电器构成，如图 4-19a 所示。当采用 PC 级 ATSE 时，应能耐受回路的预期短路电流，且 ATSE 的额定电流不应小于回路计算电流的 125%。

OTM_C_D 系列双电源自动切换开关是 PC 级 ATSE，额定电流为 32~2500A。OTM_ C_ D 系列 ATSE 的型号规格说明如图 4-20 所示。

下面举例说明 OTM_C_D 系列 ATES 的型号规格的含义：

OTM_C_D 160E 4C 10D：OTM_C_D 系列双电源自动切换开关，额定电流 160A，极数 4 极（同时自动投切 4 根线：L1 相、L2 相、L3 相和 N 线），10D 控制器自动操作。

2. CB 级双电源自动切换开关

CB 级是能够接通、承载并分断短路电流的配备过电流脱扣器的双电源自动切换开关。CB 级双电源自动切换开关内部主要由两个断路器和能够实现切换功能的电器构成，如图 4-19b 所示。当采用 CB 级 ATSE 时，ATSE 的额定电流应按断路器的额定电流值要求选取。

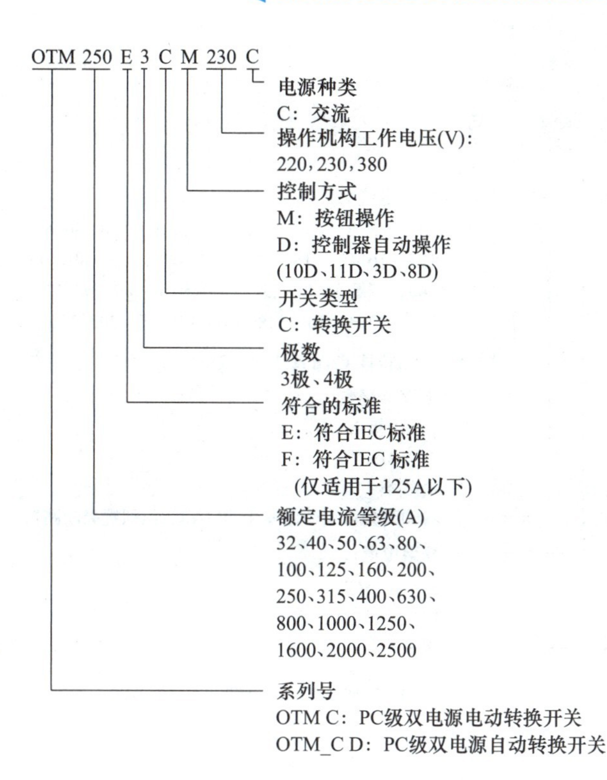

图 4-20　**OTM_C_D 系列 ATSE 的型号规格说明**

DPT 系列双电源自动切换开关是 CB 级 ATSE，额定电流等级见表 4-10。DPT 系列 ATSE 的型号规格说明如图 4-21 所示。

表 4-10　**DPT 系列 ATSE 额定电流等级**

双电源自动转换开关（CB 级）	型号	额定电流等级
DPT 系列	DPT-63	0. 5～63A
DPT 系列	DPT-125	10～125A
DPT 系列	DPT-160	12. 5～160A
DPT 系列	DPT-250	32～250A

下面举例说明 DPT 系列 ATES 的型号规格的含义：

1）DPT-63/S26 4P C50：DPT-63 系列双电源自动切换开关，S260 微型断路器，极数 4 极（同时自动投切 4 根线：L1 相、L2 相、L3 相和 N 线），脱口特性为 C，额定电流为 50A。

2）DPT-63/S26 3P C50：DPT-63 系列双电源自动切换开关，S260 微型断路器，极数 3 极（同时自动投切 3 根线：L1 相、L2 相、L3 相），脱口特性为 C，额定电流为 50A。

3）DPT-125/4P 100A：DPT 系列双电源自动切换开关，塑壳断路器的壳架电流为 125A，极数 4 极（同时自动投切 4 根线：L1 相、L2 相、L3 相和 N 线），额定电流为 100A。

4）DPT-125/3P 100A：DPT 系列双电源自动切换开关，塑壳断路器的壳架电流为 125A，极数 3 极（同时自动投切 3 根线：L1 相、L2 相、L3 相），额定电流为 100A。

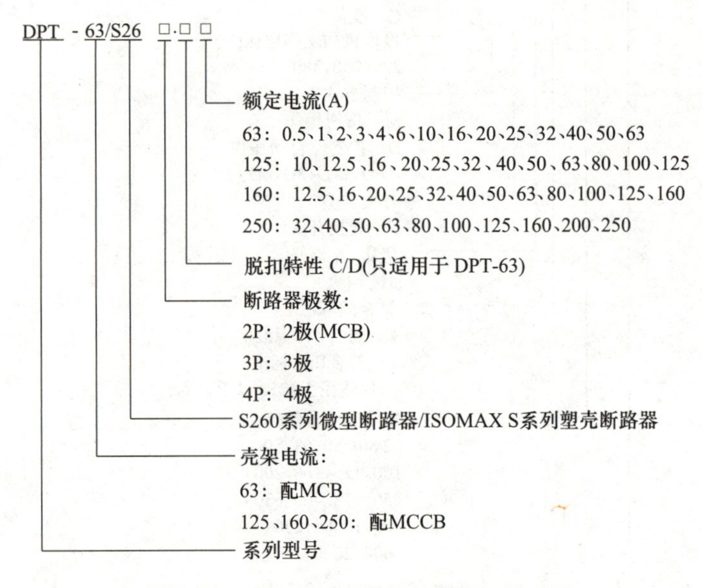

图 4-21 **DPT 系列 ATSE 的型号规格说明**

1. 请简述建筑低压配电系统中配电等级的划分。

2. 请简要写出断路器的种类，它们的额定电流等级分别有哪些？

3. 解释下列微型断路器标注中字母数字的含义：

1）SH203-C63。

2）SH201-C20。

3）SH201-D32。

4）SH203-D50。

5）GSH202-C16/0. 03。

6）GSH204-D20/0. 03。

4. 解释断路器标注“T3N 250 R200/4P-RC221”中字母数字的含义。

5. 请写出电流互感器的作用，它的电流规格都有哪些？

6. 请简述双电源自动切换开关的作用和分类，以及这些不同类型的双电源自动切换开关有何区别。

7. 已知一个防排烟机房内设置了配电箱 ATS-fpy，其进线回路的计算电流为 60A，请指出可选择何种类型何种规格的双电源自动切换开关？

8. 请指出建筑电气设计中常用配电箱，并画出这些常用配电箱的图例。

9. 请写出电能表的电流规格都有哪些。

10. 现有一单相回路的计算电流为 40A 和一个三相回路的计算电流为 50A，请写出这个单相回路和三相回路用电计量时需配置的电表的型号规格。

11. 现有一排烟风机配电箱的三相进线回路的计算电流为 200A，请为该回路配置断路器、电表和电流互感器，写出断路器的额定电流，写出电表和电流互感器的型号规格。

拓展阅读

电气安全很重要，断路器可靠选用是基本

某工厂发生了一起断路器失效引发的火灾事故，导致严重的人员伤亡和财产损失。经过调查分析，事故起因为一台生产设备的断路器失效导致电路过载，最终引发火灾。断路器失效的原因如下：

1）质量不合格。断路器的质量直接关系到其在使用过程中的可靠性。如果断路器的质量不合格，就有可能出现各种故障，从而导致电气设备的失效，这也是导致断路器失效的主要原因。因此，在使用断路器时，要保证其品质过硬，否则会危及生产设备和工人的生命安全。

2）过载。断路器的主要作用是保护电气设备不受到过载的影响，一旦电路过载，断路器就会自动跳闸。但是，如果负荷电流过大，断路器就会失去保护功能，从而导致电路的失效。因此，使用断路器应保持合理的电流负荷，不得超过其额定电流范围。

3）经常开关。如果断路器频繁地开关，就会造成接触器烧坏、触点氧化等故障，导致断路器失效。因此，在操作断路器时要注意避免频繁开关。

电梯为何不经常断电了？电力安全可靠供应是关键

随着科技的不断发展，电力供应的稳定性对于现代生活变得至关重要。人们的家庭生活、工作场所及公共设施都离不开电力的持续稳定供应。

然而，如果电力供应中的突发故障或停电问题经常发生，不仅会给人们的生活和工作带来困扰，还可能对电器设备造成损坏。科学是认识世界，技术是改造世界，为了保障电力供应的连续性和稳定性，双电源自动切换技术应运而生。双电源自动切换开关已成为现代供配电系统中保障电力持续稳定供应的利器。

双电源自动切换开关能够在电力故障发生时自动切换电源，确保电力的不间断供应。无论是在家庭、商业还是工业环境中，这种开关都发挥着关键的作用。当主电源出现问题时，它能够自动将电路切换到备用电源上，确保电力供应的连续性。一旦主电源恢复正常，双电源自动切换开关又会自动切换回主电源，实现从备用电源到主电源的平滑切换，减少了人工干预的需要，提高了电力系统的可靠性和稳定性。

双电源自动切换开关的广泛应用为人们的生活和工作带来了诸多便利。在家庭中，它可以保证家庭电器的正常使用，不受电力故障的影响。在商业和工业领域，它能够保障生产线的连续运行，避免因电力故障导致的生产中断和损失。在医疗机构和紧急救援设施中，双电源自动切换开关更是至关重要，因为它能够确保关键设备的供电稳定性，保障医疗救护工作的顺利进行。

例如，当今，不管是住宅楼、办公楼，还是商场大楼，这些楼内都会安装电梯，方便人员出入。电梯的工作场景不允许它的电力供应突然中断，电梯的电力供应一旦突然中断，将会对电梯内的人员的生命造成伤害，因此，电梯的电力持续稳定供应十分重要。那么如何才能确保电梯的电力持续稳定供应呢？双电源自动切换开关让电梯的电力持续稳定供应成为现

实。不管是住宅楼、办公楼，还是商场大楼，这些楼内电梯的电力供应都是借助双电源自动切换开关，才确保了电梯能够不会突发断电的情况。

因此，双电源自动切换开关是一种高效可靠的电力保障设备，它可以确保电力供应的连续性和稳定性，为人们的生活、生产和商业活动带来更多的便利和安全保障。

用电分项计量规范设计

《中华人民共和国节约能源法》第二十七条规定："用能单位应当建立能源消费统计和能源利用状况分析制度，对各类能源的消费实行分类计量和统计，并确保能源消费统计数据真实、完整。"

《民用建筑节能条例》第十八条规定："公共建筑还应当安装用电分项计量装置。"第二十九条规定："对公共建筑进行节能改造，还应当安装室内温度调控装置和用电分项计量装置。"

《公共机构节能条例》第十四条规定："公共机构应当实行能源消费计量制度，区分用能种类、用能系统，实行能源消费分户、分类、分项计量，并对能源消耗状况进行实时监测，及时发现、纠正用能浪费现象。"

用电分项计量系统是由用电分项计量装置、用电分区计量装置、数据采集和传输装置及用户管理系统组成，采用用电计量装置实时采集公共建筑分项、分区电耗数据，并将电耗数据通过远程传输等手段，实现建筑电耗在线监测和动态分析功能的硬件系统和软件系统的统称。

依据相关标准规范，建筑用电分项计量能耗节点包括总用电、分项能耗、一级能耗节点和二级能耗节点。分项能耗包括照明插座用电、暖通空调用电、动力设备用电和特殊用电。

电气设计师在建筑电气设计时应该按照相关标准规范要求设计用电分项计量系统，且应该严格按照相关标准规范设置建筑用电分项计量装置。在建筑电气工程的供配电设计时，就要考虑到四大类用电分项能耗节点的用电分项计量装置设置。也就是在建筑用电设备供配电设计时，就要优先考虑按照四大类用电分项能耗节点设置供配电回路，进行供配电设计。目前，这样设计也有利于当地建筑能耗监测平台对所设计建筑的用电分项能耗数据的接入。

建筑电气照明系统 第5章

【学习目标驱动】对于已定的建筑平面图，如何在建筑平面图上进行照明设计与配电？

建筑内的照明设计包括房间内和公共部位的普通照明设计、消防疏散通道上的应急照明和疏散指示系统设计。基于工程项目建筑电气设计，完成建筑平面的照明设计与配电需完成以下内容：计算房间所需布置照明灯的数量与房间实际照度；合理均匀布置照明灯；合理布置照明开关并对照明灯进行开关控制设计；合理设置照明回路；合理布置照明配电箱；规范布置应急照明灯具、安全出口标志灯具和疏散指示灯具；合理布置应急照明配电箱（应急照明集中电源）。

【学习内容】照明基本设备；照度计算；建筑照明系统设计；应急照明与疏散指示系统。

【知识目标】熟悉照明基本参数；熟悉照明光源、灯具、开关；熟悉应急照明与疏散指示系统功能与设备组成；掌握房间所需灯具数量计算方法；掌握房间平均照度计算方法；掌握功率密度计算方法；掌握照明灯与照明开关的布置方法；掌握照明灯的开关控制设计方法；掌握照明回路设置与照明配电箱布置方法；掌握应急照明和疏散指示灯具布置要求；掌握应急照明回路设置与应急照明配电箱（应急照明集中电源）的布置方法；掌握照明平面图的设计方法。

【能力目标】学会照度计算；学会照明灯、开关、配电箱的布置；学会照明灯的开关控制设计；学会照明平面图设计。

5.1 照明基本设备

5.1.1 照明光源

照明光源

照明光源按其发光物质，一般可分为三种类型，分别是热辐射光源、气体放电光源和固体光源，具体见表5-1。

表5-1 常见照明光源

序号	种类	照明灯
1	热辐射光源	白炽灯
2		卤钨灯

（续）

<table>
<tr><th>序号</th><th>种类</th><th colspan="2">照明灯</th></tr>
<tr><td>3</td><td rowspan="5">气体放电光源</td><td rowspan="2">低压气体放电光源</td><td>荧光灯（低压汞灯）</td></tr>
<tr><td>4</td><td>低压钠灯</td></tr>
<tr><td>5</td><td rowspan="3">高压气体放电光源</td><td>高压汞灯</td></tr>
<tr><td>6</td><td>高压钠灯</td></tr>
<tr><td>7</td><td>金属卤化物灯</td></tr>
<tr><td>8</td><td rowspan="2">固体光源</td><td colspan="2">场致发光灯（EL）</td></tr>
<tr><td>9</td><td colspan="2">半导体发光二极管（LED）
有机半导体发光二极管（OLED）</td></tr>
</table>

1. 热辐射光源

（1）白炽灯 白炽灯是第一代电光源，具有结构简单、便宜、便于调光、能瞬间点燃、无频闪等优点，过去的几十年内是常用的照明光源。白炽灯实物如图 5-1 所示。白炽灯的工作原理：白炽灯内钨丝通电后产生热辐射后发光。钨丝是用金属钨拉制的灯丝，钨丝熔点很高，即使在高温下仍能保持固态。白炽灯通电后，钨丝上通电，这时钨丝就会发热，温度高达 3000℃，炽热的钨丝便会产生光辐射，使白炽灯发出明亮的光。白炽灯有个明显的缺点，就是在高温下一些钨原子会蒸发成气体，并在灯泡的玻璃表面上沉积，使灯泡变黑，而且灯丝不断地被气化，会逐渐变细，直至最后断开，致使灯泡的使用寿命终结。

白炽灯具有良好的调光性能，但使用寿命短，发光效率很低，非常不节能。在节能降碳、奋力实现“双碳”目标的时代，建筑电气设计时需要进行绿色建筑设计，需要考虑节能，因此，目前在电气设计时，白炽灯早已不在照明光源选用的范围内了。

（2）卤钨灯 卤钨灯全称为卤钨循环类白炽灯，是在白炽灯的基础上在其内充入卤族元素气体而得到。卤钨灯的灯丝通常做成螺旋形直线状，卤钨灯内一般充入适量的氩气和微量卤素碘或溴。充入氩气可以抑制钨丝蒸发。充入卤素碘的卤钨灯称为碘钨灯，充入卤素溴的卤钨灯称为溴钨灯。卤钨灯实物如图 5-2 所示。

图 5-1　白炽灯

图 5-2　卤钨灯

卤钨灯的工作原理：在适当的温度条件下，由灯丝蒸发的钨，一部分向泡壳扩散，并在灯丝与泡壳之间的区域与卤素形成卤化钨，卤化钨在高温灯丝附近又被分解，使一部分钨重新附着在灯丝上，补偿钨的蒸发损失，而卤素又参加下一次循环反应，周而复始。这个过程称为卤钨的再生循环。这样可有效地抑制钨的蒸发，而且灯管内被充入较高压力的惰性气体，因此进一步抑制了钨蒸发，使得卤钨灯寿命长，同时有效地防止泡壳发黑，光通量维持性好。

卤钨灯与白炽灯相比，具有体积小、寿命长、光效高、光色好和光输出稳定的特点。在建筑电气设计时需要进行绿色建筑设计，考虑节能，因此，目前在电气设计时，除特定需要的场所外，卤钨灯也不在照明光源选用的范围内了。

2. 低压气体放电光源

低压气体放电灯放电时的灯内气体的总压强为不大于1个大气压。低气压放电光源有两种：辉光放电光源（氖灯、霓虹灯等）和弧光放电光源（荧光灯、低压钠灯等）。

（1）荧光灯（低压汞灯）　荧光灯是工程应用最广泛的气体放电光源。荧光灯的基本结构如图5-3所示，荧光灯的核心部件是玻璃管和灯丝，玻璃管中填充惰性气体氩气和汞蒸气，玻璃管内壁涂有荧光粉；灯丝的材质为钨丝，灯丝上涂有一层能够发射电子的氧化钡，也被称为阴极。荧光灯中填充有低气压的汞蒸气，因此也称为低压汞灯。其工作原理是利用低气压的汞蒸气在通电后释放紫外线，从而使荧光粉发出可见光。荧光灯通电后阴极发射电子，电子电离填充气体，激发汞原子产生紫外线，荧光粉将紫外线转换成可见光。

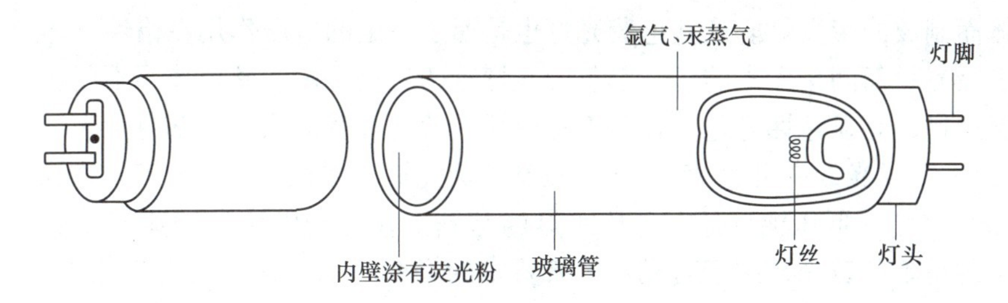

图5-3　荧光灯的基本结构

荧光灯的电路图如图5-4所示。闭合开关接通电源后，电源电压经镇流器、灯管两端的灯丝加在启辉器的n形动触片和静触片之间，引起辉光放电。放电时产生的热量使得n形动触片膨胀，并向外伸展，与静触片接通，使灯丝预热并发射电子。在n形动触片与静触片接触时，二者间电压为零而停止辉光放电，n形动触片冷却收缩并复原而与静触片分离，在动、静触片断开瞬间在镇流器两端产生一个比电源电压高得多的感应电动势，这感应电动势与电源电压串联后加在灯管两端，使灯管内惰性气体被电离而引起弧光放电。随着灯管内温度升高，液态汞汽化游离，引起汞蒸气弧光放电而发生肉眼看不见的紫外线，紫外线激发灯管内壁的荧光粉后，发出近似日光的可见光。

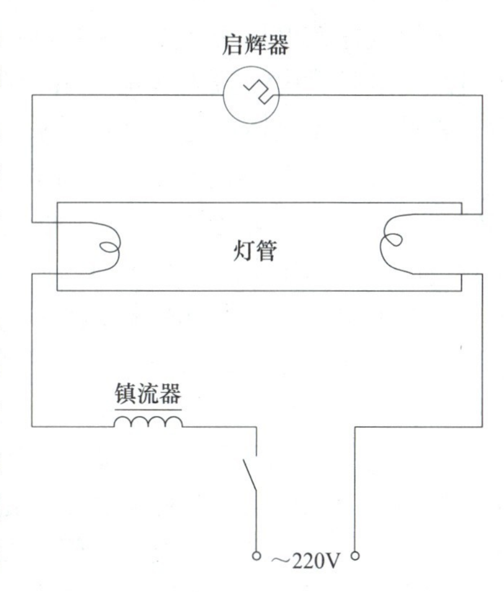

图5-4　荧光灯的电路图

这里，启动器的作用：可自动开关。镇流器的作用：在灯丝预热时限制灯丝所需的预热电流，防止预热电流过大而烧断灯丝，保证灯丝电子的发射能力；在灯管起辉后维持灯管的工作电压和限制灯管的工作电流在额定值，以保证灯管稳定工作。

荧光灯具有结构简单、光效高、发光柔和、寿命长等优点。荧光灯的发光效率是白炽灯的4~5倍，寿命是白炽灯的10~15倍，是高效节能光源。目前常见的荧光灯有直管形荧光灯、环形荧光灯等。常见的直管形荧光灯的外形如图5-5所示。

图5-5　直管形荧光灯

1）直管形荧光灯。荧光灯按其外形可分为双端荧光灯和单端荧光灯。双端荧光灯大多是直管形，称为直管形荧光灯。直管形荧光灯按灯管的管径大小分为T12、T10、T8、T6、T5、T4、T3等规格。规格中“T+数字”组合，表示管径的毫米数值。其含义：一个T=1/8英寸，一英寸为25.4mm；数字代表T的个数。例如，T12=25.4mm×1/8×12=38mm。一般来说，灯管越细，光效越高。T12、T8直管形荧光灯可配电感式或高频电子镇流器；T5直管形荧光灯采用电子镇流器。

2）三基色荧光灯。三基色是指红、绿、蓝三种基本色光，三基色荧光灯是指在灯管上涂有三基色稀土荧光粉（由红、绿、蓝三种单色荧光粉按不同的比例混合制成），并填充高效发光气体而制成的荧光灯。三基色荧光灯也是通过一定的电压作用在惰性气体上产生真空紫外线激发荧光粉而间接发光的。三基色荧光灯管的光色是由三基色按照不同比例合成的且有多种色温选择的高显色性光色。目前工程应用中荧光灯普遍采用三基色荧光灯，它的显色指数在85以上，发光效率可达75lm/W。三基色荧光灯有体积小，光效高、寿命长等优点。

（2）低压钠灯　低压钠灯是在低压汞灯的基础上在灯壳内添加钠蒸气发展而来的。低压钠灯发出的是单色黄光，用于对光色没有要求的场所。低压钠灯具有光色柔和、眩光小、透雾性好的优点，特别适用于公路、隧道、港口、货场和矿区等场所照明。

3. 高压气体放电光源

高压气体放电灯是气体放电灯的一类，灯内气体的总压强在1~10个大气压。高压气体放电灯通过灯管中的弧光放电，结合灯管中填充的惰性气体或金属蒸气产生很强的光。目前，常见的高压气体放电灯有高压汞灯、高压钠灯和金属卤化物灯。

（1）高压汞灯　高压汞灯是灯壳内表面涂有荧光粉的高压汞蒸气放电灯，能够发出柔和的白色灯光，具有光效高、寿命长等优点。高压汞灯发出的光中不含红色，照射下的物体发青，因此，高压汞灯一般只适用于广场、街道的照明。

（2）高压钠灯　高压钠灯是在高压汞灯的基础上在灯壳内添加钠蒸气发展而来的，工作时发出金白色光。高压钠灯具有发光效率高（光效可达120~140lm/W）、寿命长、透雾性能好等优点，广泛用于道路、机场、码头、车站、广场等场所照明。

（3）金属卤化物灯　金属卤化物灯是在高压汞灯基础上添加金属卤化物制成。金属卤化物灯的基本原理是将多种金属以卤化物的方式加入高压汞灯的电弧管中，使这些金属原子像汞一样电离、发光。而充入灯管内的低气压金属卤化物决定了灯的发光性能。充入不同的金属卤化物，可以制成不同特性的光源。金属卤化物灯按填充物可分为钠铊类、钪钠类、镝钛类和卤化锡类共四大类，金属卤化物灯的市场应用主要为钠铊铟灯和钪钠灯。

金属卤化物灯具有光效高（65~140lm/W）、寿命长（5000~20000h）、显色性好（R_a为65~95）、结构紧凑、性能稳定等特点。它兼有荧光灯、高压汞灯、高压钠灯的优点，并克服了这些灯的缺点，金属卤化物灯汇集了气体放电光源的主要优点，尤其是具有光效高、寿命长、光色好三大优点。金属卤化物灯广泛应用于体育场馆、展览中心、大型商场、工业厂房、街道广场、车站、码头等场所照明。

4. LED 灯

发光二极管（Light Emitting Diode，LED）是继热辐射光源、低压气体放电光源和高压气体放电光源之后第四代新型固体光源。半导体发光二极管（LED），利用固体半导体作为发光材料，当其两端施加正向电压，半导体中的载流子与空穴发生复合时所产生的过剩能量以光子的形式释放出去，从而引起光子发射产生光，达到发光效果。LED 灯具有结构简单、重量轻、光效高、耗能少、寿命长等优点。

随着 LED 技术的发展，LED 灯的结构形式发展呈多样化。目前，LED 灯主要有 LED 灯管、LED 灯泡、LED 射灯、LED 灯带、LED 灯珠等常见的结构形式。例如，LED 灯管是将 LED 光源融入传统的荧光灯外形中，与传统的荧光灯基本一致。随着节能减排技术的发展，越来越多的 LED 灯被要求应用于绿色建筑内，以实现节能降碳的目标。

5.1.2　照明灯具

照明灯具

灯具是透光、分配和改变光源光分布的器具，包括除光源外所有用于固定和保护光源所需的零部件及与电源连接所必需的线路附件。也就是说，灯具首先是可以保护光源的，在保护光源的同时，能够透光、分配光以及改变光源光的分布。

1. 灯具的效能和效率

在建筑电气设计时，需要考虑灯具的效能和效率。灯具效能是在规定的使用条件下，灯具发出的总光通量与其所输入的功率之比，单位为流明每瓦特（lm/W）。灯具效率是在规定的使用条件下，灯具发出的总光通量与灯具内所有光源发出的总光通量之比，也称为灯具光输出比。其定义如下：

$$\eta = \frac{\phi_2}{\phi_1} \times 100\% \tag{5-1}$$

式中　η——照明灯具的效率；

ϕ_1——光源发出的总光通量（lm）；

ϕ_2——灯具发出的光通量（lm）。

灯具的效率说明灯具对光源光通量的利用程度。灯具的效率总是小于 1。由于灯具的形状不同，所使用的材料不同，光源的光通量在出射时，将受到灯具如灯罩的折射与反射，使得实际光通量下降，因此，灯具的效率与选用灯具材料的反射率或透射率以及灯具的形状有关。灯具的效率越高则说明灯具发出的光通量越多，入射到被照面上的光通量也越多，被照面上的照度也就越高，越节能。建筑电气设计时需选用效能和效率高的灯具。

2. 灯具的分类

灯具的种类可以按照灯具的结构、灯具的功能用途、灯具的安装方式、灯具配光比例及灯具防护分类。建筑电气设计时，除考虑灯具的效率或效能外，还要考虑灯具的安装方式和防护等级等因素。

（1）按灯具的安装方式分类

1）悬吊式。悬吊式灯具是悬吊在顶板上的灯具。悬吊式又分为线吊式、链吊式和管吊式。线吊式灯具是使用线绳来悬吊灯具，链吊式灯具是用链子来悬吊灯具，管吊式灯具是用线管来悬吊灯具。

2）吸顶式。吸顶式灯具是吸附在顶板上的灯具。

3）嵌入式。嵌入式灯具是镶嵌在吊顶内的灯具。如果一个房间的顶板设计做了吊顶，那么这个房间就需要选用嵌入式灯具。

4）壁装式。安装在墙壁上的灯具，称为壁装式灯具。

（2）按灯具的防护等级分类 灯具的防护等级是指灯具的防尘防水等级，灯具的防尘防水等级采用IP××（IP+两位数字）来表示。IP（Ingress Protection）防护等级系统是由国际电工委员会（International Electrotechnical Commission，IEC）所起草。IP××（IP+两位数字）中第一个数字表示灯具防尘、防止外物侵入的等级（防尘保护等级），第二个数字表示灯具防湿气、防水气侵入的密闭程度（防水保护等级），数字越大，表示其防护等级越高。灯具的防尘防水等级见表5-2。

表5-2 灯具的防尘防水等级

等级数字	防尘等级定义	防水等级定义
0	没有防护，对外界的人或物无特殊防护	没有防护
1	防止大于50mm的固体物体侵入，防止人体（如手掌）因意外而接触到灯具内部的零件，防止较大尺寸（直径大于50mm）的外物侵入	防止滴水侵入。垂直滴下的水滴（如凝结水）对灯具不会造成有害影响
2	防止大于12mm的固体物体侵入，防止人的手指接触到灯具内部的零件，防止中等尺寸（直径大12mm）的外物侵入	倾斜15°时仍可防止滴水侵入。当灯具由垂直倾斜至15°时，滴水对灯具不会造成有害影响
3	防止大于2.5mm的固体物体侵入，防止直径或厚度大于2.5mm的工具、电线或类似的细小外物侵入而接触到灯具内部的零件	防止喷洒的水侵入。防雨，或防止与垂直的夹角小于60°的方向所喷洒的水进入灯具造成损害
4	防止大于1.0mm的固体物体侵入，防止直径或厚度大于1.0mm的工具、电线或类似的细小外物侵入而接触到灯具内部的零件	防止飞溅的水侵入。防止各方向飞溅而来的水进入灯具造成损害
5	防尘，完全防止外物侵入；虽不能完全防止灰尘进入，但侵入的灰尘量并不会影响灯具的正常工作	防止喷射的水侵入，防止来自各方向由喷嘴射出的水进入灯具造成损害
6	防尘，完全防止外物侵入，且可完全防止灰尘进入	防止大浪的侵入。装设于甲板上的灯具，防止因大浪的侵袭而进入造成损坏
7	—	防止浸水时水的侵入。灯具浸在水中一定时间或水压在一定的标准以下能确保不因进水而造成损坏
8	—	防止沉没时水的侵入。灯具无限期的沉没在指定水压的状况下，能确保不因进水而造成损坏

（3）按灯具的结构分类 主要可分为开启型灯具、闭合型灯具、封闭型灯具和密闭型灯具。

（4）按灯具的功能用途分类 主要可分为防爆型灯具、防震型灯具和防腐型灯具。

(5) 按灯具的配光比例分类　灯具按照明灯具光通量在上下空间的分配比例进行分类，主要可分为直接型、半直接型、漫射型、半间接型和间接型五种。

建筑电气设计时，照明灯具的选用除需考虑灯具的效能与效率、安装方式外，还要根据环境条件和使用特点对光度分布、类型、防护等级、造型尺度及灯的表观颜色进行综合考虑，合理选择。

建筑电气设计图中的灯具图例如图 5-6 所示。

序号	图例	名称	安装方式
1		单管荧光灯	悬吊或吸顶安装
2		双管荧光灯	悬吊或吸顶安装
3	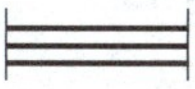	三管荧光灯	悬吊或吸顶安装
4	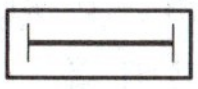	嵌入式单管荧光灯	嵌入式安装
5	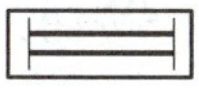	嵌入式双管荧光灯	嵌入式安装
6		嵌入式三管荧光灯	嵌入式安装
7		普通灯	吸顶式安装
8		防水防尘灯	吸顶式安装
9		吸顶灯	吸顶式安装

图 5-6　建筑电气设计图中的灯具图例

5.1.3　照明开关

照明开关

照明灯的控制可分为手动控制和自动控制。这里介绍的照明开关为手动控制的开关。手动控制的照明开关主要有单极开关、双极开关、三极开关、四极开关和多极开关。照明开关面板都是国家标准规定的 86 型面板，如图 5-7 所示。

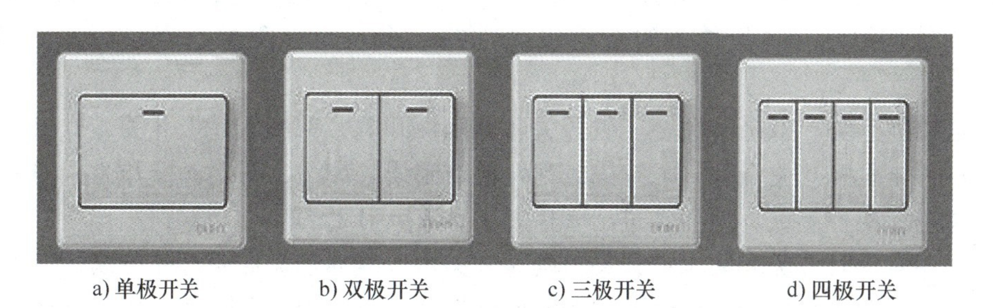

a) 单极开关　b) 双极开关　c) 三极开关　d) 四极开关

图 5-7　照明开关

照明灯的供电电源为单相电源，电压是220V。对于照明灯来说，建筑电气设计时需配置三根线，分别为相线（L线）、中性线（N线）和接地线（PE线）。照明开关内部接线示意图如图5-8所示。

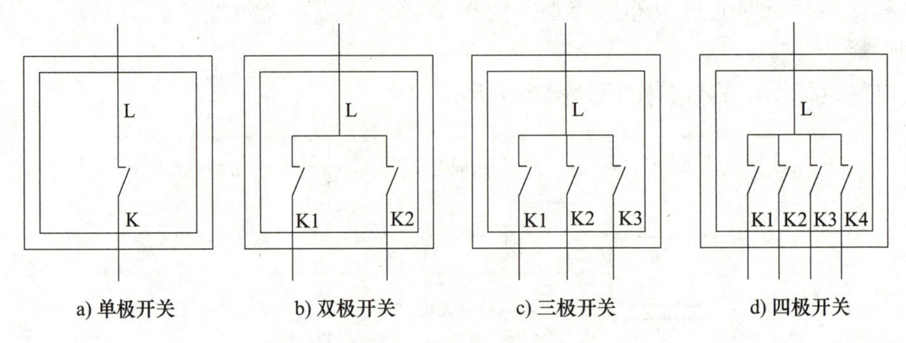

图5-8 照明开关内部接线示意图

(1) 单极开关 如图5-7a所示，单极开关只有一个按钮，因此，单极开关内只能接一根控制线。如图5-8a所示，对于单极开关，一根相线进单极开关，然后，一根控制线出单极开关，因此，共有两根线进出单极开关。单极开关只有一个按钮，只有一根控制线，只能控制一盏（个）灯或一组灯。这里的一组灯可以是一盏（个）灯、两盏（个）灯、三盏（个）灯等。

(2) 双极开关 如图5-7b所示，双极开关有两个按钮，因此，双极开关内可接两根控制线。如图5-8b所示，对于双极开关，一根相线进双极开关，然后，两根控制线出双极开关，因此，共有三根线进出双极开关。双极开关有两个按钮，有两根控制线，可控制两盏（个）灯或两组灯。这里的一组灯可以是一盏（个）灯、两盏（个）灯、三盏（个）灯等。

(3) 三极开关 如图5-7c所示，三极开关有三个按钮，因此，三极开关内可接三根控制线。如图5-8c所示，对于三极开关，一根相线进三极开关，然后，三根控制线出三极开关，因此，共有四根线进出三极开关。三极开关有三个按钮，有三根控制线，可控制三盏（个）灯或三组灯。这里的一组灯可以是一盏（个）灯、两盏（个）灯、三盏（个）灯等。

(4) 四极开关 如图5-7d所示，四极开关有四个按钮，因此，四极开关内可接四根控制线。如图5-8d所示，对于四极开关，一根相线进四极开关，然后，四根控制线出四极开关，因此，共有五根线进出四极开关。四极开关有四个按钮，有四根控制线，可控制四盏（个）灯或四组灯。这里的一组灯可以是一盏（个）灯、两盏（个）灯、三盏（个）灯等。

不管是单极开关、双极开关、三极开关还是四极开关，都属于n极开关，进出n极开关共有n+1根线。n极开关，有n个按钮，有n根控制线。那么，对于n极开关，进去是一根火线，出去是n根控制线，所以，进出n极开关共有n+1根线。

此外，还有延时开关和防水型开关。延时开关可以接通点亮照明灯并持续一定时间后再自动断开熄灭照明灯。例如，延时开关控制照明灯持续点亮10s后再自动熄灭。延时开关一般用在建筑内走道、楼梯间等公共部位。采用延时开关，可以实现照明节能的目的。延时开关控制也属于节能控制的一种。

防水型开关是在普通开关上加一个盖子，用来防水。防水型开关一般用在卫生间等需防止水进入开关面板的场所。

建筑电气设计图中的照明开关图例如图 5-9 所示。

序号	图例	名称
1		单极开关
2		双极开关
3		三极开关
4		四极开关

图 5-9　建筑电气设计图中的照明开关图例

5.2　照度计算

照度计算

5.2.1　照明基本参数

1. 光通量

光源可分为两类，一类是自然光源，一类是人造光源。光是一种电磁波，而可见光是指人通过肉眼能够感受到的一段电磁波。平常用于照明的人造光源所发出来的光都是可见光。

光通量是指光源在单位时间内向周围空间辐射出去的并能使人眼产生光感的那部分能量。光通量的单位为流明（lm）。在光学中以人眼最敏感的黄绿光为基准规定：波长为 555nm 的黄绿光的单色光源其辐射功率为 1W 时，它所发出的光通量为 683lm。不同的光源具有不同的光通量，常用光源的光通量见表 5-3。

表 5-3　常见光源的光通量

序号	光源种类	光通量/lm	显色指数
1	太阳	3.9×10^{28}	100
2	T8 三基色直管荧光灯（30W）	2400	84
3	T8 三基色直管荧光灯（36W）	3350	84
4	TL5 场致发光灯（28W）	2900	84
5	TL5 场致发光灯（35W）	3650	84
6	单端陶瓷金属卤化物灯（150W）	14000	83

2. 照度

照度表示物体被照亮的程度，当光源以一定光通量投射到物体表面时可把物体照亮，对于物体被照面来说，用落在被照面上的光通量的多少来衡量物体被照亮的程度。因此，被照物体的单位面积上接收到的光源的光通量，可被定义为照度。因此，照度等于光通量除以面积。照度的单位为勒克斯（lx），$1lx = 1lm/m^2$。

光通量是针对光源，指的是光源发出来的能量，并且是能被人肉眼所感觉到的那部分能量。而照度则是针对被照面，光通量是人肉眼能感觉到的光的能量，而照度则是被照面单位面积所接收到的光通量。

不同房间所要求被照亮的程度不同，因此，不同房间的照度要求也不同。对于给定的房间，不能被照得太亮，也不能被照得太暗。如果被照得太亮，则比较耗电，不节能；如果被照得太暗，则影响人的视觉效果。GB/T 50034—2024《建筑照明设计标准》中对不同房间给出了不同的照度要求值，即照度标准值。例如，对于普通办公室，国家标准的照度标准值为300lx。不同建筑类型的不同房间的照度标准值也是不同的，办公建筑、商店建筑、公共和工业建筑的房间或场所的照度标准值分别见表5-4、表5-5、表5-6。

表5-4 办公建筑的照度标准值

房间或场所	参考平面及其高度	照度标准值/lx	UGR	U_0	R_a
普通办公室	0.75m 水平面	300	19	0.60	80
高档办公室	0.75m 水平面	500	19	0.60	80
会议室	0.75m 水平面	300	19	0.60	80
视频会议室	0.75m 水平面	750	19	0.60	80
接待室、前台	0.75m 水平面	200	—	0.40	80
服务大厅、营业厅	0.75m 水平面	300	22	0.40	80
设计室	0.75m 水平面	500	19	0.60	80
文件整理、复印、发行室	0.75m 水平面	300	—	0.40	80
资料、档案存放室	0.75m 水平面	200	—	0.40	80

表5-5 商店建筑的照度标准值

房间或场所	参考平面及其高度	照度标准值/lx	UGR	U_0	R_a
一般商店营业厅	0.75m 水平面	300	22	0.6	80
一般室内商业街	地面	200	22	0.6	80
高档商店营业厅	0.75m 水平面	500	22	0.6	80
高档室内商业街	地面	300	22	0.6	80
一般超市营业厅	0.75m 水平面	300	22	0.6	80
高档超市营业厅	0.75m 水平面	500	22	0.6	80
仓储式超市	0.75m 水平面	300	22	0.6	80
专卖店营业厅	0.75m 水平面	300	22	0.6	80
农贸市场	0.75m 水平面	200	25	0.4	80
收款台	台面	500	—	0.6	80

表 5-6 公共和工业建筑的照度标准值

房间或场所		参考平面及其高度	照度标准值/lx	UGR	U_0	R_a
门厅	普通	地面	100	—	0.40	60
	高档	地面	200	—	0.60	80
走廊、流动区域、楼梯间	普通	地面	50	25	0.40	60
	高档	地面	100	25	0.60	80
自动扶梯		地面	150	—	0.60	60
厕所、盥洗室、浴室	普通	地面	75	—	0.40	60
	高档	地面	150	—	0.60	80
电梯前厅	普通	地面	100	—	0.40	60
	高档	地面	150	—	0.60	80
休息室		地面	100	22	0.40	80
更衣室		地面	150	22	0.40	80

3. 显色指数

显色性和显色指数（R_a）是显色性能的定量指标。同一颜色的物体在具有不同光谱功率分布的光源照射下会显出不同的颜色，光源显现被照物体颜色的性能称为显色性。物体在某光源照射下显现颜色与日光照射下显现颜色相符的程度称为某光源的显色指数。显色指数越高，则显色性能越好。

日光显色指数定为 100。白炽灯、卤钨灯、稀土节能荧光灯、三基色荧光灯、高显色高压钠灯、金属卤化物灯中的镝灯的显色指数 $R_a \geqslant 80$；荧光灯、金属卤化物灯的显色指数 $60 \leqslant R_a \leqslant 80$；高压汞灯的显色指数 $40 \leqslant R_a \leqslant 60$；高压钠灯的显色指数 $R_a < 40$。建筑电气设计时，需选用显色指数 $R_a \geqslant 80$ 以上的光源。

5.2.2 照度计算

1. 房间布置灯具数量计算

如果给定一个房间，且已知这个房间的面积，那么根据这个房间的平均照度标准值，在选择具有相应光通量的光源的灯具的基础上，可计算出这个房间所需布置灯具的数量。房间布置灯具的数量可按以下公式计算：

$$N = \frac{AE_{avb}}{\Phi_s UK} \tag{5-2}$$

式中 N——房间内所需布置灯具的个数；

A——工作面面积（房间的面积）（m^2）；

E_{avb}——房间工作面的平均照度标准值（lx）；

Φ_s——每个灯具中光源的总光通量（lm）；

U——照明光源的利用系数，一般取 0.4~0.6；

K——照明灯具的维护系数，一般取 0.8。

这里，照明光源的利用系数 U 为给定光源投射到工作面上的光通量（包括直射到工作面上的光通量和多方反射到工作面上的光通量）与该给定光源发出的总光通量之比。而照

明灯具的维护系数 K 为照明灯具在使用一定周期后，通过对灯具擦拭等维护，在规定表面上的平均照度或平均亮度与该装置在相同条件下新装时在同一表面上所得到的平均照度或平均亮度之比。

【例 5-1】 现有一个普通办公室（长 10m，宽 10m），若选用单管荧光灯（单灯具内有 1 个光源，光通量是 2900lm）。请计算这个普通办公室需要布置多少个单管荧光灯？

【解】 根据已知条件，得出：

1）房间的面积：$A=10\text{m}\times10\text{m}=100\text{m}^2$。

2）房间（办公室）工作面的平均照度标准值：$E_{avb}=300\text{lx}$。

3）每个灯具中光源的总光通量：$\Phi_s=2900\text{lm}$。

这里计算的房间是办公室，则维护系数取 $K=0.8$。这里可选取利用系数 $U=0.6$。

因此，计算这个普通办公室需要布置的单管荧光灯数量，得

$$N=\frac{AE_{avb}}{\Phi_s UK}=\frac{100\text{m}^2\times300\text{lx}}{2900\text{lm}\times0.6\times0.8}=21.55\text{个}$$

由于灯具的数量应取整数，因此，可得出这个普通办公室需要布置的单管荧光灯数量为 $N=21$ 或 22。

【拓展训练 5-1a】【例 5-1】中，若选用双管荧光灯（单灯具内有 2 个光源，每个光源的光通量是 2900lm）。试计算这个普通办公室需要布置多少个双管荧光灯？

【拓展训练 5-1b】【例 5-1】中，若选用三管荧光灯（单灯具内有 3 个光源，每个光源的光通量是 2900lm）。试计算这个普通办公室需要布置多少个三管荧光灯？

2. 房间实际照度计算

如果给定一个房间，且已知这个房间的面积，那么根据这个房间布置的灯具的数量，在已选定的具有相应光通量的光源的灯具的基础上，可计算出这个房间的实际平均照度。房间的实际平均照度可按以下公式计算：

$$E_{avs}=\frac{\Phi_s NUK}{A} \tag{5-3}$$

式中 E_{avs}——房间工作面的实际平均照度（lx）；

Φ_s——每个灯具中光源的总光通量（lm）；

N——房间内所布置的灯具个数；

U——照明光源的利用系数，一般取 0.4~0.6；

K——照明灯具的维护系数，一般取 0.8。

A——工作面面积（房间的面积）（m^2）。

【例 5-2】现有一个普通办公室（长 10m，宽 10m），选用单管荧光灯（单灯具内有 1 个光源的光通量是 2900lm），计算得出这个普通办公室需要布置 21 个或 22 个单管荧光灯。请计算这个普通办公室分别布置 21 个单管荧光灯、22 个单管荧光灯时的实际平均照度是多少？

【解】根据已知条件，得出：

1）房间的面积：$A=10\text{m}\times10\text{m}=100\text{m}^2$。

2）每个灯具中光源的总光通量：$\Phi_s=2900\text{lm}$。

3）房间内所布置的单管荧光灯的个数：$N=21$ 个或 22 个。

这里计算的房间是办公室，则维护系数取 $K=0.8$。这里可选取利用系数 $U=0.6$。

因此，计算这个普通办公室的实际平均照度，得

$N=21$ 个时，

$$E_{avs}=\frac{\Phi_s NUK}{A}=\frac{2900\text{lm}\times 21\times 0.6\times 0.8}{10\text{m}\times 10\text{m}}=292.32\text{lx}$$

$N=22$ 个时，

$$E_{avs}=\frac{\Phi_s NUK}{A}=\frac{2900\text{lm}\times 22\times 0.6\times 0.8}{10\text{m}\times 10\text{m}}=306.24\text{lx}$$

综上可得，这个普通办公室布置 21 个单管荧光灯时，得出实际平均照度为 292.32lx；布置 22 个单管荧光灯时，得出实际平均照度为 306.24lx。

普通办公室的平均照度标准值是 300lx，房间设计的实际平均照度与平均照度标准值的偏差不超过±10%。因此，普通办公室设计的实际平均照度在 270~330lx，都是满足照度要求的。由此，在不考虑这个普通办公室灯具是否合理布置时，这个普通办公室布置 21 个单管荧光灯或 22 个单管荧光灯都是满足要求的。

【拓展训练 5-2a】【例 5-2】 中，若选用双管荧光灯（单灯具内有 2 个光源，每个光源的光通量是 2900lm）。计算得出这个普通办公室需要布置 11 个双管荧光灯。试计算这个普通办公室布置 11 个双管荧光灯时的实际平均照度是多少？

【拓展训练 5-2b】【例 5-2】 中，若选用三管荧光灯（单灯具内有 3 个光源，每个光源的光通量是 2900lm）。计算得出这个普通办公室需要布置 7 个三管荧光灯。试计算这个普通办公室布置 7 个三管荧光灯时的实际平均照度是多少？

3. 房间的照明功率密度计算

照明设计时需考虑照明节能，照明节能一般包括三个方面，包括选用节能型的照明光源、照明灯数量的节能设计、照明灯的节能控制。其中，照明灯数量的节能设计采用照明功率密度（LPD）为评价指标，照明设计的房间或场所的照明功率密度需满足国家标准规范规定的现行值的要求。

照明功率密度（Lighting Power Density，LPD）是指单位面积上安装的照明灯的总功率（包括光源、镇流器或变压器），单位为 W/m^2。也就是房间的全部照明灯具的总功率除以房间的总面积，即房间内每平方米设计了多少功率的照明用电。照明功率密度是提倡高效光源应用的参数指标，在达到同样照度值的情况下减少照明安装功率，意味着减少照明运行电能的消耗，能够达到节能的目的。因此，照明功率密度（LPD）是评估照明节能的一个重要参数。

房间的照明功率密度可按以下公式计算：

$$\text{LPD}=\frac{P_{zzmd}}{A} \tag{5-4}$$

式中　LPD——房间的照明功率密度（W/m^2）；

P_{zzmd}——房间内全部照明灯的总功率（W）；

A——工作面面积（房间的面积）（m^2）。

【例 5-3】　现有一个普通办公室（长 10m，宽 10m），选用单管荧光灯（单灯具内有 1 个光源，光通量是 2900lm，单个光源的功率为 28W，镇流器功率为 4W），计算得出这个普

通办公室需要布置21个或22个单管荧光灯。请计算这个普通办公室分别布置21个单管荧光灯、22个单管荧光灯时的实际照明功率密度是多少?

【解】根据已知条件，得出：

1）房间的面积：$A=10\text{m}\times10\text{m}=100\text{m}^2$。

2）每个单管荧光灯的功率：28W+4W=32W。

因此，计算这个普通办公室实际照明功率密度，得

$N=21$ 个时，

$$\text{LPD}=\frac{P_{\text{zzmd}}}{A}=\frac{21\times32\text{W}}{100\text{m}^2}=6.72\text{W/m}^2$$

$N=22$ 个时，

$$\text{LPD}=\frac{P_{\text{zzmd}}}{A}=\frac{22\times32\text{W}}{100\text{m}^2}=7.04\text{W/m}^2$$

综上可得，这个普通办公室布置21个单管荧光灯时，得出实际照明功率密度为6.72W/m^2；布置22个单管荧光灯时，得出实际照明功率密度为7.04W/m^2。

根据国家标准规范中的要求，普通办公室的平均照度标准值是300lx，功率密度值限值为9W/m^2。因此，普通办公室设计的实际功率密度值只要是不大于功率密度限值9W/m^2，都是满足节能要求的。由此，在不考虑这个普通办公室灯具是否合理布置时，这个普通办公室布置21个单管荧光灯或22个单管荧光灯，实际照明功率密度都不大于功率密度限值9W/m^2，都满足节能要求。

【提示】

1）设计的实际平均照度值与平均照度标准值的偏差只要不超过±10%，都可判定满足照度要求。

2）设计的实际功率密度值只要不超过功率密度限值，都可判定满足节能要求。

3）照度计算的结果需要同时满足照度要求和节能要求。

5.3 建筑照明系统设计

灯具的布置

5.3.1 灯具的布置

灯具的布置就是确定照明灯在房间中的位置。灯具的布置直接决定房间工作面的亮度、光通量的均匀性、光的投射方向、亮度分布、环境的阴影、初期建设的投资、后期的维护费用、安全性和节能等，合理的灯具布置能得到较高的照明质量和较高的节能效果。

灯具的布置需遵循均匀布置的原则。灯具的均匀布置就是使灯具在一定的平面或空间内均匀分布相同的灯具。房间内灯具均匀布置时，灯具的平面布置一般采用矩形布置方式。矩形布置就是按照 $n\times m$ 行列布置，即按照 n 行 m 列进行布置。因此，一般情况下，灯具均匀矩形布置时，房间内的灯具数量需满足 $n\times m$ 的灯具个数要求。这就要求在进行照度计算时，在满足照度要求和节能要求的前提下，计算出的灯具的数量要能够满足 $n\times m$ 行列均匀矩形布置的要求。

【例5-4】 现有一个普通办公室（长10m，宽10m），若选用单管荧光灯（单灯具内有1

个光源，光通量是2900lm，单个光源的功率为28W，镇流器功率为4W），现如果考虑灯具的均匀布置，且均匀布置时平面布置采用矩形布置方式，请计算这个普通办公室需要均匀矩形布置多少个单管荧光灯？

【解】 根据已知条件，得出：

1）房间的面积：$A=10\text{m}\times10\text{m}=100\text{m}^2$。

2）房间（办公室）工作面的平均照度标准值：$E_{\text{avb}}=300\text{lx}$。

3）每个灯具中光源的总光通量：$\Phi_{\text{s}}=2900\text{lm}$。

这里计算的房间是办公室，则维护系数取$K=0.8$。这里可选取利用系数$U=0.6$。

因此，计算这个普通办公室需要布置的单管荧光灯数量，得

$$N=\frac{AE_{\text{avb}}}{\Phi_{\text{s}}UK}=\frac{100\text{m}^2\times300\text{lx}}{2900\text{lm}\times0.6\times0.8}=21.55\text{个}$$

由于灯具的数量应取整数，因此，可得出这个普通办公室需要布置的单管荧光灯数量为$N=21$或22。这个计算过程已经在【例5-2】中计算过了。

但是，如果考虑灯具的均匀布置，即在满足照度要求和节能要求的前提下考虑灯具的均匀矩形布置，就要按照$n\times m$的灯具数进行灯具个数的选取。这样就可以满足$n\times m$行列布置，即按照n行m列进行布置。已知这个普通办公室的长、宽均为10m，为正方形办公室。因此，这个普通办公室可按照a行a列的均匀平面布置。

由此，选用单管荧光灯均匀平面布置时，可选$a=5$，即按5×5行列布置，于是灯具数量可选为$N=25$。

那么，这里单管荧光灯数量$N=25$是否满足照度要求和节能要求呢？下面进行是否满足照度要求和节能要求的验证。

当$N=25$时，

$$E_{\text{avs}}=\frac{\Phi_{\text{s}}NUK}{A}=\frac{2900\text{lm}\times25\times0.56\times0.8}{10\text{m}\times10\text{m}}=324.80\text{lx}$$

$$\text{LPD}=\frac{P_{\text{zzmd}}}{A}=\frac{25\times32\text{W}}{100\text{m}^2}=8.00\text{W/m}^2$$

而根据国家标准规范中的要求，普通办公室的平均照度标准值是300lx，功率密度限值为9W/m^2。因此，普通办公室设计的实际平均照度不大于330lx，满足照度要求；实际功率密度不大于功率密度限值9W/m^2，满足节能要求。

综上可得，这个普通办公室均匀矩形布置灯具时，可选取单管荧光灯数量$N=25$。那么，这个普通办公室按5×5行列均匀平面布置如图5-10所示。

注意：这里为了使计算得出的实际平均照度满足照度要求，即不大于330lx，根据经验值，利用系数选取为0.56。而当选用单管荧光灯均匀平面布置时，选择$a=4$或6，即按4×4或6×6行列布置，都不满足照度要求和节能要求。这里不再做验证。

【拓展训练5-4a】【例5-4】 中，若选用双管荧光灯（单灯具内有2个光源，每个光源的光通量是2900lm，单个光源的功率为28W，镇流器功率为4W），如果考虑灯具的均匀布置，且均匀布置时平面布置采用矩形布置方式，试计算这个普通办公室需要均匀矩形布置多少个双管荧光灯？

【拓展训练5-4b】【例5-4】 中，若选用三管荧光灯（单灯具内有3个光源，每个光源的

光通量是 2900lm，单个光源的功率为 28W，镇流器功率为 4W)，如果考虑灯具的均匀布置，且均匀布置时平面布置采用矩形布置方式，试计算这个普通办公室需要均匀矩形布置多少个三管荧光灯?

【提示】

1）灯具需按 n 行 m 列进行均匀矩形布置，n 和 m 均为任一整数。

2）荧光灯宜平行于窗布置。

3）建筑内走道布置灯具时，一般按两个结构梁或两个柱子之间构成的内走道区域来均匀居中布置灯具，且布置的两个灯具间隔一般为 3~4m。

4）建筑楼梯间布置灯具时，一个楼梯平台居中布置一个灯具。

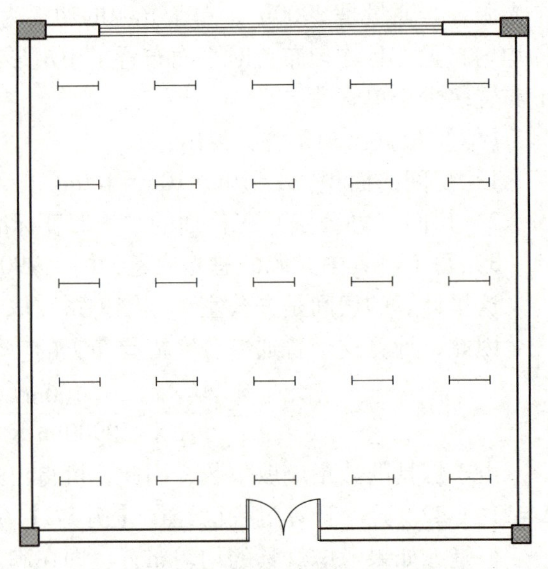

图 5-10　单管荧光灯 5×5 行列均匀平面布置示意图

5.3.2　照明灯的控制

照明灯的控制（一）

照明灯的控制可分为手动控制和自动控制。照明灯的手动控制主要为照明开关控制。照明灯的自动控制主要包括定时控制、合成照度控制、人员活动检测控制、调光控制、场景控制等。这里介绍的照明灯的控制主要是采用照明开关的人工手动控制。

照明开关一般常用的是单极开关、双极开关、三极开关和四极开关。下面逐一介绍采用单极开关、双极开关、三极开关和四极开关控制照明灯。

照明灯的控制（二）

1. 单极开关控制照明灯

电气设计时，一般采用单极开关控制一个照明灯。例如，采用单极开关控制一个双管荧光灯。单极开关控制一个双管荧光灯的控制如图 5-11 所示。图 5-11 中的 K 表示单极开关中的一根控制线，L、N、PE 分别表示相线、中性线和接地线，而开关与灯之间所标注的数字为导线根数。

2. 双极开关控制照明灯

电气设计时，一般采用双极开关控制两个照明灯或两组照明灯。例如，采用双极开关控制两个双管荧光灯或两组双管荧光灯。双极开关控制两个双管荧光灯和双极开关控制两列双管荧光灯的控制如图 5-12 所示。双极开关控制三个双管荧光灯和双极开关控制四个双管荧光灯的控制如图 5-13 所示。图 5-12 和图 5-13 中的 K1、K2 分别表示双极开关中的第一根控制线和第二根控制线，L、N、PE 分别表示相线、中性线和接地线，而灯与灯之间、开关与灯之间所标注的数字为导线根数。

3. 三极开关控制照明灯

电气设计时，一般采用三极开关控制三个照明灯或三组照明灯。例如，采用三极开关控制三个双管荧光灯或三组双管荧光灯。三极开关控制三个双管荧光灯和三极开关控制三组（一列为一组）双管荧光灯的控制如图 5-14 所示。图 5-14 中的 K1、K2、K3 分别表示三极开关中的第一根控制线、第二根控制线、第三根控制线，L、N、PE 分别表示相线、中性线和接地线，而灯与灯之间、开关与灯之间所标注的数字为导线根数。

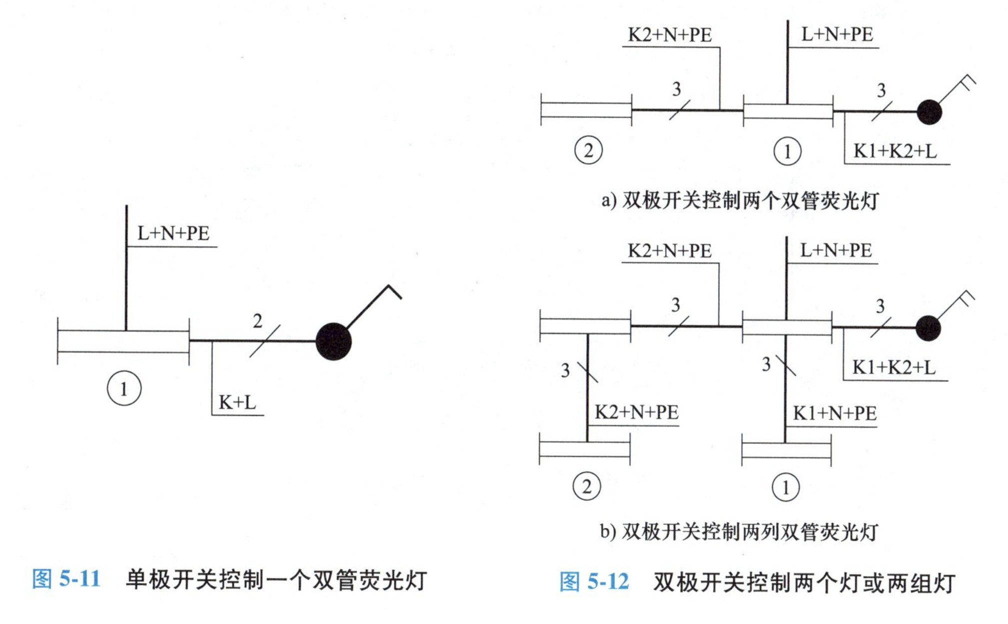

图 5-11 单极开关控制一个双管荧光灯

a) 双极开关控制两个双管荧光灯

b) 双极开关控制两列双管荧光灯

图 5-12 双极开关控制两个灯或两组灯

a) 双极开关控制三个双管荧光灯

b) 双极开关控制四个双管荧光灯

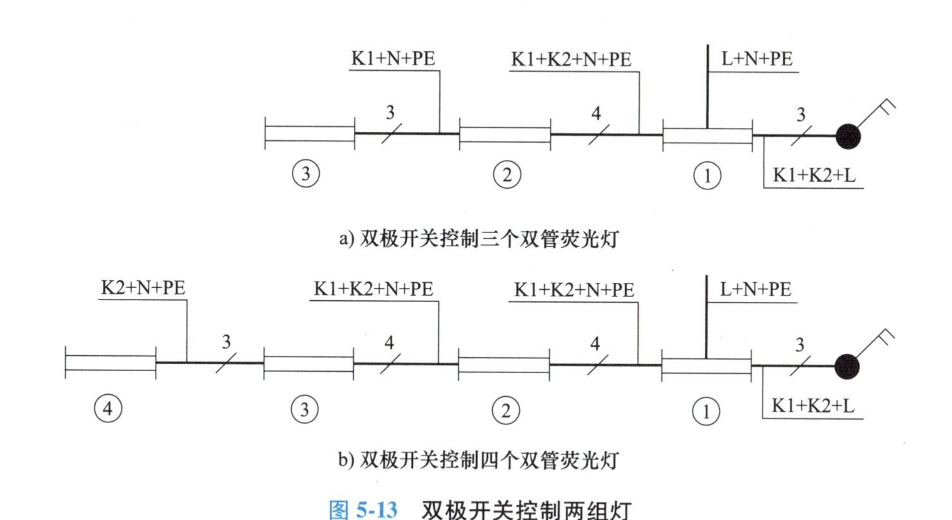

图 5-13 双极开关控制两组灯

4. 四极开关控制照明灯

电气设计时，一般采用四极开关控制四个照明灯或四组照明灯。例如，采用四极开关控制四个双管荧光灯或四组双管荧光灯。四极开关控制四个双管荧光灯和四极开关控制四组（一列为一组）双管荧光灯的控制如图 5-15 所示。图 5-15 中的 K1、K2、K3、K4 分别表示三极开关中的第一根控制线、第二根控制线、第三根控制线、第四根控制线，L、N、PE 分别表示相线、中性线和接地线，而灯与灯之间、开关与灯之间所标注的数字为导线根数。

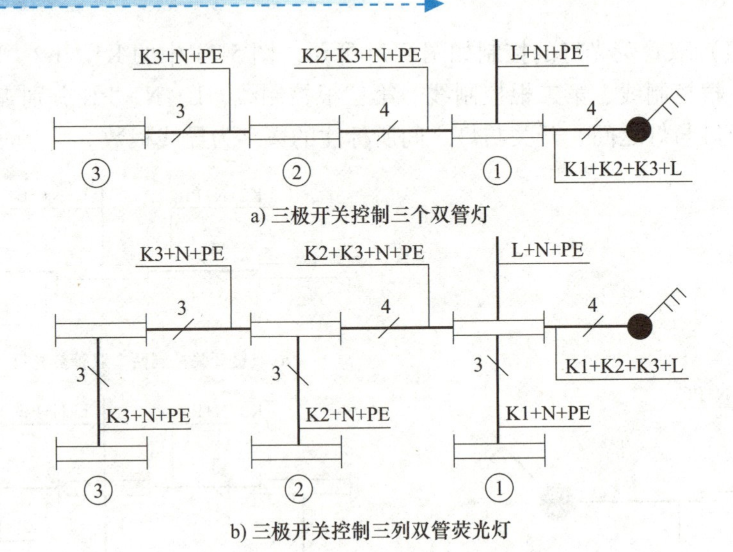

图 5-14　三极开关控制三个灯或三组灯

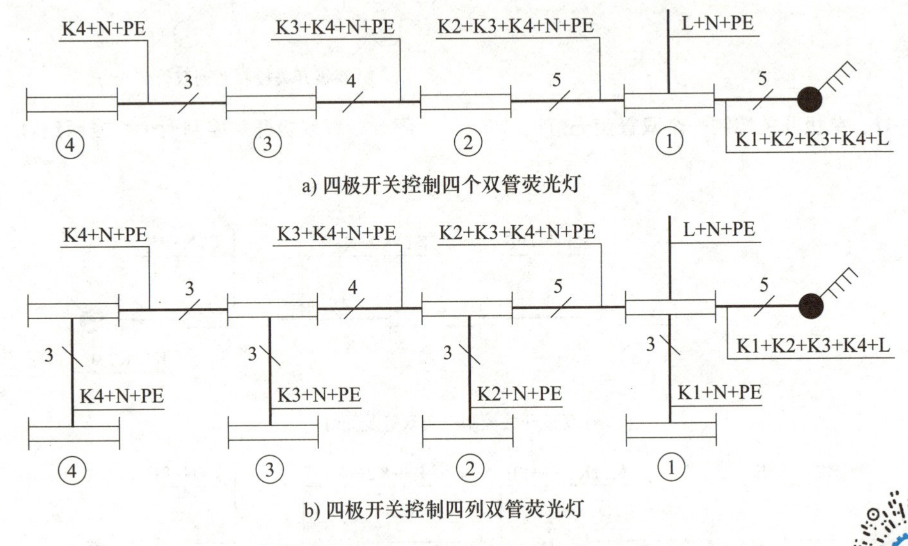

图 5-15　四极开关控制四个灯或四组灯

照明回路的设计

5.3.3　照明回路的设计

照明回路的设计原则：

1）所有照明灯的电源都来自照明配电箱（AL 箱），所有照明灯的电源线都最终接自照明配电箱（AL 箱）。

2）一个普通照明回路最多接 25 个光源。每个普通照明回路对应一个断路器（断路器安装在 AL 箱内）。

3）一个照明配电箱（AL 箱）内最多可有 20 个出线回路（10 个左右为宜），每个出线回路由断路器控制。一个照明配电箱（AL 箱）内有且仅有一个进线回路，进线回路由断路器控制。

照明回路是为照明灯提供电源的闭合回路。照明回路的设置，要求所有照明灯的电源都来自照明配电箱。照明配电箱是专门把电能分配给照明灯提供电源的箱子，照明配电箱用字母 AL 来表示，因此，所有照明灯的电源线都最终都接自照明配电箱。

配电箱是分配电能的箱子，箱子里面装的是断路器。配电箱既然是分配电能的箱子，那么就会有进线和出线。进线是把电能送入配电箱，出线则是把电能从配电箱分配出去。照明配电线的进线只有一路，而照明配电箱的出线可以有多路，即照明配电箱可以有多个出线回路。照明配电箱的进线和出线都需要断路器来控制。照明配电箱有多少个出线回路，就需要有多少个相对应的断路器来控制。

图 5-16 为照明配电箱（单相进线），其所设断路器中的 1 个断路器（左一）是 2P 微型断路器，用于控制照明配电箱进线回路；其余的 7 个断路器依次是 1P 微型断路器、2P 剩余电流动作微型断路器和 5 个 1P 微型断路器，用于控制照明配电箱出线回路。

图 5-16 照明配电箱（单相进线）内部进/出线回路情况

图 5-17 为照明配电箱（三相进线），其所设断路器中的 1 个断路器（上一）是 3P 塑壳断路器，用于控制照明配电箱进线回路；下面的 4 个断路器依次为 2 个 3P 微型断路器和 2 个 2P 微型断路器，用于控制照明配电箱出线回路。

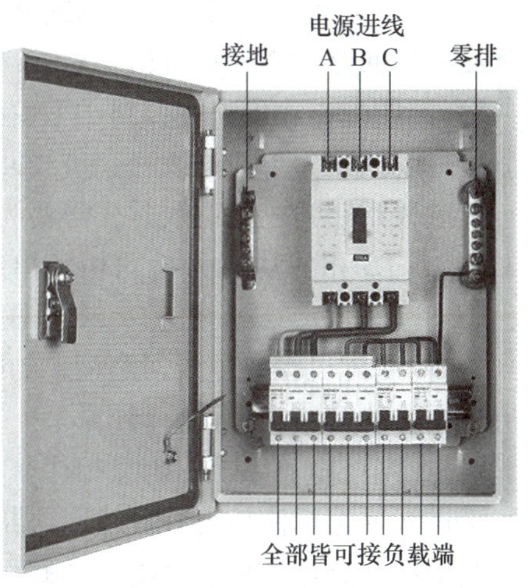

图 5-17 照明配电箱（三相进线）内部进/出线回路情况

照明配电箱的进线和出线都由断路器控制，一个断路器控制一个进线回路或者一个出线回路。那么一个断路器控制的一个出线回路上，最多可以接多少个灯，几个灯可以连接在一起接到配电箱的一个断路器上呢？一个普通照明回路最多接 25 个光源，每个普通照明回路对应一个断路器，而断路器安装在照明配电箱内。在电气设计时，一般都会用到一个普通照明回路最多接 25 个光源的设置要求。例如，单管荧光灯里只有一个光源，按照一个普通照明回路最多接 25 个光源的要求，一个照明回路上最多可接 25 个单管荧光灯。而如果选用双管荧光灯，双管荧光灯里有两个光源，那么一个照明回路上最多可接 12 个双管荧光灯。

例如，在某双碳技术研发大楼的一层平面图上，一共布置了100个单管荧光灯，也就是100个光源。那么按照一个普通照明回路最多接25个光源的要求，可把100个单管荧光灯分设置成4个回路，都各自接到同一个照明配电箱内部的4个断路器上。在这栋双碳技术研发大楼的地下室平面图上，一共布置了1000个单管荧光灯，也就是1000个光源，那么按照一个普通照明回路最多接25个光源的要求，可把1000个单管荧光灯分成40个回路，都各自接到40个断路器上，这40个断路器可设置在同一个照明配电箱内，也可分开设置在2~4个不同的照明配电箱内。而40个断路器设置在同一个照明配电箱内时，配电箱的尺寸需要足够大。一般电气设计时，照明配电箱内会最多设置20个以内的出线回路，而以10个左右为宜。每个出线回路由相应的一个断路器控制，所以在现实生活中很少看到一个照明配电箱里有超过20个断路器的，常见的大都在10个左右。当照明回路较多时，可多设置几个照明配电箱。

5.3.4 照明配电箱的布置

照明配电箱的布置原则：

1）每个房间可布置一个AL箱。单个房间独自布置一个AL箱时，这个AL箱要布置在这个房间内，如图5-18所示。

2）多个房间可每个房间各自布置一个配电箱，也可布置一个共用的AL箱。多个房间布置一个AL箱共用时，这个AL箱要布置在这多个房间外面的公共部位，如图5-19所示。

5.3.5 照明配电箱系统图

照明配电箱系统图

照明配电箱系统图一般按照以下原则设计：

1）照明配电箱的进线回路只有一个。

2）照明配电箱的出线回路数量，根据照明平面图中照明配电箱所接的普通照明回路实际数量确定。

3）每个普通照明回路功率由回路上的照明灯数量确定。

4）每个普通照明回路配置的断路器规格、导线截面规格由回路计算电流确定，回路计算电流根据回路功率计算得出。

5）照明配电箱的进线回路功率由各出线回路功率计算确定。

①进线回路为单相进线时，进线回路功率为各出线回路功率之和。

②进线回路为三相进线时，需要为各出线回路分配相序（L1相、L2相、L3相）。L1相或L2相或L3相的功率为相同相序出线回路功率之和，进线回路功率为三相（L1相、L2相、L3相）中功率最大相序（L1相或L2相或L3相）功率的3倍。

6）照明配电箱的进线回路配置的断路器规格由进线回路计算电流确定，进线回路计算电流根据进线回路功率计算得出。

7）照明配电箱系统图信息标注。

①进线回路标注信息：进线回路断路器，进线回路的负荷计算。

②出线回路标注信息：出线回路编号，出线回路名称（即普通照明），出线回路相序，出线回路断路器，出线回路导线的类型、根数、敷设方式、敷设部位。

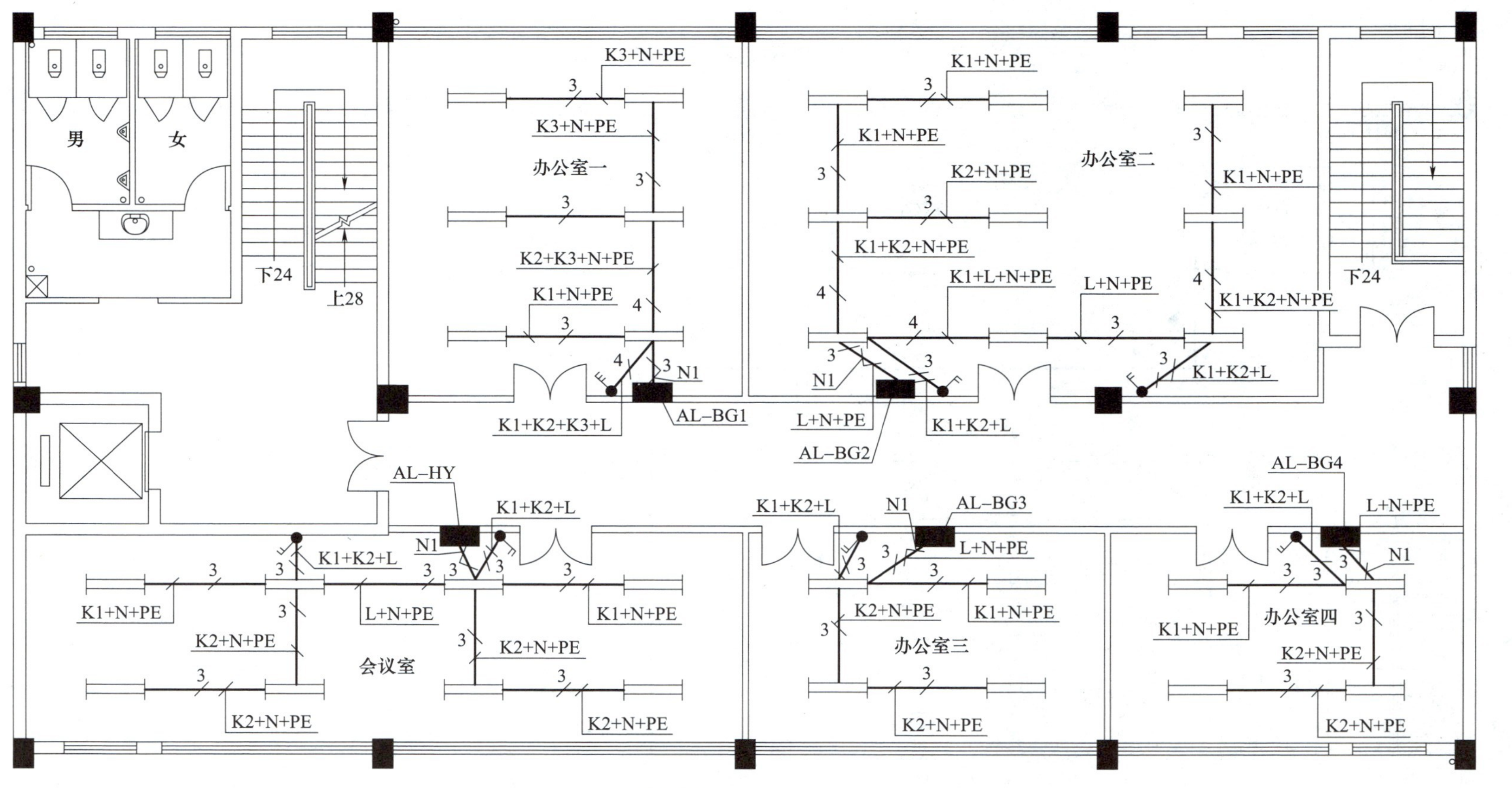
男
女
下24
上28
办公室一
办公室二
办公室三
办公室四
会议室
AL–HY
AL–BG1
AL–BG2
AL–BG3
AL–BG4
K3+N+PE
K2+K3+N+PE
K1+N+PE
K2+N+PE
K1+K2+N+PE
K1+L+N+PE
L+N+PE
K1+K2+L
K1+K2+K3+L
N1

图 5-18 照明平面图 A

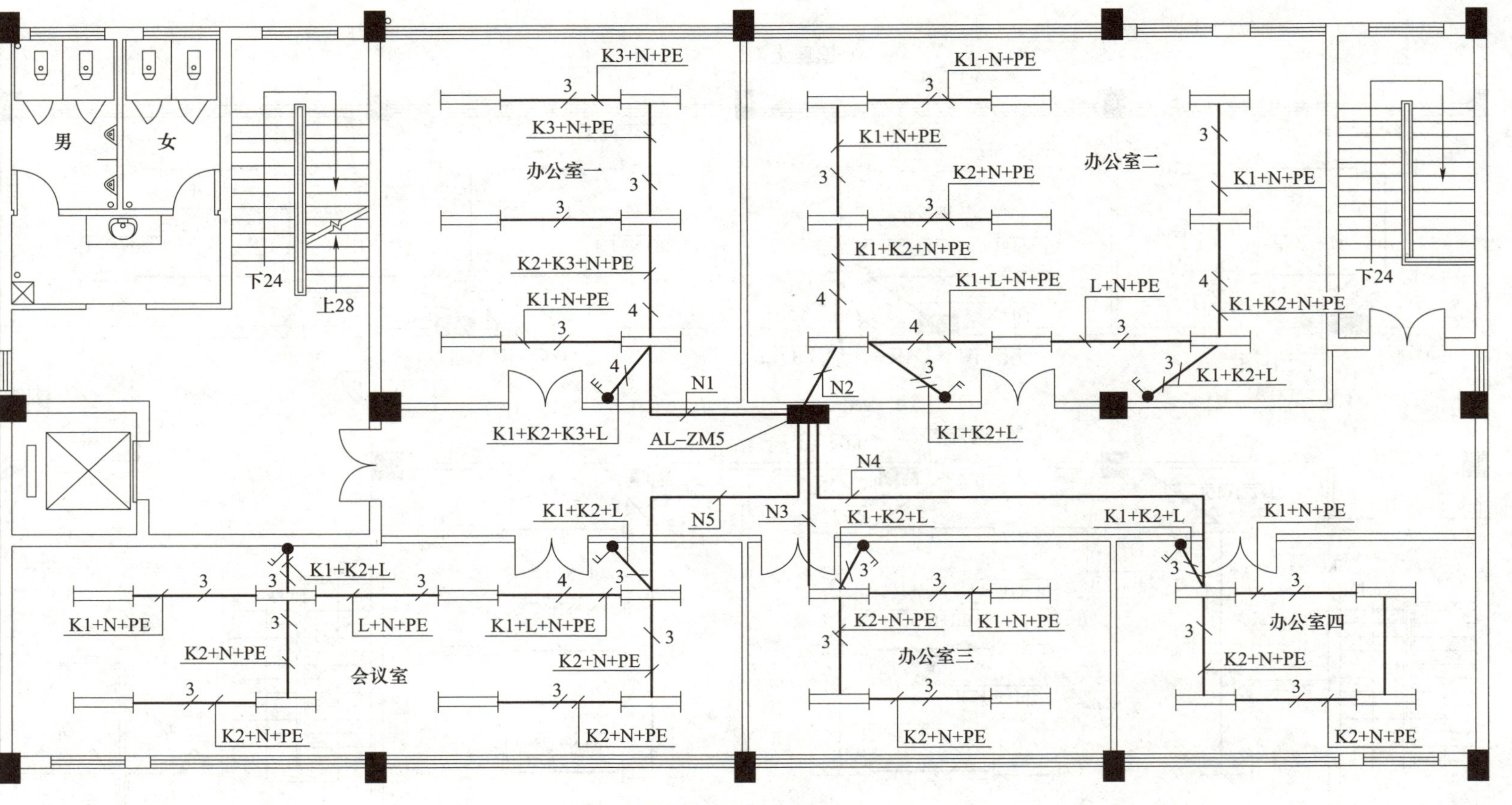
男
女
下24
上28
办公室一
办公室二
办公室三
办公室四
会议室
AL–ZM5
N1
N2
N3
N4
N5
K3+N+PE
K2+K3+N+PE
K1+N+PE
K1+K2+K3+L
K1+K2+N+PE
K1+L+N+PE
L+N+PE
K2+N+PE
K1+K2+L
3
4

图 5-19 照明平面图 B

③配电箱编号标注。

【工程项目案例】某绿电服务中心大楼，多层办公建筑，建筑层数为五层。绿电服务中心大楼五层有五个房间，分别为办公室一至办公室四、会议室。五层平面图房间布局如图 5-18 和图 5-19 所示。绿电服务中心大楼五层照明设计与配电方案如下：

根据每个房间的照度计算结果，矩形布置照明灯，并布置照明开关对照明灯进行开关控制，如图 5-18 和图 5-19 所示。五层平面中五个房间照明的配电设置有两种方案：

第一种方案，每个房间单独布置一个照明配电箱（AL 箱），照明配电箱 AL-BG1、AL-BG2、AL-BG3、AL-BG4、AL-HY 布置如图 5-18 所示。

第二种方案，这五个房间共用一个照明配电箱（AL 箱），照明配电箱 AL-ZM5 布置如图 5-19 所示。

图 5-18 和图 5-19 中，K1、K2、K3 分别表示第一根控制线、第二根控制线和第三根控制线，L、N 分别表示电源线中相线和中性线，PE 表示接地线。

图 5-19 中布置的照明配电箱（AL-ZM5）系统图如图 5-20 和图 5-21 所示。图 5-20 是配电箱 AL-ZM5 的进线回路为单相进线情况下的系统图，图 5-21 是配电箱 AL-ZM5 的进线回路为三相进线情况下的系统图。

AL–ZM5
SH201–C16
P_e=2.1kW
K_x=1
P_{js}=2.1kW
I_{js}=11.9A
$\cos\varphi$=0.8
U=220V
PZ–30
SH201–C6　N1 BV–2×2.5+PE2.5 PVC20 WC CC 照明 0.4kW
SH201–C6　N2 BV–2×2.5+PE2.5 PVC20 WC CC 照明 0.6kW
SH201–C6　N3 BV–2×2.5+PE2.5 PVC20 WC CC 照明 0.3kW
SH201–C6　N4 BV–2×2.5+PE2.5 PVC20 WC CC 照明 0.3kW
SH201–C6　N5 BV–2×2.5+PE2.5 PVC20 WC CC 照明 0.5kW

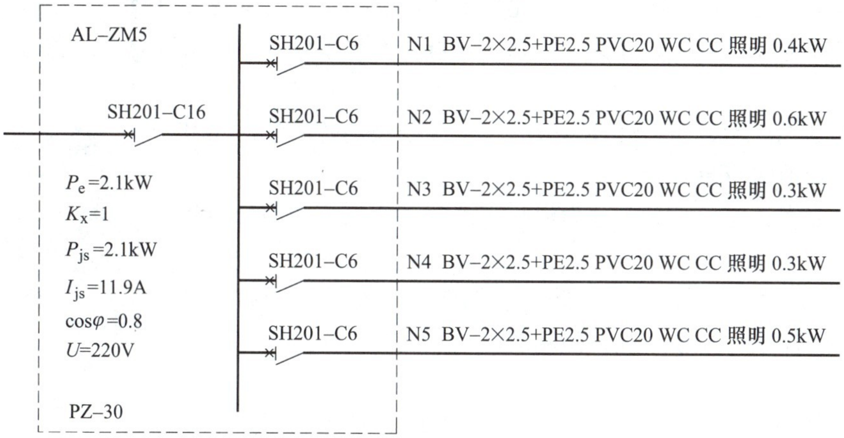

图 5-20　照明配电箱系统图（单相进线）

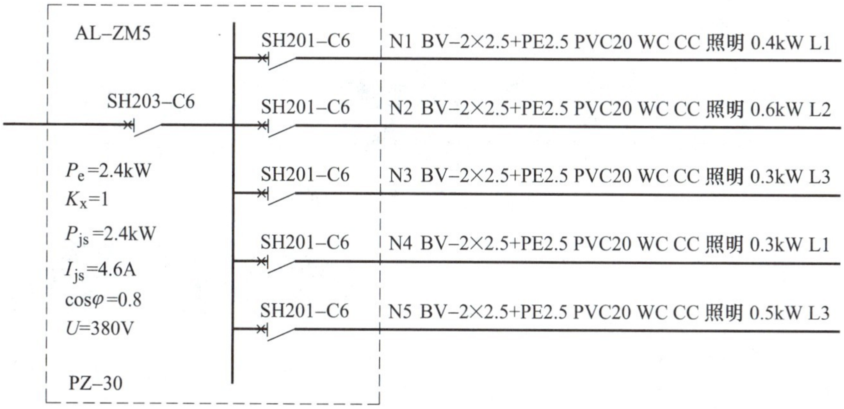

AL–ZM5
SH203–C6
P_e=2.4kW
K_x=1
P_{js}=2.4kW
I_{js}=4.6A
$\cos\varphi$=0.8
U=380V
PZ–30
SH201–C6　N1 BV–2×2.5+PE2.5 PVC20 WC CC 照明 0.4kW L1
SH201–C6　N2 BV–2×2.5+PE2.5 PVC20 WC CC 照明 0.6kW L2
SH201–C6　N3 BV–2×2.5+PE2.5 PVC20 WC CC 照明 0.3kW L3
SH201–C6　N4 BV–2×2.5+PE2.5 PVC20 WC CC 照明 0.3kW L1
SH201–C6　N5 BV–2×2.5+PE2.5 PVC20 WC CC 照明 0.5kW L3

图 5-21　照明配电箱系统图（三相进线）

5.4 应急照明与疏散指示系统

应急照明与疏散指示系统是一种为人员疏散和发生火灾时仍需工作的场所提供照明和疏散指示的系统。

建筑内的照明可分为正常照明和应急照明。应急照明包括疏散照明、备用照明和安全照明。疏散照明是用于确保疏散通道被有效地辨认和使用的应急照明。备用照明是用于确保正常活动继续或暂时继续进行的应急照明。安全照明是用于确保潜在危险之中的人员安全的应急照明。

疏散指示主要包括疏散方向指示和疏散安全出口指示。

应急照明与疏散指示系统一般由应急灯具、应急照明配电箱、应急照明集中电源、应急照明控制器中的两种及以上部分构成。

5.4.1 应急照明与疏散指示系统的基本部件

1. 应急灯具

应急灯具是为人员疏散、消防作业提供照明和指示标志的各类灯具。

按蓄电池电源供电方式分类，应急灯具可分为集中电源型消防应急灯具和自带电源型消防应急灯具。

按控制方式分类，应急灯具可分为集中控制型消防应急灯具和非集中控制型消防应急灯具。

按用途分类，应急灯具可分为消防应急照明灯具和消防应急标志灯具。

(1) 消防应急照明灯具　消防应急照明灯具是为人员疏散和发生火灾时仍需工作的场所提供照明的灯具。消防应急照明灯具如图 5-22 所示。

图 5-22　消防应急照明灯具

(2) 消防应急标志灯具　消防应急标志灯具是用图形、文字指示疏散方向、疏散安全出口等信息的灯具，包括指示疏散方向的疏散指示标志灯具和指示疏散安全出口的疏散安全出口标志灯具。疏散指示标志灯具如图 5-23 所示，疏散安全出口标志灯具如图 5-24 所示。

图 5-23　疏散指示标志灯具

2. 应急照明配电箱

图 5-24　疏散安全出口标志灯具

应急照明配电箱是一种为自带电源型消防应急灯具供电的供配电装置。

根据其输出电压，应急照明配电箱可分为 A 型应急照明配电箱和 B 型应急照明配电箱。A 型应急照明配电箱是指额定输出电压不大于

DC36V 的应急照明配电箱。B 型应急照明配电箱是指额定输出电压大于 DC36V 或 AC36V 的应急照明配电箱。

A 型应急照明配电箱专门为 A 型消防应急灯具供电。A 型消防应急灯具是指主电源和蓄电池电源额定工作电压均不大于 DC36V 的消防应急灯具。B 型应急照明配电箱专门为 B 型消防应急灯具供电。B 型消防应急灯具是指主电源和蓄电池电源额定工作电压均大于 DC36V 或 AC36V 的消防应急灯具。

3. 应急照明集中电源

应急照明集中电源是一种由蓄电池储能，为集中电源型消防应急灯具供电的电源装置。

根据其输出电压，应急照明集中电源可分为 A 型应急照明集中电源和 B 型应急照明集中电源。A 型应急照明集中电源是指额定输出电压不大于 DC36V 的应急照明集中电源。B 型应急照明集中电源是指额定输出电压大于 DC36V 或 AC36V 的应急照明集中电源。

4. 应急照明控制器

应急照明控制器是一种控制并显示集中控制型消防应急灯具、应急照明集中电源、应急照明配电箱及相关附件等工作状态的装置。

5.4.2　应急照明与疏散指示系统设计

1. 系统形式

应急照明与疏散指示系统按应急灯具的控制方式可分为集中控制型系统和非集中控制型系统。其中，应急照明与疏散指示系统按应急灯具的电源形式，又可分为四种类型：自带电源集中控制型、自带电源非集中控制型、集中电源集中控制型、集中电源非集中控制型。

集中控制型系统是系统设置应急照明控制器，由应急照明控制器集中控制并显示应急照明集中电源或应急照明配电箱及其配接的消防应急灯具工作状态的消防应急照明与疏散指示系统。集中控制型系统示意图如图 5-25 所示。图 5-25 中存在两种系统形式，即集中电源集中控制型和自带电源集中控制型。

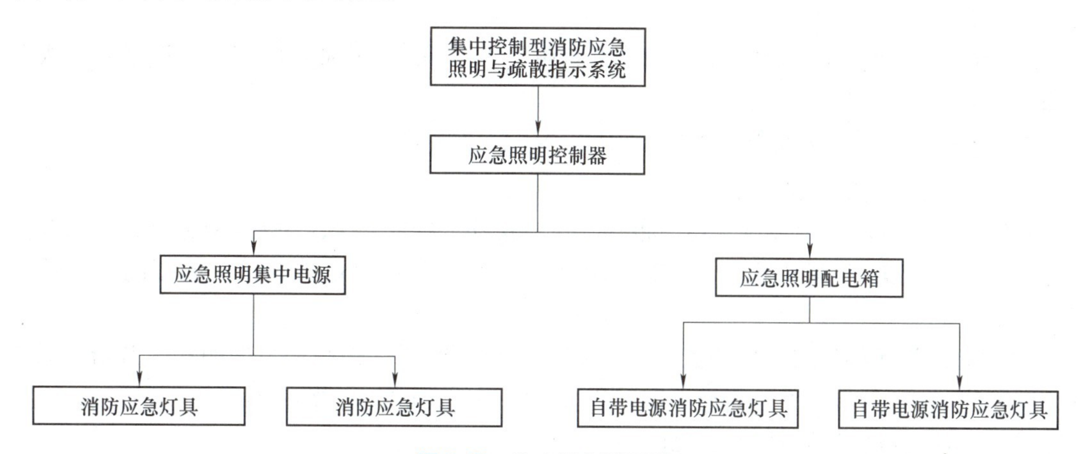

图 5-25　集中控制型系统

非集中控制型系统是系统未设置应急照明控制器，由应急照明集中电源或应急照明配电箱分别控制其配接消防应急灯具工作状态的消防应急照明与疏散指示系统。图 5-26 为自带电源非集中控制型消防应急照明与疏散指示系统，其在楼层设置应急照明配电箱，应急灯具自带蓄电池，应急照明配电箱为其出线回路所接的应急灯具供电。平时由应急照明配电箱为应急灯具供电工作，并持续为应急灯具自带的蓄电池充电；火灾时由应急灯具自带的蓄电池为应急灯具持续供电工作。

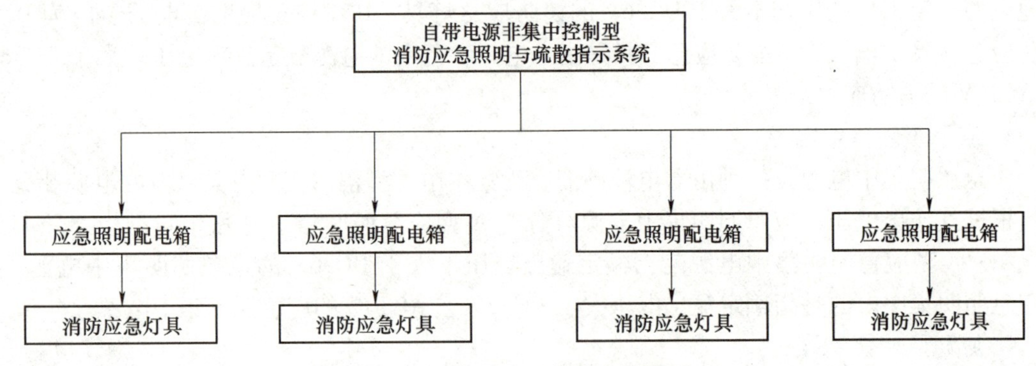

图 5-26　自带电源非集中控制型

设置消防控制室的场所应选择集中控制型系统，未设置消防控制室但设置有火灾自动报警系统的场所一般也选择集中控制型系统。其他场所可选择非集中控制型系统。

2. 应急灯具的设置

（1）备用照明灯具的设置　根据 GB 50016—2014《建筑设计防火规范》（2018 年版），消防控制室、消防水泵房、自备发电机房、配电室、防排烟机房，以及发生火灾时仍需正常工作的消防设备房应设置备用照明，其作业面的最低照度不应低于正常照明的照度。

备用照明灯具一般设置在墙面的上部或顶棚上。

（2）疏散照明灯具的设置　根据 GB 50016—2014《建筑设计防火规范》（2018 年版），除建筑高度小于 27m 的住宅建筑外，民用建筑的下列部位应设置疏散照明：

1）封闭楼梯间、防烟楼梯间及其前室、消防电梯间的前室或合用前室、避难走道、避难层（间）。

2）观众厅、展览厅、多功能厅和建筑面积大于 200m^2 的营业厅、餐厅、演播室等人员密集的场所。

3）建筑面积大于 100m^2 的地下或半地下公共活动场所。

4）公共建筑内的疏散走道。

疏散照明灯具应采用多点、均匀布置方式，其设置数量需保证为人员在疏散路径及相关区域的疏散提供最基本的照度。疏散照明灯具一般设置在出口的顶部、墙面的上部或顶棚上。

（3）疏散指示标志灯具的设置　根据 GB 51309—2018《消防应急照明和疏散指示系统技术标准》，疏散指示标志灯需设在醒目位置，应保证人员在疏散路径的任何位置、在人员密集场所的任何位置都能看到标志灯。

设置疏散照明灯具的场所，除应设置疏散走道照明外，还应在各安全出口处和疏散走道，分别设置安全出口标志灯具和疏散走道指示标志灯具。

根据 GB 51348—2019《民用建筑电气设计标准》，安全出口标志灯具一般设置在安全出口的顶部，底边距地一般低于 2.0m；疏散走道的疏散指示标志灯具一般设置在走道及转角处离地面 1.0 m 以下墙面上、柱上或地面上，且间距不应大于 20m。疏散指示标志灯具设置示意如图 5-27 所示。

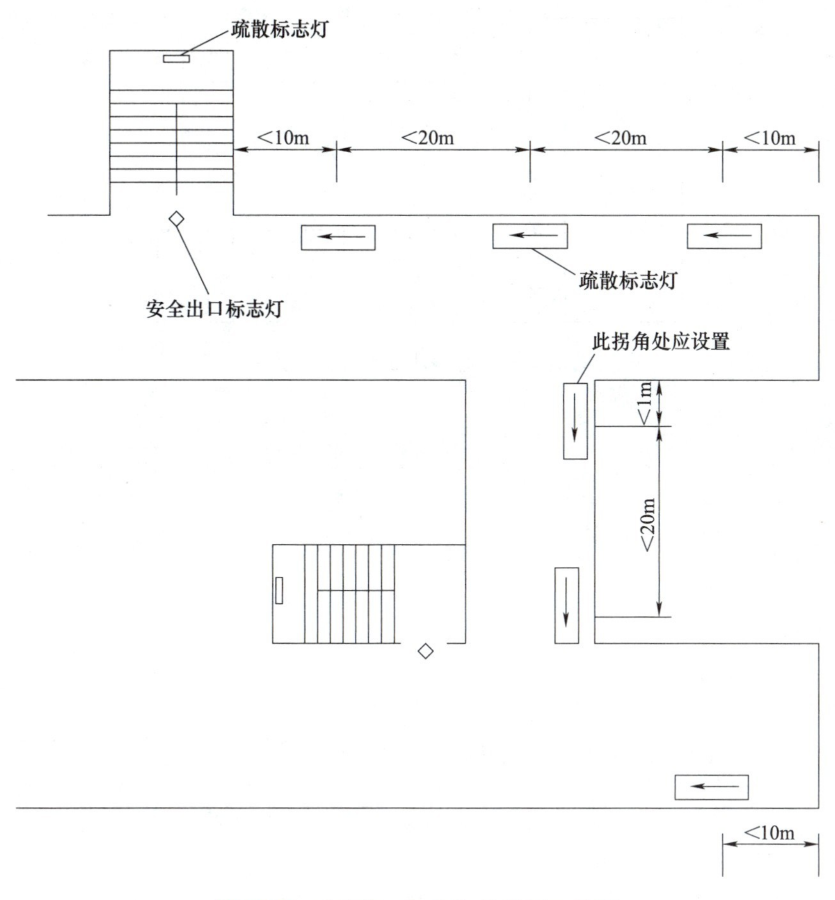

图 5-27　疏散指示标志灯具设置示意图

3. 应急照明配电箱和应急照明控制器的设置

(1) 应急照明控制器的设置　对于集中控制型系统，应急照明控制器应设置在消防控制室内或有人值班的场所。系统设置多台应急照明控制器时，起集中控制功能的应急照明控制器应设置在消防控制室内，其他应急照明控制器可设置在电气竖井、配电间等无人值班的场所。

(2) 应急照明配电箱的设置　应急照明配电箱一般设置在配电间或电气竖井等公共部位，有条件的可设置在值班室。A 型应急照明配电箱的变压装置可设置在应急照明配电箱内或其附近。

(3) 应急灯具的配电回路和通信回路的设置

1）应急灯具的配电回路。应急照明配电箱的供电输出回路应符合下列规定：

①A 型应急照明配电箱的输出回路不应超过 8 路，如图 5-28 所示。

②沿电气竖井垂直方向为不同楼层的灯具供电时，应急照明配电箱的每个输出回路在公共建筑中的供电范围不宜超过 8 层，在住宅建筑的供电范围不宜超过 18 层。

2）应急灯具的通信回路。集中控制型系统中，对于通信线路设计，集中电源或应急照明配电箱应按灯具配电回路设置灯具通信回路，且灯具配电回路和灯具通信回路配接的灯具应一致。

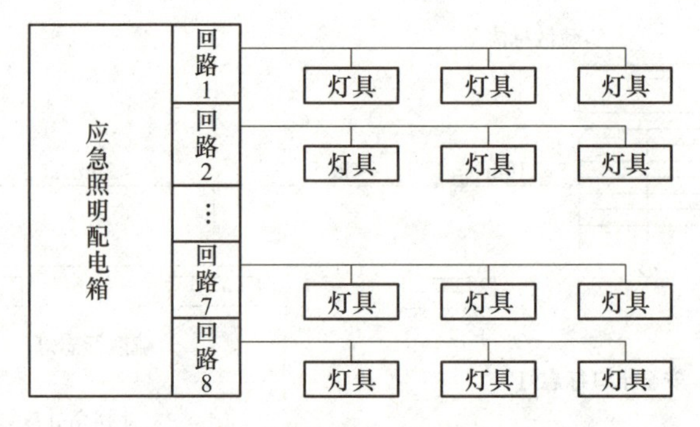

图 5-28　应急照明回路设置示意图

  习　题

1. 常见的照明光源有哪些？
2. 照明灯具常见的安装方式有哪些？
3. 常用的照明开关有哪些，进出 n 极开关共有几根线？
4. 请写出光通量和照度的单位。
5. 请写出房间灯具布置数量和平均照度的计算公式。
6. 现有一间会议室（长 15m，宽 8m），选用双管荧光灯（单灯具内有 2 个光源，单个光源的光通量是 2900lm，单个光源的功率为 28W，镇流器功率为 4W）。现考虑灯具的均匀布置，且均匀布置时平面布置采用矩形布置方式。请计算这间会议室需要均匀矩形布置多少个双管荧光灯？这间会议室布置双管荧光灯后，它的实际照度和照明功率密度分别是多少？
7. 现有一间教室（长 20m，宽 10m），选用双管荧光灯（单灯具内有 2 个光源，单个光源光通量是 2900lm，单个光源的功率为 28W，镇流器功率为 4W）。现考虑灯具的均匀布置，且均匀布置时平面布置采用矩形布置方式。请计算这间教室需要均匀矩形布置多少个双管荧光灯？这间教室布置双管荧光灯后，它的实际照度和照明功率密度分别是多少？
8. 现有一间办公室（长 24m，宽 12m），已知单管荧光灯、双管荧光灯或三管荧光灯的单灯具内单个光源的光通量是 2900lm，单个光源的功率为 28W，镇流器功率为 4W。现考虑灯具的均匀布置，且均匀布置时平面布置采用矩形布置方式。请计算出合理布置荧光灯的数量，这间办公室合理布置荧光灯后，它的实际照度和照明功率密度分别是多少？
9. 请写出建筑照明平面设计时，照明回路的设置原则。
10. 请写出建筑照明平面设计时，照明配电箱的布置原则。
11. 请写出应急照明与疏散指示系统的作用。
12. 请写出应急照明与疏散指示系统的基本设备。
13. 请写出应急照明与疏散指示系统的基本设备布置要求。
14. 请标注图 5-29 中的照明导线根数。
15. 请标注图 5-30 中的照明导线根数。

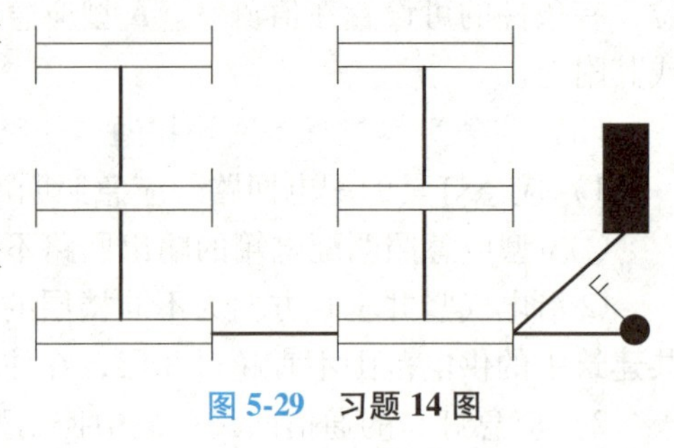

图 5-29　习题 14 图

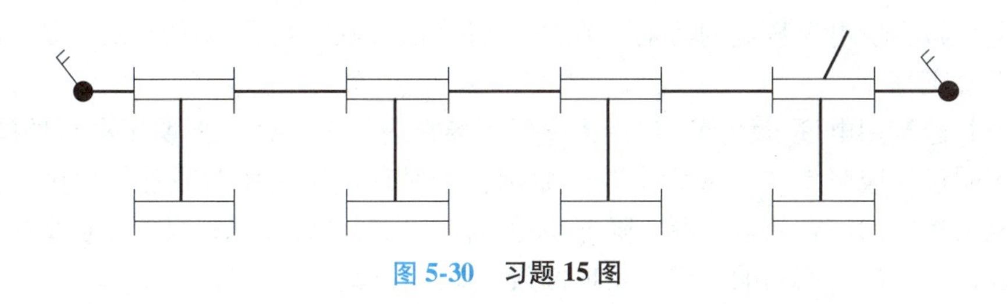

图 5-30　习题 15 图

16. 请在图 5-31 中按以下要求完成照明平面图的设计：

1）画出照明灯与照明灯之间、照明配电箱与照明灯之间的照明导线。

2）设计照明灯开关控制方案，布置照明开关；根据照明灯开关控制方案，画出照明开关与照明灯之间的照明导线。

3）标注所有照明导线的导线根数，标注照明回路，标注照明配电箱编号。

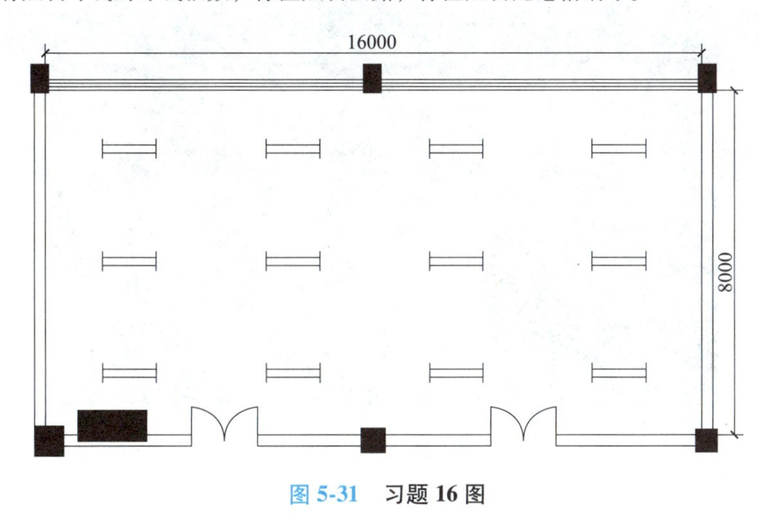

图 5-31　习题 16 图

拓展阅读

绿色照明，低碳节能

绿色照明已成为当今照明领域的发展趋势，对照明行业的影响越发凸显，促进着人们的生产生活方式绿色转型。

绿色照明是指通过科学的照明设计，采用光效高、寿命长、安全和性能稳定的照明电器产品（电光源、灯用电器附件、灯具、配线器材，以及调光控制器和控光器件），改善提高人们工作、学习、生活的条件和质量，从而创造一个高效、舒适、安全、经济、有益的环境，并充分体现现代文明的照明。绿色照明能节约电能，对保护环境具有重要意义。因此，照明设计必须实施绿色照明设计，把节能放在首位，提高资源利用效率。

绿色照明工程的基本内涵是节能、高效、舒适、安全、环保。具体地说，绿色照明工程通过采用新颖高效节能的新光源和电子式镇流器、先进的节能控制器、新颖优质材料的反射器、优化的开关控制器、在不同的场合选用先进合理的灯具结构等照明节电技术，以达到节约照明用电、减少发电对环境的污染、节约一次能源、保护生态平衡的目的，是一项以节能为核心的系统工程。

我国公共建筑用电逐步增加，包括大中型商场在内的公共建筑照明用电节约空间巨大。公共建筑照明设计应坚持“以人为本”的原则，按照现代绿色照明设计的原则，使照明系统具有系统工程中的综合效益：既要降低能耗指标，满足环保要求；又要创造良好的照明环境，适应各种公共建筑空间的要求，实现低碳节能的目标。

绿色照明设计包括采用高效节能的光源，采用高效节能照明灯具，采用高效节能的灯用电器附件，选择合理的照度标准，尽量利用自然的采光方式，采用智能照明控制系统（图5-32）。

图 5-32 绿色照明

智能照明，助力绿色低碳生活方式

在一个大型办公楼内，照明灯种类多样，数量繁多，电量的消耗是巨大的。如果办公的工作人员因忘记关闭灯光，将会导致大量的电能浪费。除此以外，光线亮度的调节、颜色温度的变化和灯光的时间控制等，使用得不合理也将造成能源的浪费。

智能照明系统可以实现对照明的远程控制和智能化管理，当人员离开办公区域时，传感器会自动感知到并关闭灯光，或系统设置关灯时间，定时自动关闭灯光，从而避免了长时间的不必要照明。这些系统不仅可以帮助用户实现更加便捷的照明管理，重要的是还可以降低能源消耗，提高照明效率和舒适度。

广州国际航运大厦是一座地标性 5A 级写字楼，共 42 层，建筑面积为 9.5 万 m^2。大厦内配备智能照明系统，提供更加个性化、更加灵活的照明体验，提高办公环境的效率和舒适度。大厦的智能照明系统能够一键切换场景，支持智能开关灯等功能，通过将智能照明植入日常办公，营造更加节能、高效、便捷的办公体验。

例如，针对大堂、走廊、开放办公区等常用公共区域，智能照明系统可设置时序控制，按照时间和各个区域对照明的需求，设定自动开启/关闭照明及不同照明亮度，如大堂在 8：00—20：00 的办公高峰时间保持 100%亮度，其余时间亮度降低，从而节省能源和人工。

大厦内的智能照明系统还能够实现办公空间的场景模式变化，以满足不同场景需要。“高色高亮”有助于营造高昂的工作氛围；“暖色低亮”则能够提供温馨的休息环境；“中色高亮”可以帮助员工迅速进入工作状态，尤其适用于午后；“中色中亮”则能够舒缓紧张的状态，适合办公过程中简单休息的需要。

绿色发展是我国发展的重大战略，技术是现实生产力，智能照明技术作为绿色技术不断创新发展，在节能降碳的同时，也让人们感受并融入了不一样的绿色生活方式（图 5-33）。人与自然和谐共生的现代化是中国式现代化的重要特征，到 2035 年，将广泛形成如智能照明这样的绿色生产生活方式，美丽中国目标基本实现。

图 5-33　绿色生活方式

第6章 建筑供配电系统

【学习目标驱动】对于已定的建筑平面图，如何在建筑平面图上进行房间插座设计与配电？如何进行空调设备配电？如何进行电梯、水泵、风机等动力设备配电？

建筑内除了需照明设计与配电外，还需对建筑内进行插座设计与配电，对空调设备配电，以及对电梯、水泵、风机等动力设备配电。建筑内插座设计主要为房间内的普通插座设计。基于工程项目建筑电气设计，建筑平面的房间普通插座设计与配电、空调设备配电、动力设备配电需完成以下内容：

1. 合理布置普通插座，设置插座回路，设置插座配电箱，绘制插座配电箱系统图。
2. 合理设置空调配电回路，设置空调配电箱，绘制空调配电箱系统图。
3. 合理设置动力设备配电回路，设置动力设备配电箱，绘制动力设备配电箱系统图。

【学习内容】插座布置与配电；空调设备配电；动力设备配电。

【知识目标】熟悉常用插座；掌握房间普通插座、插座配电箱的设置方法；掌握插座回路、配电箱系统图的设计方法；掌握空调配电箱的设置方法、空调配电回路与空调配电箱系统图的设计方法；掌握电梯机房、水泵房、防排烟机房等动力设备用房的配电回路与配电箱的设置方法、配电箱系统图的设计方法。

【能力目标】学会插座平面图设计；学会空调配电平面图设计；学会动力配电平面图设计；学会插座配电、空调配电、动力配电的配电箱系统图设计。

6.1 插座布置与配电

6.1.1 普通插座及其布置

1. 常用插座

普通插座可分为单相插座和三相插座。单相插座供电的电压是220V，三相插座供电的电压是380V。这里的普通插座不包括公共建筑厨房内的专用厨具插座，公共建筑厨房内的专用厨具插座需按厨具设备布置点位设计，这里不做介绍。

单相插座可分为普通插座和单相空调插座。这里普通插座是指房间内电视机、计算机、手机、风扇、冰箱、洗衣机、烧水壶等设备的电源插座。单相空调插座可分为单相壁挂式空调插座和单相柜式空调插座。对于三相插座，常见的是三相柜式空调插座。

1）普通插座。每个普通插座可按照200W来配置功率。

2）单相空调插座。选用单相壁挂式空调插座，可配置 1. 5kW 或 2. 0kW；选用单相柜式空调插座，可配置 3. 0kW。例如，小房间内单相壁挂式空调插座可配置 1. 5kW；大房间内单相壁挂式空调插座可配置 2. 0kW。

3）三相柜式空调插座。每个三相柜式空调插座可按照 5. 0kW 来配置功率。

建筑内常用的插座类型与功率配置见表 6-1。

表 6-1　常用的插座类型与功率配置

插座类型			配置功率
单相插座	普通插座		200W
	单相空调插座	单相壁挂式空调插座	1. 5kW/2. 0kW
		单相柜式空调插座	3. 0kW
三相插座	三相柜式空调插座		5. 0kW

2. 常用插座的规格与接线

（1）常用插座的规格　常用插座的规格包括电压规格等级和电流规格等级。电压规格等级为 220V 和 380V。单相插座的电压规格等级为 220V(230V)；三相插座的电压规格等级为 380V(400V)。国家标准中规定了单相插座和三相插座的电流规格等级，即单相插座和三相插座能够承载的最大电流规格等级。单相插座常见的电流规格等级为 10A、16A、20A、32A；三相插座的电流规格等级为 16A、25A、32A。在插座设计时，根据插座的预计使用负荷的电压等级来选取插座的电压规格等级，根据插座的预计使用负荷的电流大小来选取插座的电流规格等级。

（2）常用插座的接线　对于单相插座有单相双孔插座和单相三孔插座。单相五孔 86 型插座面板如图 6-1 所示。

图 6-1　单相五孔 86 型插座面板

1）单相双孔插座的接线：左“零”、右“火”，即左孔接中性线（零线），右孔接相线（火线）。

2）单相三孔插座的接线：左“零”、右“火”、上接“地”，即左孔接中性线（零线），右孔接相线（火线）、上孔接接地线。

单相插座面板一般有单相双孔插座面板、单相三孔插座面板、单相五孔插座面板。单相五孔插座面板是指一个面板上既有两孔，又有三孔。日常生活中常用的单相插座面板较多的是两孔加三孔的单相五孔插座面板，如图 6-1 所示。

对于三相插座，常见的是三相四孔插座。三相四孔插座的四个孔接线依次为 L1 相线、

L2 相线、L3 相线、PE 接地线。三相四孔 86 型插座面板如图 6-2 所示。

图 6-2　三相四孔 86 型插座面板

建筑电气设计图中常用插座图例见表 6-2。

表 6-2　建筑电气设计图中常用插座图例

序号	图例	名称	备注	电流规格
1		单相插座	单相双孔+三孔插座	10A、16A、20A、32A
2		单相插座	单相双孔+三孔插座	10A、16A、20A、32A
3	K	单相壁挂式空调插座	单相三孔插座	10A、16A、20A、32A
4	GK	单相柜式空调插座	单相三孔插座	10A、16A、20A、32A
5		三相插座	三相四孔插座	16A、25A、32A

3. 普通插座的布置

普通插座的布置

（1）普通插座的布置原则

1）按需设置，墙壁设置。

2）房间内没有明确插座具体需求的，每面墙都要考虑布置不少于一个插座。

普通插座除墙壁设置外，还有地板（楼板）面设置、桌面设置等。例如，教学楼内计算机房的计算机插座常见设置有地板面插座或桌面插座，教室内的投影仪插座常见设置有楼板面插座。

（2）普通插座回路的设计原则

1）一个普通插座回路最多可接 10 个插座。

2）同一个房间内的普通插座需设置在同一回路上。

6.1.2　插座配电

1. 插座配电箱的设置

插座配电箱的设置原则如下：

1）每个房间可设置一个插座配电箱（AL 箱）。单个房间独自设置一个插座配电箱（AL 箱）时，这个插座配电箱（AL 箱）要设置在这个房间内。

2）多个房间可每个房间各自设置一个插座配电箱（AL 箱），也可设置一个共用的插座配电箱（AL 箱）。多个房间设置一个插座配电箱（AL 箱）共用时，这个插座配电箱（AL 箱）要设置在多个房间外面的公共部位。

2. 插座配电箱系统图

插座配电箱系统图一般按照以下原则设计：

插座配电箱系统图

1）插座配电箱的进线回路只有一个。

2）插座配电箱的出线回路数量，根据插座平面图中插座配电箱所接的普通插座回路实际数量确定。

3）每个普通插座回路功率由回路上的插座数量确定。

4）每个普通插座回路配置的断路器规格、导线截面规格由回路计算电流确定，回路计算电流根据回路功率计算得出，且普通插座回路为单相回路。

5）插座配电箱的进线回路功率由各出线回路功率计算确定：

①进线回路为单相进线时，进线回路功率为各出线回路功率之和。

②进线回路为三相进线时，需要为各出线回路分配相序（L1 相、L2 相、L3 相）。L1 相或 L2 相或 L3 相的功率为相同相序出线回路功率之和，进线回路功率为三相（L1 相、L2 相、L3 相）中功率最大相序（L1 相或 L2 相或 L3 相）功率的 3 倍。

6）插座配电箱的进线回路配置的断路器规格由进线回路计算电流确定，进线回路计算电流根据进线回路功率计算得出。

7）插座配电箱系统图信息标注：

①进线回路标注信息：进线回路断路器，进线回路的负荷计算。

②出线回路标注信息：出线回路编号，出线回路名称（即普通插座），出线回路相序，出线回路断路器，出线回路导线的类型、根数、敷设方式、敷设部位。

③配电箱编号标注。

【工程项目案例 6-1】 某绿电服务中心大楼为多层办公建筑，建筑层数为五层。绿电服务中心大楼五层有 5 个房间，分别为办公室一至办公室四、会议室。五层平面图房间布局如图 6-3 和图 6-4 所示。绿电服务中心大楼五层插座布置与配电方案如下：

根据插座布置原则布置每个房间插座，如图 6-3 和图 6-4 所示。五层平面中 5 个房间插座的配电设置可以有两种方案：第一种方案，每个房间单独布置一个插座配电箱（AL 箱），插座配电箱 AL-BG1、AL-BG2、AL-BG3、AL-BG4、AL-HY 布置如图 6-3 所示；第二种方案，这 5 个房间共用一个插座配电箱（AL 箱），插座配电箱 AL-CZ 布置如图 6-4 所示。

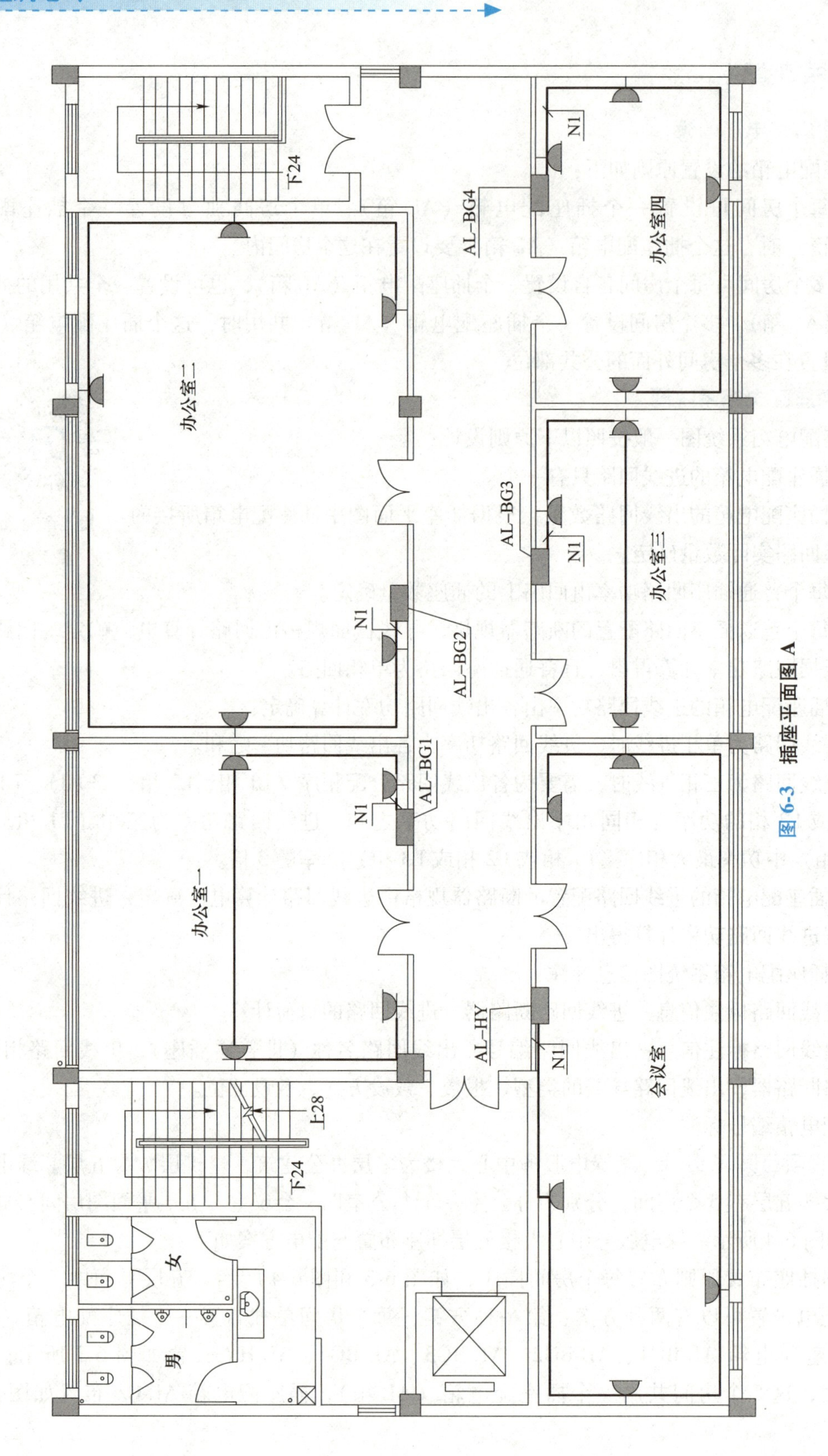
下24
AL-BG4
N1
办公室四
办公室二
AL-BG3
N1
办公室三
N1
AL-BG2
AL-BG1
N1
办公室一
AL-HY
N1
会议室
上28
下24
女
男

图 6-3　插座平面图 A

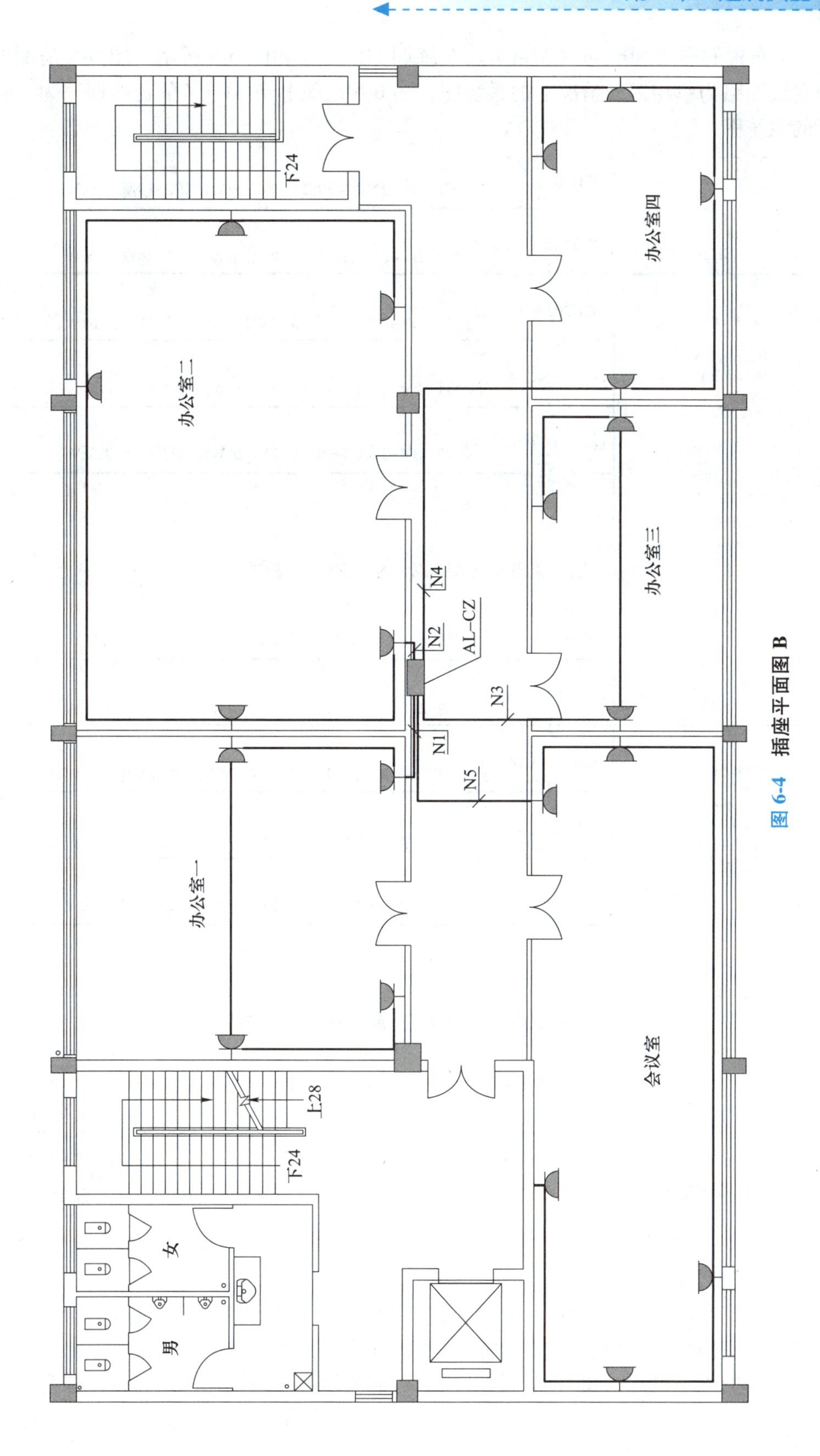

图 6-4　插座平面图 B

图 6-4 中布置的插座配电箱（AL-CZ）系统图如图 6-5 和图 6-6 所示。图 6-5 是配电箱 AL-CZ 的进线回路为单相进线情况下的系统图，图 6-6 是配电箱 AL-CZ 的进线回路为三相进线情况下的系统图。

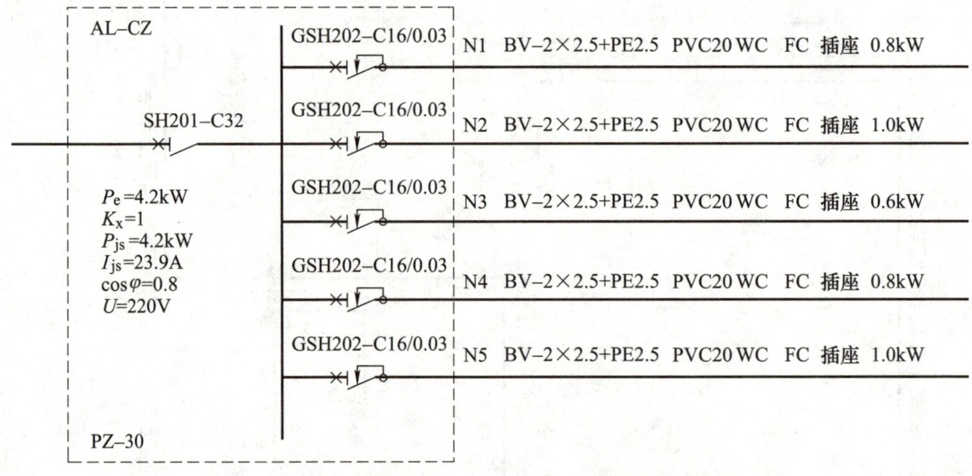

图 6-5 插座配电箱（AL-CZ）系统图（单相进线）

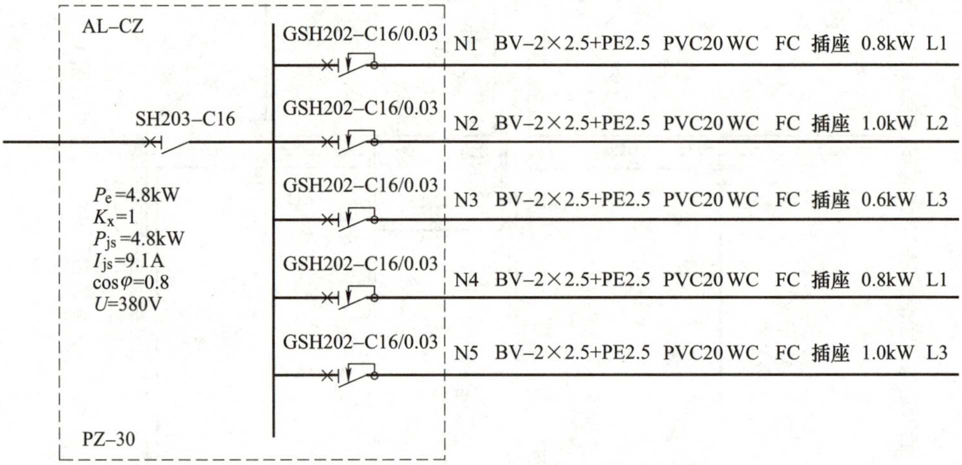

AL–CZ
SH203–C16
GSH202–C16/0.03　N1 BV–2×2.5+PE2.5 PVC20 WC FC 插座 0.8kW L1
GSH202–C16/0.03　N2 BV–2×2.5+PE2.5 PVC20 WC FC 插座 1.0kW L2
GSH202–C16/0.03　N3 BV–2×2.5+PE2.5 PVC20 WC FC 插座 0.6kW L3
GSH202–C16/0.03　N4 BV–2×2.5+PE2.5 PVC20 WC FC 插座 0.8kW L1
GSH202–C16/0.03　N5 BV–2×2.5+PE2.5 PVC20 WC FC 插座 1.0kW L3
P_e=4.8kW
K_x=1
P_{js}=4.8kW
I_{js}=9.1A
cosφ=0.8
U=380V
PZ–30

图 6-6 插座配电箱（AL-CZ）系统图（三相进线）

6.2 空调设备配电

6.2.1 分体式空调配电

分体式空调配电

1. 分体式空调配电回路设计

（1）分体式空调插座设置

分体式空调是空调形式的一种，由分别安装在室内和室外的室内机和室外机组成，一台室外机对应一台室内机，室内机和室外机通过流体介质管路和电源电线连接。

分体式空调的配电设计需要与建筑设计配合，需要结合建筑设计图进行分体式空调插座的设置。建筑专业设计分体式空调的空调孔，这个空调孔为室外机和室内机连接管路的穿孔。对于分体式空调配电，需要根据建筑设计图中设置的空调孔位置，在空调孔位置附近合理设置空调插座。空调插座的安装高度需结合空调孔的高度来确定。

本章第6.1节中已知，空调插座有单相空调插座和三相空调插座，单相空调插座可分为单相壁挂式空调插座和单相柜式空调插座，而三相空调插座一般为三相柜式空调插座。对于单相空调插座，选用单相壁挂式空调插座时，可配置1.5kW或2.0kW；选用单相柜式空调插座时，可配置3.0kW。例如，小房间内单相壁挂式空调插座可配置1.5kW；大房间内单相壁挂式空调插座可配置2.0kW。对于三相柜式空调插座，可配置5.0kW。

建筑电气设计时，如何判断出建筑设计考虑的是分体式空调呢？并且房间内的分体式空调，又如何判断出建筑设计考虑的是壁挂式空调还是柜式空调呢？如果建筑设计图中房间内设置了空调孔，则可判断出建筑设计考虑的是分体式空调。如果房间内设置的空调孔高度为近顶板，则表明这个房间的分体式空调为壁挂式空调，按壁挂式空调设置壁挂式空调插座；如果房间内设置的空调孔近地板，则表明这个房间的分体式空调为柜式空调，按柜式空调设置柜式空调插座。一般来说，壁挂空调插座的设置距离地板高度为1.8~2.2m；柜式空调插座的设置距离地板高度为0.3m。

（2）分体式空调配电回路设置

分体式空调配电回路一般按以下原则设置：

1）每个分体式空调插座可单独设置一个配电回路。

2）每个配电回路设置一个断路器，设置于空调终端配电箱内。

另外，空调终端配电箱的编号可编写为AL-KT、AP-KT等。

2. 分体式空调配电箱设置

公共建筑电气设计时，分体式空调配电箱一般按以下原则设置：

（1）设置楼层空调终端配电箱

1）分体式空调配电，按照每个楼层设置分体式空调终端配电箱，负责为楼层各房间的分体式空调插座配电。

2）楼层空调终端配电箱设置在楼层配电间或其他公共部位。设置在楼层配电间时一般挂墙安装，设置在楼层其他公共部位时可嵌墙安装或挂墙安装。

（2）设置分体式空调总配电箱

1）设置分体式空调总配电箱，负责为各楼层分体式空调终端配电箱供电。

2）分体式空调总配电箱为末端一级配电箱，电源直接来自变压器低压出线柜出线回路。

3）分体式空调总配电箱设置数量，根据建筑楼层数或分体式空调终端配电箱设置数量来确定。

3. 分体式空调配电箱系统图

（1）分体式空调终端配电箱系统图　分体式空调终端配电箱系统图一般按照以下原则设计：

1）分体式空调终端配电箱的进线回路只有一个。

2）分体式空调终端配电箱的出线回路数量，根据分体式空调插座配电平面图中分体式空调终端配电箱所接的分体式空调插座回路实际数量确定。

3）每个分体式空调插座回路功率由分体式空调插座回路上的插座数量确定。

4）每个分体式空调插座回路配置的断路器规格、导线截面规格由回路计算电流确定，回路计算电流根据回路功率计算得出。

5）分体式空调插座配电箱的进线回路功率由各出线回路功率计算确定：

①进线回路为单相进线时，进线回路功率为各出线回路功率之和。

②进线回路为三相进线时，需要为各出线回路分配相序（L1 相、L2 相、L3 相）。L1 相或 L2 相或 L3 相的功率为相同相序出线回路功率之和，进线回路功率为三相（L1 相、L2 相、L3 相）中功率最大相序（L1 相或 L2 相或 L3 相）功率的 3 倍。

6）分体式空调插座配电箱的进线回路配置的断路器规格由进线回路计算电流确定，进线回路计算电流根据进线回路功率计算得出。

7）分体式空调插座配电箱系统图信息标注：

①进线回路标注信息：进线回路断路器，进线回路的负荷计算。

②出线回路标注信息：出线回路编号，出线回路名称（分体式空调插座），出线回路相序，出线回路断路器，出线回路导线的类型、根数、敷设方式、敷设部位。

③配电箱编号标注。

（2）分体式空调总配电箱系统图 分体式空调总配电箱系统图一般按照以下原则设计：

1）分体式空调总配电箱的进线回路只有一个。

2）分体式空调总配电箱的出线回路数量，根据分体式空调插座配电平面图中分体式空调总配电箱所接的分体式空调终端配电箱实际数量确定。

3）分体式空调总配电箱的每个出线回路配置的断路器、导线截面规格由出线回路计算电流确定。出线回路计算电流根据其所接的分体式空调终端配电箱的功率计算得出；分体式空调终端配电箱的功率为其进线回路的计算功率。

4）分体式空调总配电箱的进线回路功率由各出线回路功率计算确定：

①出线回路为三相时，进线回路功率为各出线回路功率之和。

②出线回路为单相时，需要为各单相出线回路分配相序（L1 相、L2 相、L3 相）。L1 相或 L2 相或 L3 相的功率为相同相序出线回路功率之和，进线回路功率为三相（L1 相、L2 相、L3 相）中功率最大相序（L1 相或 L2 相或 L3 相）功率的 3 倍。

③出线回路中既有单相回路，又有三相回路时，需把各单相出线回路功率换算为三相功率后，再与三相出线回路功率相加；各单相出线回路功率换算为三相功率的方法可按照②中计算方法。

5）分体式空调总配电箱的进线回路配置的断路器规格由进线回路计算电流确定，进线回路计算电流根据进线回路功率计算得出。

6）分体式空调总配电箱系统图信息标注：

①进线回路标注信息：进线回路断路器，进线回路的负荷计算。

②出线回路标注信息：出线回路编号，出线回路名称（分体式空调终端配电箱），出线回路相序，出线回路断路器，出线回路导线的类型、根数、敷设方式、敷设部位。

③配电箱编号标注。

【工程项目案例 6-2】某绿电服务中心大楼为多层办公建筑，建筑层数为五层。绿电服务中心大楼五层有 5 个房间，分别为办公室一至办公室四、会议室。五层平面图房间布局如图 6-7 所示。绿电服务中心大楼分体式空调插座布置与配电方案如下：

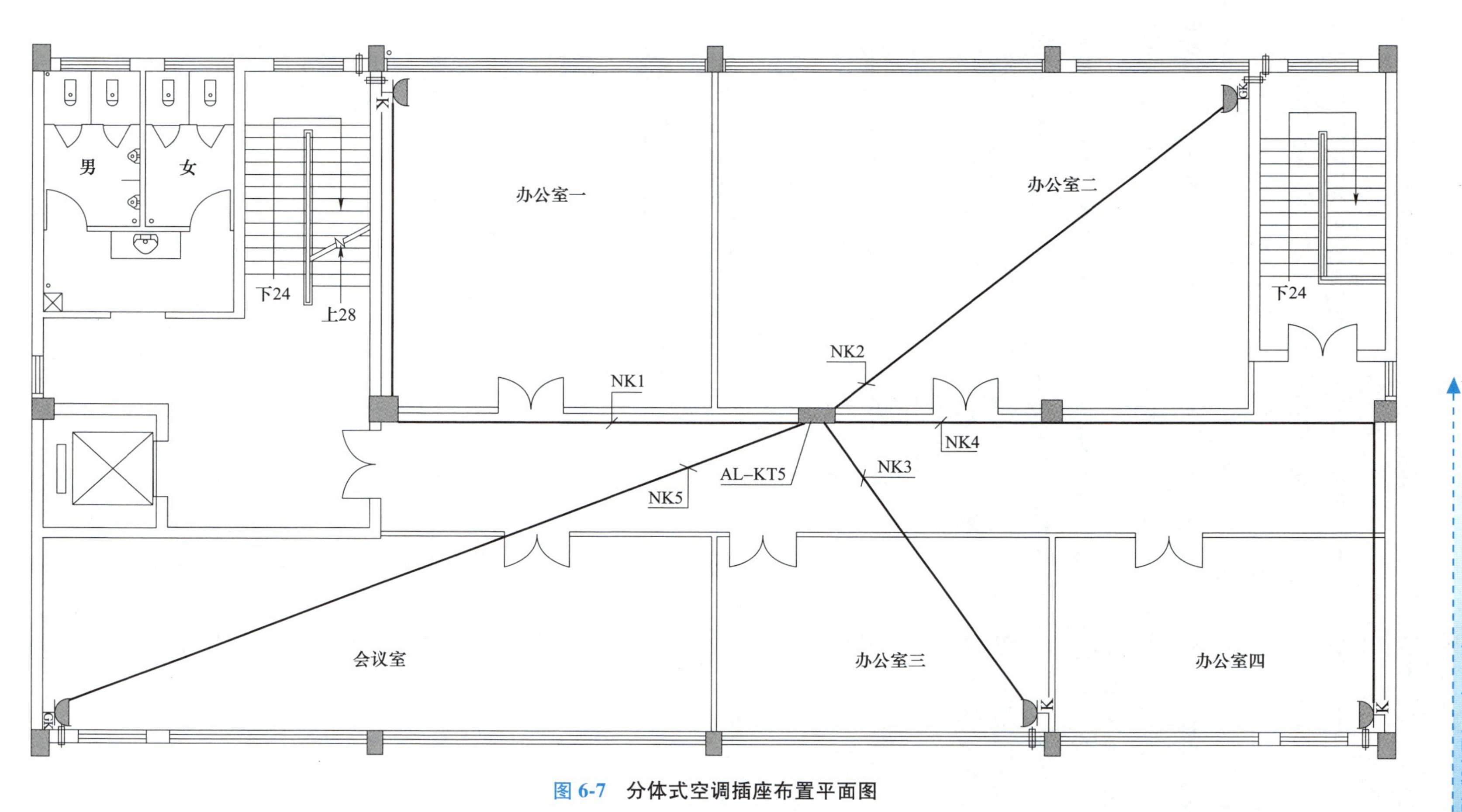

图 6-7　分体式空调插座布置平面图

绿电服务中心大楼五层平面图中 5 个房间，按照房间内设置的空调孔位置，就近空调孔位置布置空调插座，分体式空调插座布置如图 6-7 所示。

绿电服务中心大楼五层平面图中布置分体式空调终端配电箱 AL-KT5，每个分体式空调插座单独设置一个回路，每个分体式空调插座回路分别接自分体式空调终端配电箱 AL-KT5。分体式空调终端配电箱 AL-KT5 布置和分体式空调插座回路设置如图 6-7 所示。

绿电服务中心大楼共五层，每层平面图中布置分体式空调终端配电箱（其中第五层平面图中布置的分体式空调终端配电箱编号为 AL-KT5），在一层布置分体式空调总配电箱（分体式空调总配电箱编号为 APL-KT）。分体式空调总配电箱负责为五个楼层的共五个分体式空调终端配电箱供电。

图 6-7 中分体式空调终端配电箱（AL-KT5）系统图如图 6-8 和图 6-9 所示。图 6-8 是配电箱 AL-KT5 的进线回路为单相进线情况下的系统图，图 6-9 是配电箱 AL-KT5 的进线回路为三相进线情况下的系统图。

AL–KT5
S201–C80
P_e=12kW
K_x=1
P_{js}=12kW
I_{js}=68.2A
cosφ=0.8
U=220V
PZ–30
SH201–D16 NK1 BV–2×2.5+PE2.5 PVC20 WC CC 办公室一壁挂空调插座2.0kW
SH201–D16 NK2 BV–2×2.5+PE2.5 PVC20 WC CC 办公室三壁挂空调插座2.0kW
SH201–D16 NK3 BV–2×2.5+PE2.5 PVC20 WC CC 办公室四壁挂空调插座2.0kW
GSH202–D25/0.03 NK4 BV–2×4+PE4 PVC20 WC FC 办公室二柜式空调插座 3.0kW
GSH202–D25/0.03 NK5 BV–2×4+PE4 PVC20 WC FC 会议室柜式空调插座 3.0kW

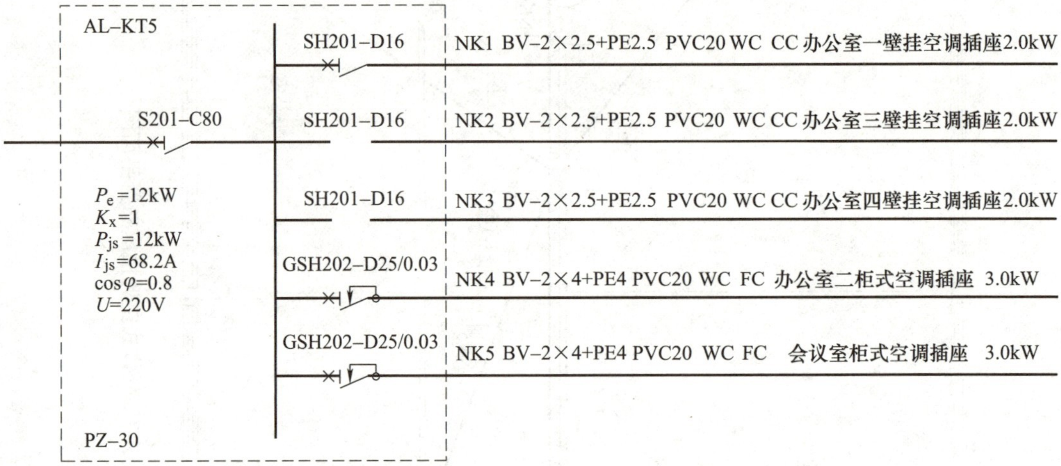

图 6-8 分体式空调终端配电箱（AL-KT5）系统图（单相进线）

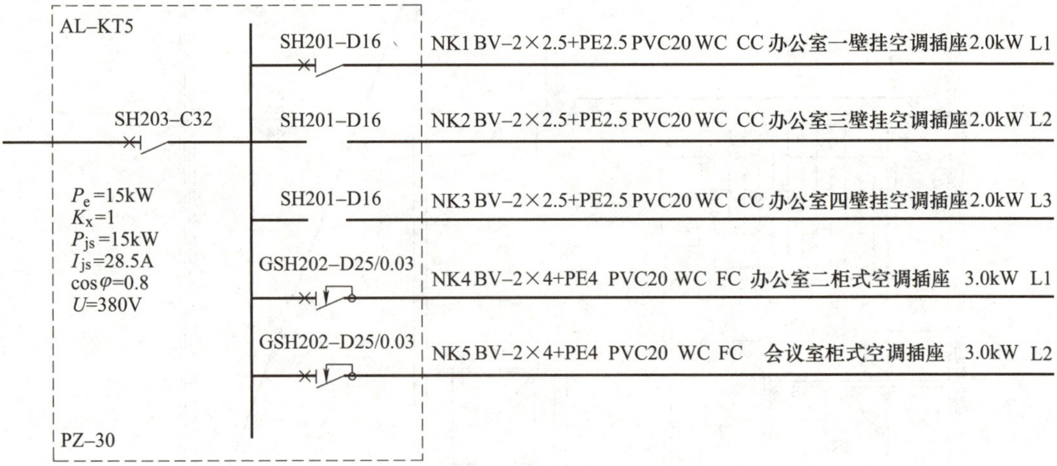

AL–KT5
SH203–C32
P_e=15kW
K_x=1
P_{js}=15kW
I_{js}=28.5A
cosφ=0.8
U=380V
PZ–30
SH201–D16 NK1 BV–2×2.5+PE2.5 PVC20 WC CC 办公室一壁挂空调插座2.0kW L1
SH201–D16 NK2 BV–2×2.5+PE2.5 PVC20 WC CC 办公室三壁挂空调插座2.0kW L2
SH201–D16 NK3 BV–2×2.5+PE2.5 PVC20 WC CC 办公室四壁挂空调插座2.0kW L3
GSH202–D25/0.03 NK4 BV–2×4+PE4 PVC20 WC FC 办公室二柜式空调插座 3.0kW L1
GSH202–D25/0.03 NK5 BV–2×4+PE4 PVC20 WC FC 会议室柜式空调插座 3.0kW L2

图 6-9 分体式空调终端配电箱（AL-KT5）系统图（三相进线）

般挂墙安装，设置在楼层其他公共部位时可嵌墙安装或挂墙安装。

2）设置空调末端总配电箱。

①设置空调末端总配电箱，负责为各楼层空调末端终端配电箱供电。

②空调末端总配电箱为末端一级配电箱，电源直接来自变压器低压出线柜出线回路。

③空调末端总配电箱设置数量，根据建筑楼层数或集中式空调终端配电箱设置数量确定。

（2）楼层空调末端设备配电回路设置 建筑各楼层的空调末端设备包括风机盘管、新风机组、空调机组，空调末端设备配电回路一般按以下原则设置：

1）每台新风机组单独设置一个新风机组配电回路。新风机组配电回路接至楼层空调终端配电箱。

2）每台空调机组单独设置一个空调机组配电回路。空调机组配电回路接至楼层空调终端配电箱。

3）多台风机盘管设置一个风机盘管配电回路。风机盘管配电回路接至楼层空调终端配电箱。风机盘管的电源一般为单相，功率一般不超过200W。因此，各楼层的风机盘管配电回路数量需根据风机盘管的实际数量合理确定。

3. 集中式空调末端设备配电的配电箱系统图

（1）空调末端终端配电箱系统图 集中式空调末端终端配电箱系统图一般按照以下原则设计：

1）空调末端终端配电箱的进线回路只有一个。

2）空调末端终端配电箱的出线回路数量，根据空调配电平面图中空调末端终端配电箱所接的空调末端配电回路（风机盘管配电回路、新风机组配电回路和空调机组配电回路）的实际数量确定。

3）每个空调末端配电回路（风机盘管配电回路、新风机组配电回路和空调机组配电回路）功率由空调末端配电回路上的空调末端设备功率确定。

4）每个空调末端配电回路（风机盘管配电回路、新风机组配电回路和空调机组配电回路）配置的断路器规格、导线截面规格由回路计算电流确定，回路计算电流根据回路功率计算得出。

5）空调末端终端配电箱的进线回路功率由各出线回路功率计算确定：

①空调末端配电回路全部为三相时，则进线回路为三相进线，此时，进线回路功率为各出线回路功率之和。

②空调末端配电回路全部为单相回路时：

a. 进线回路为单相进线时，进线回路功率为各出线回路功率之和。

b. 进线回路为三相进线时，需要为各出线回路分配相序（L1相、L2相、L3相）。L1相或L2相或L3相的功率为相同相序出线回路功率之和，进线回路功率为三相（L1相、L2相、L3相）中功率最大相序（L1相或L2相或L3相）功率的3倍。

③出线回路中既有单相回路，又有三相回路时，需把各单相出线回路功率换算为三相功率后，再与三相出线回路功率相加；各单相出线回路功率换算为三相功率的方法可按照②中计算方法。

6）空调末端终端配电箱的进线回路配置的断路器规格由进线回路计算电流确定，进线回路计算电流根据进线回路功率计算得出。

7）空调末端终端配电箱系统图信息标注：

①进线回路标注信息：进线回路断路器，进线回路的负荷计算。

②出线回路标注信息：出线回路编号，出线回路名称（空调末端设备：风机盘管、新风机组、空调机组等），出线回路相序，出线回路断路器，出线回路导线的类型、根数、敷设方式、敷设部位。

③配电箱编号标注。

（2）空调末端总配电箱系统图 空调末端总配电箱系统图一般按照以下原则设计：

1）空调末端总配电箱的进线回路只有一个。

2）空调末端总配电箱的出线回路数量，根据空调配电平面图中空调末端总配电箱所接的空调末端终端配电箱实际数量确定。

3）空调末端总配电箱的每个出线回路配置的断路器、导线截面规格由出线回路计算电流确定。出线回路计算电流根据其所接的空调末端终端配电箱的功率计算得出；空调末端终端配电箱的功率为其进线回路的计算功率。

4）空调末端总配电箱的进线回路功率由各出线回路功率计算确定：

①出线回路为三相时，进线回路功率为各出线回路功率之和。

②出线回路为单相时，需要为各单相出线回路分配相序（L1 相、L2 相、L3 相）。L1 相或 L2 相或 L3 相的功率为相同相序出线回路功率之和，进线回路功率为三相（L1 相、L2 相、L3 相）中功率最大相序（L1 相或 L2 相或 L3 相）功率的 3 倍。

③出线回路中既有单相回路，又有三相回路时，需把各单相出线回路功率换算为三相功率后，再与三相出线回路功率相加；各单相出线回路功率换算为三相功率的方法可按照②中计算方法。

5）空调末端总配电箱的进线回路配置的断路器规格由进线回路计算电流确定，进线回路计算电流根据进线回路功率计算得出。

6）空调末端总配电箱系统图信息标注：

①进线回路标注信息：进线回路断路器，进线回路的负荷计算。

②出线回路标注信息：出线回路编号，出线回路名称（空调末端终端配电箱），出线回路相序，出线回路断路器，出线回路导线的类型、根数、敷设方式、敷设部位。

③配电箱编号标注。

【工程项目案例 6-3】某绿证服务中心大楼为多层办公建筑，建筑层数为六层。绿证服务中心大楼六层有九个房间，分别为办公室一至办公室八、会议室。六层平面图房间布局如图 6-12 所示。绿证服务中心大楼集中式空调系统的空调末端设备配电方案如下：

绿证服务中心大楼六层平面图中空调末端布置情况如图 6-12 所示。绿证服务中心大楼六层平面图中布置空调末端终端配电箱 AP-KT6，各房间内风机盘管配电设置四个风机盘管配电回路，新风机房内两台新风机组各设置两个新风机组配电回路，每个空调末端配电回路（风机盘管配电回路、新风机组配电回路）分别接自空调末端终端配电箱 AP-KT6。空调末端终端配电箱 AP-KT6 布置和空调末端配电回路设置如图 6-12 所示。

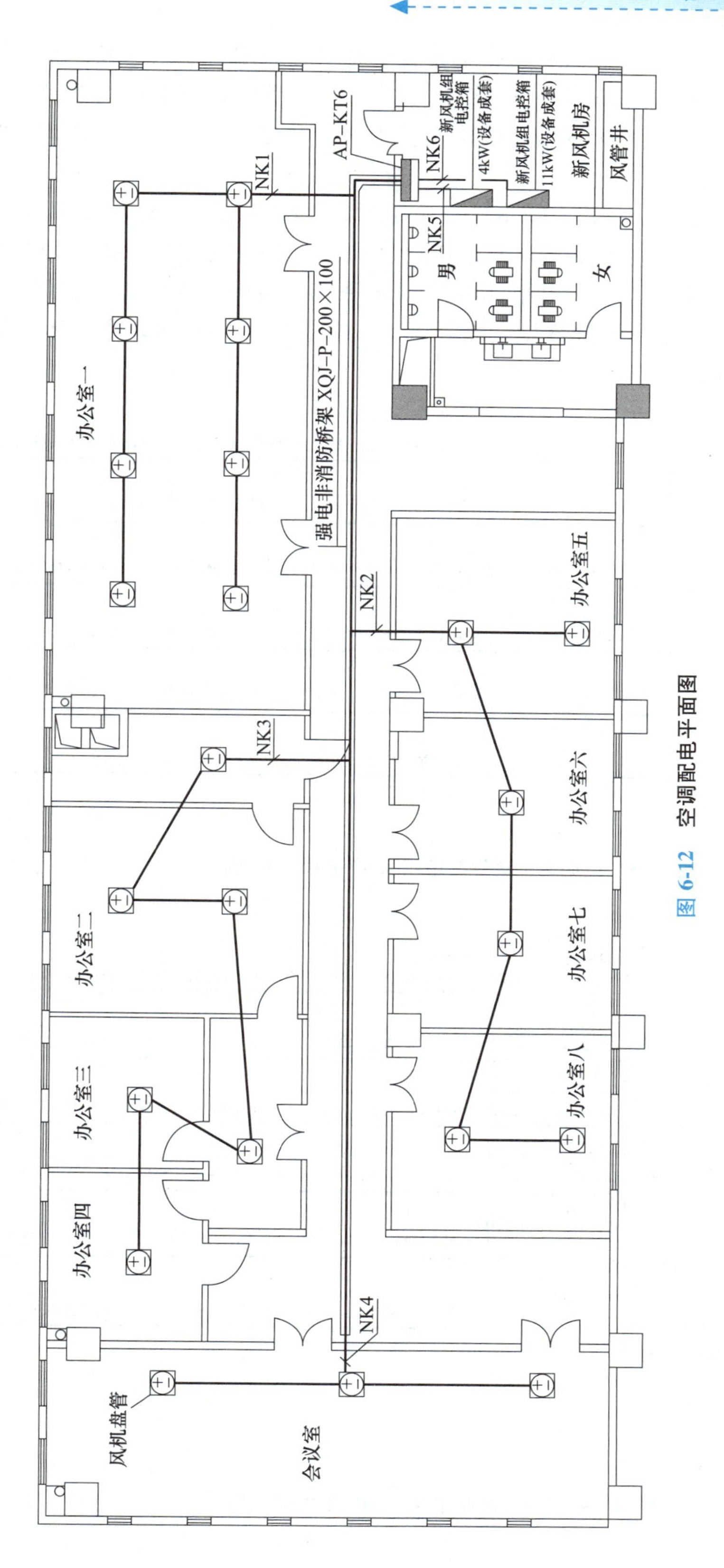

图 6-12　空调配电平面图

绿证服务中心大楼共六层，每层平面图中布置空调末端终端配电箱（其中第六层平面图中布置的空调末端终端配电箱编号为 AP-KT6），在一层布置空调末端总配电箱（空调末端总配电箱编号为 APL-KT）。空调末端总配电箱负责为六个楼层的共六个空调末端终端配电箱供电。

图 6-12 中空调末端终端配电箱（AP-KT6）系统图如图 6-13 所示。配电箱 AP-KT6 的进线回路为三相，出线回路中既有单相的风机盘管配电回路，也有三相的新风机组配电回路。

绿证服务中心大楼空调末端总配电箱（APL-KT）系统图如图 6-14 所示，该图是六个楼层空调末端终端配电箱全部为三相进线（如图 6-13 中的 AP-KT6）时，空调末端总配电箱（APL-KT）的系统图。

AP–KT6
SH203–C40
P_e=18kW
K_x=0.9
P_{js}=18kW
I_{js}=30.8A
cosφ=0.8
U=380V
非标定制，挂墙安装
SH201–D6　NK1 BYJ–2×2.5+PE2.5 PVC20 WC CC 风机盘管 0.8kW L1
SH201–D6　NK2 BYJ–2×2.5+PE2.5 PVC20 WC CC 风机盘管 0.6kW L2
SH201–D6　NK3 BYJ–2×2.5+PE2.5 PVC20 WC CC 风机盘管 0.6kW L3
SH201–D6　NK4 BYJ–2×2.5+PE2.5 PVC20 WC CC 风机盘管 0.4kW L2
SH203–D16　NK5 YJY–4×4+1×4 SC32 WC FC 新风机组 5.0kW L1L2L3
SH203–D25　NK6 YJY–4×4+1×4 SC32 WC FC 新风机组 10.0kW L1L2L3

图 6-13　空调末端终端配电箱（AP-KT6）系统图

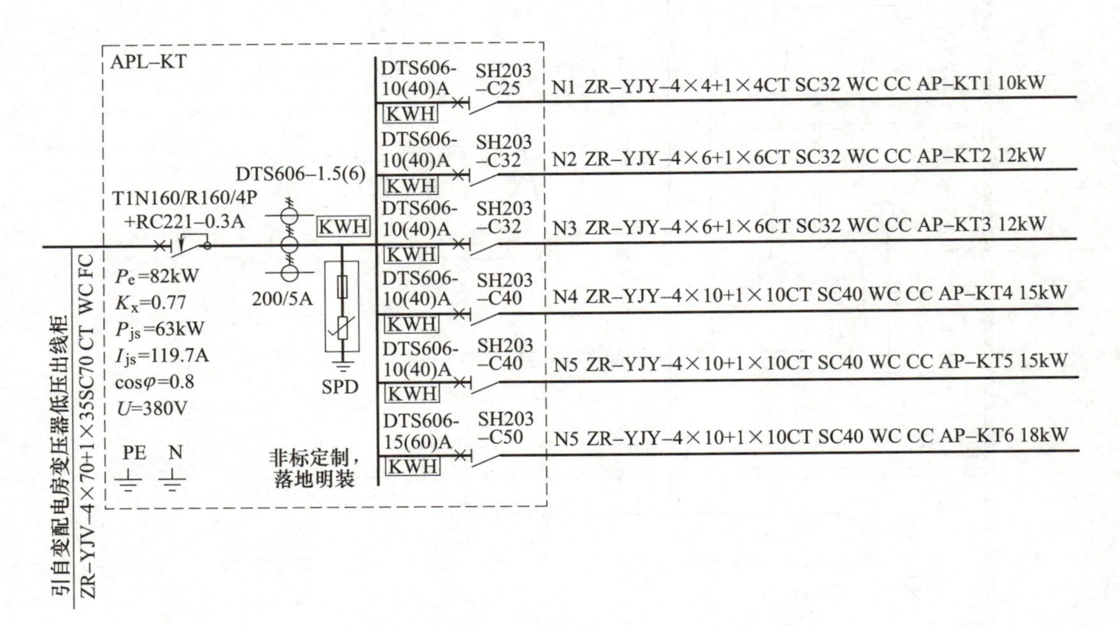

图 6-14　空调末端总配电箱（APL-KT）系统图

4. 集中式空调冷热源机房/锅炉房内冷热源设备配电

(1) 冷热源配电箱设置 建筑电气设计时，冷热源机房、锅炉房内可分别设置冷热源配电箱。冷热源机房内的冷热源配电箱负责为冷热源机房内的冷热源设备（冷水机组、冷冻水泵、冷却水泵等）配电。锅炉房内的冷热源配电箱负责为锅炉房内的冷热源设备（热水循环泵或电锅炉等）配电。冷热源配电箱的电源可直接来自变压器低压出线柜出线回路，冷热源配电箱设置数量需根据冷热源设备（冷水机组、冷冻水泵、冷却水泵、热水循环泵、电锅炉等）数量及它们的功率合理确定。

(2) 冷热源设备配电回路设计 冷热源机房内冷热源设备包括冷水机组、冷冻水泵、冷却水泵等，锅炉房内冷热源设备包括热水循环泵或电锅炉等。它们的配电回路一般设计如下：

1）每台冷水机组单独设置一个冷水机组配电回路。冷水机组配电回路接至冷热源配电箱。

2）每台冷冻水泵单独设置一个冷冻水泵配电回路。冷冻水泵配电回路接至冷热源配电箱。

3）每台冷却水泵单独设置一个冷却水泵配电回路。冷却水泵配电回路接至冷热源配电箱。

4）每台热水循环泵单独设置一个热水循环泵配电回路。热水循环泵配电回路接至冷热源配电箱。

5）每台电锅炉单独设置一个电锅炉配电回路。电锅炉配电回路接至冷热源配电箱。

(3) 冷热源配电箱系统图 集中式冷热源机房设备配电的冷热源配电箱系统图一般按照以下原则设计：

1）冷热源配电箱的进线回路只有一个。

2）冷热源的出线回路数量，根据冷热源机房配电平面图中冷热源配电箱所接的冷热源设备配电回路（冷水机组配电回路、冷冻水泵配电回路、冷却水泵配电回路、热水循环泵配电回路、电锅炉配电回路）的实际数量确定。

3）每个冷热源设备配电回路（冷水机组配电回路、冷冻水泵配电回路、冷却水泵配电回路、热水循环泵配电回路、电锅炉配电回路）功率由冷热源设备配电回路上的冷热源设备功率确定。

4）每个冷热源设备配电回路（冷水机组配电回路、冷冻水泵配电回路、冷却水泵配电回路、热水循环泵配电回路、电锅炉配电回路）配置的断路器规格、导线截面规格由回路计算电流确定，回路计算电流根据回路功率计算得出。

5）冷热源配电箱的进线回路功率由各出线回路功率计算确定：

①冷热源设备配电回路全部为三相时，则进线回路为三相进线，此时，进线回路功率为各出线回路功率之和。

②冷热源设备全部为单相回路时，进线回路为三相进线，需要为各出线回路分配相序（L1 相、L2 相、L3 相）。L1 相或 L2 相或 L3 相的功率为相同相序出线回路功率之和，进线回路功率为三相（L1 相、L2 相、L3 相）中功率最大相序（L1 相或 L2 相或 L3 相）功率的 3 倍。

③出线回路中既有单相回路，又有三相回路时，需把各单相出线回路功率换算为三相功

率后，再与三相出线回路功率相加；各单相出线回路功率换算为三相功率的方法可按照②中计算方法。

6）冷热源配电箱的进线回路配置的断路器规格由进线回路计算电流确定，进线回路计算电流根据进线回路功率计算得出。

7）冷热源配电箱系统图信息标注：

①进线回路标注信息：进线回路断路器，进线回路的负荷计算。

②出线回路标注信息：出线回路编号，出线回路名称（即冷热源设备：冷水机组、冷冻水泵、冷却水泵、热水循环泵、电锅炉等），出线回路相序，出线回路断路器，出线回路导线的类型、根数、敷设方式、敷设部位。

③配电箱编号标注。

【工程项目案例 6-4】 某绿证服务中心大楼为多层办公建筑，建筑层数为六层。绿证服务中心大楼一层有冷热源机房，冷热源机房内的设备分别为冷水机组（两台，功率分别为32kW 和 42kW，供电电源均为 380V）、冷冻水泵（两台，一用一备，每台功率为 18.5kW，供电电源均为 380V）、冷却水泵（两台，一用一备，每台功率为 15kW，供电电源均为380V）、热水循环泵（两台，一用一备，每台功率为 11kW，供电电源均为 380V）。绿证服务中心大楼一层平面图中冷热源机房内设置冷热源配电箱，负责为冷热源机房内所有冷热源设备供电。绿证服务中心大楼一层冷热源机房内冷热源配电箱的系统图如图 6-15 所示。

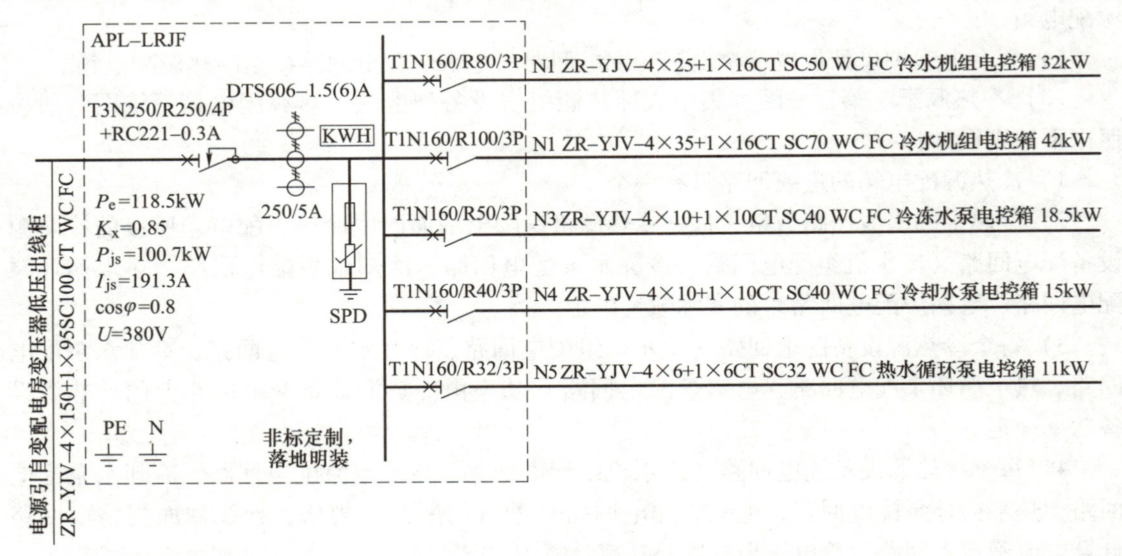

图 6-15 冷热源配电箱系统图

5. 变冷媒流量多联空调配电

变冷媒流量（Variable Refrigerant Flow，VRF）多联空调，简称 VRF 空调。VRF 空调与分体式空调，都属于分散空调。VRF 空调在系统结构上类似于分体式空调，也有室外机和室内机，但一台室外机对应一组（多台）室内机。

目前工程上，公共建筑内 VRF 空调典型设置特点如下：

1）VRF 空调的室内机分散设置在建筑楼层各功能房间内。

2）VRF空调的室外机设置在各功能房间外的公共区域：VRF空调的室外机可设置在与其室内机同一楼层的公共区域，也可设置在与其室内机不同楼层的公共区域。

（1）VRF空调配电箱设置　针对工程上VRF空调典型设置情况，VRF空调配电箱一般可设置如下：

1）VRF空调的室外机与其室内机设置在同一楼层时，在建筑楼层设置一个楼层VRF空调终端配电箱，负责为相应建筑楼层的VRF室外机和室内机配电。

设置VRF空调总配电箱，负责为多个楼层VRF空调终端配电箱供电。VRF空调总配电箱为末端一级配电箱，电源直接来自变压器低压出线柜出线回路。VRF空调总配电箱设置的数量，根据建筑楼层数或VRF空调终端配电箱设置数量来确定。

2）VRF空调的室外机与其室内机设置在不同楼层时，VRF空调的室外机与其室内机分别设置配电箱进行配电。

①VRF室内机配电。在室内机所在建筑楼层设置楼层VRF空调终端配电箱（也可称为VRF室内机空调配电箱），负责相应楼层的VRF室内机配电。设置VRF空调总配电箱，负责为多个楼层VRF空调终端配电箱（VRF室内机空调配电箱）供电。VRF空调总配电箱为末端一级配电箱，电源直接来自变压器低压出线柜出线回路。VRF空调总配电箱设置的数量，可根据建筑楼层数或VRF空调终端配电箱（VRF室内机空调配电箱）设置数量来确定。

②VRF室外机配电。在室外机所在区域设置VRF室外机空调配电箱，负责相应楼层区域的VRF室外机配电。VRF室外机空调配电箱的电源可直接来自变压器低压出线柜出线回路；也可设置VRF室外机空调总配电箱负责为多个VRF室外机空调配电箱供电，此时，VRF室外机空调总配电箱的电源直接来自变压器低压出线柜出线回路，此种情形下，VRF室外机空调配电箱也可称为VRF空调终端配电箱，VRF室外机空调总配电箱也可被称为VRF空调总配电箱。

此外，也可设置VRF空调总配电箱负责为VRF室外机空调配电箱和VRF室内机空调配电箱供电，此时，VRF空调总配电箱的电源直接来自变压器低压出线柜出线回路。

【提示1】VRF室外机空调配电箱的电源可直接取自变压器低压出线柜出线回路，此种情形下，VRF室外机空调配电箱也可称为VRF空调终端配电箱，只是这里的VRF空调终端配电箱由于其功率较大，其电源是直接取自变压器低压出线柜出线回路。

【提示2】VRF室外机空调总配电箱的设置与否或设置数量，需要根据建筑楼层区域VRF室外机的功率、数量或VRF室外机空调配电箱负荷、数量综合考虑、合理确定。

（2）VRF空调配电回路设计　VRF空调配电回路一般按照以下原则设计：

1）每台VRF室外机单独设置一个VRF室外机回路。VRF室外机配电回路接至VRF空调配电箱。VRF空调配电箱包括VRF空调终端配电箱和VRF室外机空调配电箱。

2）多台VRF室内机可设置一个VRF室内机回路。VRF室内机配电回路接至VRF空调配电箱。VRF空调配电箱包括VRF空调终端配电箱和VRF室内机空调配电箱。VRF室内机的供电电源一般为单相，功率一般不超过200W。因此，各建筑楼层的VRF室内机配电回路数需根据VRF室内机的数量、功率合理确定。

（3）VRF空调配电箱系统图　VRF空调配电箱系统图可包括VRF空调终端配电箱系统图、VRF空调总配电箱系统图。

1）VRF 空调终端配电箱系统图。VRF 空调终端配电箱系统图一般按照以下原则设计：

①VRF 空调终端配电箱的进线回路只有一个。

②VRF 空调终端配电箱的出线回路数量，根据空调配电平面图中 VRF 空调终端配电箱所接的 VRF 空调配电回路（VRF 室内机配电回路、VRF 室外机配电回路）的实际数量确定。

③每个 VRF 空调配电回路（VRF 室内机配电回路、VRF 室外机配电回路）功率由配电回路上的设备功率确定；VRF 室内机配电回路功率由回路上的室内机数量及其功率确定，VRF 室外机配电回路功率由回路上的室外机功率确定。

④每个 VRF 空调配电回路（VRF 室内机配电回路、VRF 室外机配电回路）配置的断路器规格、导线截面规格由回路计算电流确定，回路计算电流根据回路功率计算得出。

⑤VRF 空调终端配电箱的进线回路功率由各出线回路功率计算确定：

a. 出线回路（VRF 空调配电回路）全部为三相时，则进线回路为三相进线，此时，进线回路功率为各出线回路功率之和。

b. 出线回路（VRF 空调配电回路）全部为单相回路时：

- 进线回路为单相进线时，进线回路功率为各出线回路功率之和。
- 进线回路为三相进线时，需要为各出线回路分配相序（L1 相、L2 相、L3 相）。L1 相或 L2 相或 L3 相的功率为相同相序出线回路功率之和，进线回路功率为三相（L1 相、L2 相、L3 相）中功率最大相序（L1 相或 L2 相或 L3 相）功率的 3 倍。

c. 出线回路（VRF 空调配电回路）中既有单相回路，又有三相回路时，需把各单相出线回路功率换算为三相功率后，再与三相出线回路功率相加。各单相出线回路功率换算为三相功率的方法可按照 b. 中计算方法。

⑥VRF 空调终端配电箱的进线回路配置的断路器规格由进线回路计算电流确定，进线回路计算电流根据进线回路功率计算得出。

⑦VRF 空调终端配电箱系统图信息标注：

a. 进线回路标注信息：进线回路断路器，进线回路的负荷计算。

b. 出线回路标注信息：出线回路编号，出线回路名称（即 VRF 室内机、VRF 室外机），出线回路相序，出线回路断路器，出线回路导线的类型、根数、敷设方式、敷设部位。

c. 配电箱编号标注。

2）VRF 空调总配电箱系统图。VRF 空调总配电箱系统图一般按照以下原则设计：

①VRF 空调总配电箱的进线回路只有一个。

②VRF 空调总配电箱的出线回路数量，根据 VRF 空调配电平面图中 VRF 空调总配电箱所接的 VRF 空调终端配电箱实际数量确定。

③VRF 空调总配电箱的每个出线回路配置的断路器、导线截面规格由出线回路计算电流确定。出线回路计算电流根据其所接的 VRF 空调终端配电箱的功率计算得出；VRF 空调终端配电箱的功率为其进线回路的计算功率。

④VRF 空调总配电箱的进线回路功率由各出线回路功率计算确定：

a. 出线回路为三相时，进线回路功率为各出线回路功率之和。

b. 出线回路为单相时，需要为各单相出线回路分配相序（L1 相、L2 相、L3 相）。L1 相或 L2 相或 L3 相的功率为相同相序出线回路功率之和，进线回路功率为三相（L1 相、L2

相、L3 相）中功率最大相序（L1 相或 L2 相或 L3 相）功率的 3 倍。

c. 出线回路中既有单相回路，又有三相回路时，需把各单相出线回路功率换算为三相功率后，再与三相出线回路功率相加。各单相出线回路功率换算为三相功率的方法可按照 b. 中计算方法。

⑤VRF 空调总配电箱的进线回路配置的断路器规格由进线回路计算电流确定，进线回路计算电流根据进线回路功率计算得出。

⑥VRF 空调总配电箱系统图信息标注：

a. 进线回路标注信息：进线回路断路器，进线回路的负荷计算。

b. 出线回路标注信息：出线回路编号，出线回路名称（即 VRF 空调终端配电箱），出线回路相序，出线回路断路器，出线回路导线的类型、根数、敷设方式、敷设部位。

c. 配电箱编号标注。

【工程项目案例 6-5】某绿电服务中心大楼为多层办公建筑，建筑层数为五层。绿电服务中心大楼五层有五个房间，分别为办公室一至办公室四、会议室。五层平面图房间布局如图 6-16 所示。绿电服务中心大楼 VRF 空调配电方案如下：

绿电服务中心大楼五层平面图中 VRF 室内机和 VRF 室外机布置情况如图 6-16 所示。绿电服务中心大楼五层平面图中布置 VRF 空调终端配电箱 AP-KT5，各房间内 VRF 室内机配电设置三个 VRF 室内机配电回路，VRF 室外机配电设置一个 VRF 室外机配电回路。每个 VRF 室内机回路和室外机回路分别接自 VRF 空调终端配电箱 AP-KT5。VRF 空调终端配电箱 AP-KT5 布置和 VRF 空调配电回路（VRF 室内机配电回路、VRF 室外机配电回路）设置如图 6-16 所示。

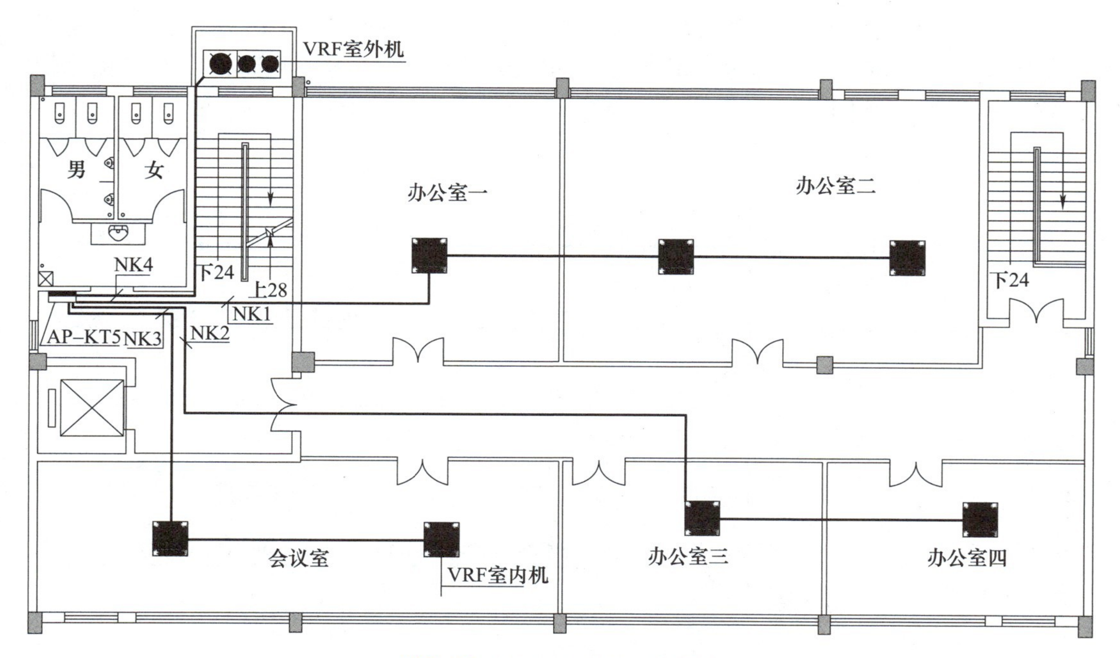

图 6-16　VRF 空调配电平面图

绿电服务中心大楼共五层，每层平面图中布置 VRF 空调终端配电箱（其中第五层平面图中布置的 VRF 空调终端配电箱编号为 AP-KT5)，在一层布置 VRF 空调总配电箱（VRF 空调总配电箱编号为 APL-KT)。VRF 空调总配电箱负责为五个楼层的共五个 VRF 空调终端配电箱供电。

图 6-16 中 VRF 空调终端配电箱（AP-KT5）系统图如图 6-17 所示。配电箱 AP-KT5 的进线回路为三相；出线回路中既有单相的 VRF 室内机配电回路，也有三相的 VRF 室外机配电回路。

AP–KT5
SH203–C63
P_e=20.9kW
K_x=1.0
P_{js}=20.9kW
I_{js}=39.7A
cosφ=0.8
U=380V
非标订制，挂墙安装
SH201–D6 NK1 BV–2×2.5+PE2.5 PVC20 WC CC 室内机 0.3kW L1
SH201–D6 NK2 BV–2×2.5+PE2.5 PVC20 WC CC 室内机 0.2kW L2
SH201–D6 NK3 BV–2×2.5+PE2.5 PVC20 WC CC 室内机 0.2kW L3
SH203–D50 NK4 YJV–4×10+1×10 SC40 WC FC 室外机 20.0kW L1L2L3

图 6-17　**VRF 空调终端配电箱（AP-KT5）系统图**

绿电服务中心大楼 VRF 空调总配电箱（APL-KT）系统图如图 6-18 所示，该图是五个楼层 VRF 空调终端配电箱全部为三相进线（如图 6-17 中的 AP-KT5）时，VRF 空调总配电箱（APL-KT）的系统图。

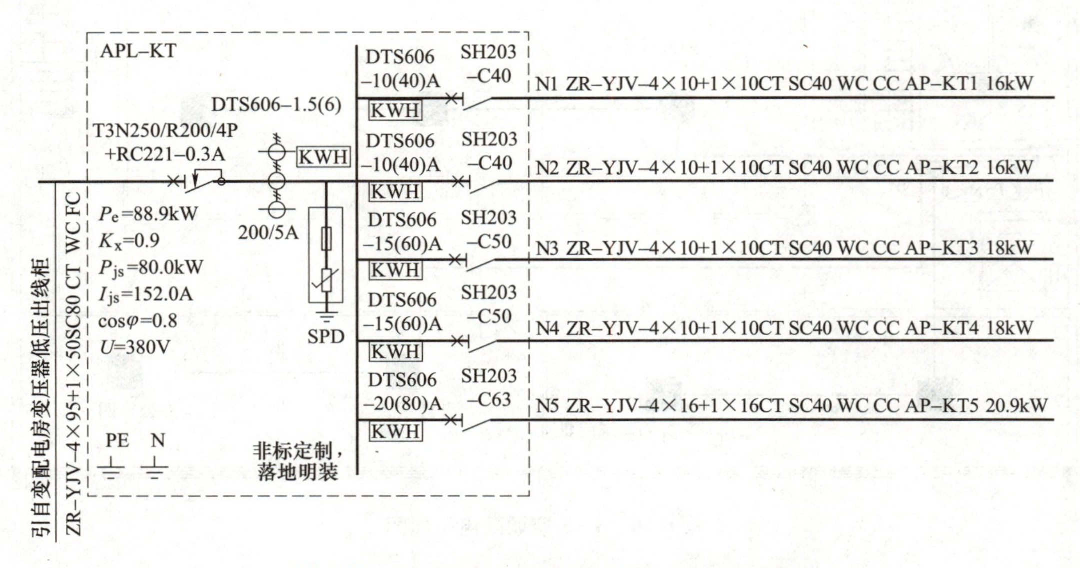

图 6-18　**VRF 空调总配电箱（APL-KT）系统图**

6.3 动力设备配电

6.3.1 给水排水系统设备的配电

1. 给水系统设备的配电

给水系统包括生活给水系统和消防给水系统。生活给水系统一般设置生活水泵房，生活水泵房内设置生活给水泵和潜水泵等。消防给水系统一般设置消防水泵房，消防水泵房内一般设置消火栓泵、消防喷淋泵和潜水泵等。

(1) 生活水泵房配电

生活水泵房内设置双电源自动切换箱（如可编号为ATS-shb），负责为生活水泵房内生活给水泵、潜水泵及生活水泵房内的照明、普通插座配电。生活水泵房内双电源自动切换箱的两路电源直接引自变压器低压出线柜出线回路。

生活水泵房内双电源自动切换箱的出线回路可设置如下：

1）每台生活给水泵单独设置一个生活给水泵配电回路。生活给水泵配电回路接至生活水泵房内双电源自动切换箱。

2）潜水泵单独设置一个潜水泵配电回路。潜水泵配电回路接至生活水泵房内双电源自动切换箱。

3）生活水泵房内照明设置一个照明回路。照明回路接至活水泵房内双电源自动切换箱。

4）生活水泵房内维修插座设置一个普通插座回路。普通插座回路接至生活水泵房内双电源自动切换箱。

(2) 消防水泵房配电　消防水泵房内设置双电源自动切换箱（如可编号为ATS-xfb），负责为消防水泵房内消火栓泵、消防喷淋泵、潜水泵及消防水泵房内的照明。消防水泵房内双电源自动切换箱的两路电源直接引自变压器低压出线柜出线回路。

消防水泵房内双电源自动切换箱的出线回路可设置如下：

1）每台消火栓泵单独设置一个消火栓泵配电回路。消火栓泵配电回路接至消防水泵房内双电源自动切换箱。

2）每台消防喷淋泵单独设置一个消防喷淋泵配电回路。消防喷淋泵配电回路接至消防水泵房内双电源自动切换箱。

3）潜水泵单独设置一个潜水泵配电回路。潜水泵配电回路接至消防水泵房内双电源自动切换箱。

4）消防水泵房内照明设置一个照明回路。照明回路接至消防水泵房内双电源自动切换箱。

【提示】 消防水泵房内的维修插座为普通用电，即非消防用电，其配电电源可取自公共区域设置的公共普通照明（插座）配电箱。

2. 排水系统设备的配电

(1) 排水系统设备概述　排水系统设备包括潜水泵、污水泵等，一般设置于地下室集水井内，主要是为地下室各集水井内可能存在的积水进行排水。建筑内集水井设置位置一般有以下几种：

1）消防电梯集水井。设置于消防电梯下部，其作用是因发生火灾时消火栓及喷淋用水会经电梯井道流至地下室，为避免发生此类情况，故设置消防电梯集水坑。

2）普通地下室集水井。设置于地下车库车位处，其作用是排除地下车库雨水及冲洗地面的废水。

3）地下室汽车坡道入口处集水井。其作用是拦截雨水，避免雨水经车库入口处流至地下室车库内，因处于地下室汽车坡道入口处，故此集水坑有效容积会大于普通地下室集水坑。

4）地下室人防口部集水井。其作用是用于排除地下室人防部位废水。

5）各种设备用房内的集水井。如生活水泵房和消防水泵房内的集水井。

（2）排水系统设备配电 排水系统设备（潜水泵、污水泵）具有设置分散的特点。因此，一般可按区域集中设置潜水泵配电箱，负责为相应区域的潜水泵、污水泵配电。每个集水井（污水井）的潜水泵（污水泵）单独设置一个潜水泵（污水泵）配电回路，接至潜水泵配电箱。

设置双电源自动切换箱（如可编号 ATS-qsb），负责为多个潜水泵配电箱配电，双电源自动切换箱的两路电源直接引自变压器低压出线柜出线回路。

6.3.2 通风与防排烟系统设备的配电

通风与防排烟系统设备配电包括机械通风系统、机械防排烟系统的设备配电。

（1）通风机房配电 机械通风系统中的机械通风机设置通风机房时，可在通风机房内设置通风机配电箱（如可编号 APL-fj），负责通风机房内的照明、维修插座及通风机的配电。通风机房内的照明、维修插座及通风机各单独设置配电回路，分别接自通风机配电箱。

通风机配电箱的电源可直接引自变压器低压出线柜出线回路；也可引自通风机总配电箱，设置通风机总配电箱，负责多个通风机配电箱的供电，通风机总配电箱为末端一级配电箱，电源直接引自变压器低压出线柜出线回路。

（2）防排烟机房配电 机械防排烟系统中的机械加压送风机和机械排烟风机需设置防排烟机房。防排烟机房内设置双电源自动切换箱（如可编号 ATS-fpy），负责防排烟机房内的照明、防排烟风机、电动防火（排烟）阀等设备的配电。防排烟机房内的照明、防排烟风机、电动防火（排烟）阀各单独设置配电回路，分别接自防排烟机房内双电源自动切换箱。防排烟机房内双电源自动切换箱的电源可直接引自变压器低压出线柜出线回路。

【提示】 防排烟机房内的维修插座为普通用电，即非消防用电，其配电电源可取自公共区域设置的公共普通照明（插座）配电箱。

6.3.3 电梯系统的配电

建筑电气设计中，电梯按消防功能分类，可分为消防电梯和非消防电梯；按是否设置电梯机房分类，可分为有电梯机房电梯和无电梯机房电梯。消防电梯一般都设置电梯机房，为有电梯机房电梯。

（1）有电梯机房电梯配电

1）电梯机房内配电箱设置。

①消防电梯配电时，一般在消防电梯机房内设置双电源自动切换箱（如可编号 ATS-xfdt），负责为消防电梯曳引机及消防电梯机房内、轿厢内、电梯井道内的设备配电。消防电梯机房内的双电源自动切换箱的两路电源可直接引自变压器低压出线柜出线回路。

②有电梯机房的非消防电梯配电时，一般也是在非消防电梯机房内设置双电源自动切换箱（如可编号 ATS-dt），负责为非消防电梯曳引机及非消防电梯机房内、轿厢内、电梯井道内的设备配电。非消防电梯机房内的双电源自动切换箱的两路电源可直接引自变压器低压出线柜出线回路。

③消防电梯机房或非消防电梯机房内设备包括电梯机房内照明、普通插座及排风机或空调插座；电梯轿厢内的设备包括轿厢内照明及排气扇或空调；电梯井道内的设备有井道内的照明、维修插座。

【提示】消防电梯机房内的维修插座为普通用电，即非消防用电，其配电电源宜取自公共区域设置的公共普通照明（插座）配电箱。

2）配电回路设置。消防电梯机房或非消防电梯机房内双电源自动切换箱的配电回路一般设置如下：

①电梯曳引机单独设置一个曳引机配电回路。曳引机配电回路接至消防电梯机房或非消防电梯机房内双电源自动切换箱。

②电梯机房内照明、普通插座及排风机或空调插座各单独设置配电回路。电梯机房内照明回路、普通插座回路、排风机或空调插座回路分别接至消防电梯机房内或非消防电梯机房内的双电源自动切换箱。

③电梯轿厢内照明、排风机或空调插座各单独设置配电回路。电梯轿厢内照明回路、排气扇或空调插座回路分别接至消防电梯机房内或非消防电梯机房内的双电源自动切换箱。

④电梯井道内的照明、维修插座各单独设置配电回路，电梯井道照明回路、电梯井道维修插座回路分别接至消防电梯机房内或非消防电梯机房内的双电源自动切换箱。

（2）无电梯机房电梯配电

有些非消防电梯设置为无电梯机房电梯，这些无电梯机房电梯配电时，一般在无电梯机房电梯轿厢能够达到的最高楼层的电梯井道附近，就近设置无电梯机房电梯配电箱（如可编号 APL-dt），负责为无电梯机房电梯曳引机及轿厢内、电梯井道内的设备配电。这个无电梯机房电梯配电箱的电源可直接引自变压器低压出线柜出线回路。

同样，电梯曳引机单独设置一个曳引机配电回路，接至无电梯机房电梯配电箱；电梯轿厢内的设备包括轿厢内照明及排气扇或空调，它们各单独设置配电回路，接至无电梯机房电梯配电箱；电梯井道内的设备有井道内的照明、维修插座，它们也各单独设置配电回路，接至无电梯机房电梯配电箱。

【工程项目案例 6-6】某碳汇技术创新研发中心大楼为一类高层办公建筑，建筑层数为地上十八层，地下二层。碳汇技术创新研发中心大楼地下室一层有生活水泵房，生活水泵房内的设备分别为高区变频生活水泵（三台，二用一备，每台功率为 11kW，供电电源 380V）、中区变频生活水泵（三台，二用一备，每台功率为 11kW，供电电源 380V）、潜水泵（两台，一用一备，每台功率为 2. 2kW，供电电源 380V）。

碳汇技术创新研发中心大楼地下室一层平面图中生活水泵房内设置生活水泵房配电箱（双电源自动切换箱），负责为生活水泵房内所有用电设备供电。碳汇技术创新研发中心大楼地下室一层平面图中生活水泵房内生活水泵房配电箱（双电源自动切换箱）的系统图如图 6-19 所示。

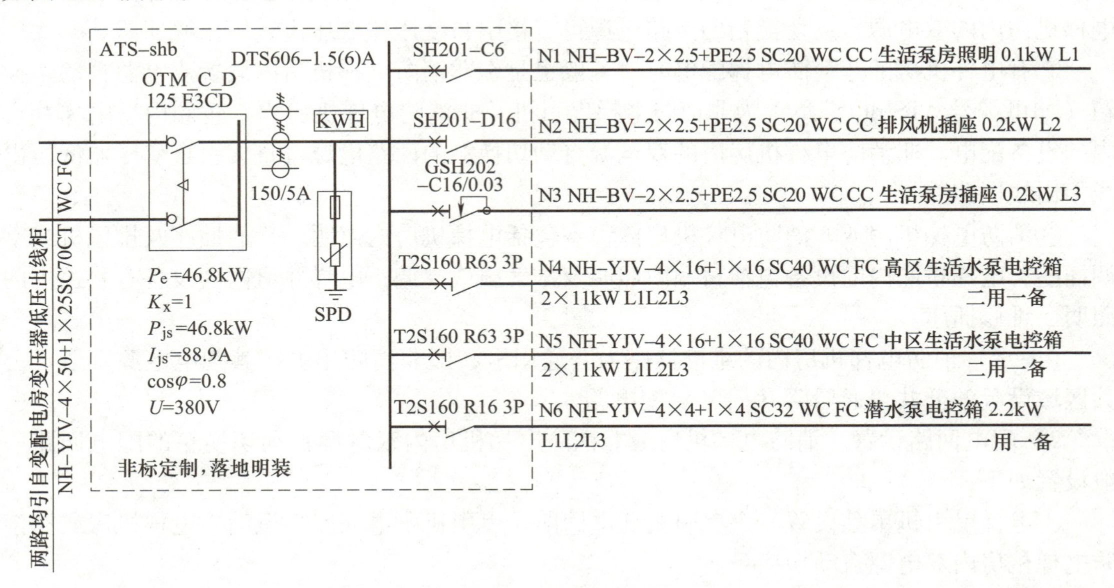

图 6-19 生活水泵房配电箱系统图

【提示】消防控制室等消防设备用房、雨水泵房等非消防设备用房，它们的配电可在相应设备用房内设置配电箱，负责为设备用房内的用电设备供电。配电回路需合理设置，并依照设置的配电回路，绘制配电箱系统图。配电箱是设置单电源配电箱还是双电源自动切换箱需根据设备用房用电负荷等级确定。用电负荷等级为三级负荷的设备用房可设置单电源配电箱，用电负荷等级为二级负荷及以上的设备用房需设置双电源自动切换箱。

1. 插座布置的原则是什么？
2. 空调配电回路的设计原则有哪些？
3. 动力配电回路的设计原则有哪些？
4. 负荷计算时，多个单相回路负荷如何换算成三相回路负荷？
5. 某四层绿色建筑研究中心共设置了 4 个照明配电箱，见表 6-3，每个照明配电箱负责各楼层照明插座配电，这 4 个照明配电箱的电源都接自动力配电箱 APL1（其电源引自变压器低压出线柜）。请画出配电箱 APL1 的系统图。

表 6-3 习题 5 中的终端配电箱设置情况

序号	终端配电箱编号	功率	备注
1	AL-ZM1	2.0kW	单相电源进线
2	AL-ZM2	4.0kW	单相电源进线
3	AP-ZM3	6.0kW	单相电源进线
4	AP-ZM4	7.2kW	单相电源进线

6. 某乡村振兴人才服务中心共设置了4个终端配电箱，见表6-4，这4个终端配电箱的电源都接自动力配电箱APL（其电源引自变压器低压出线柜），APL配电箱内的进线回路和出线回路需设置电能表进行用电计量。请画出配电箱APL的系统图。

表6-4 习题6中的终端配电箱设置情况

序号	终端配电箱编号	功率	备注
1	AL-ZM	4. 0kW	单相电源进线
2	AL-CZ	8. 4kW	单相电源进线
3	AP-KT1	6. 4kW	单相电源进线
4	AP-KT2	22. 8kW	三相电源进线

7. 某建筑层数为十层的大众创新服务中心，第八层设置了VRF空调，室外机位于该层的室外平台，室内机位于该层各房间。第八层空调配电平面图中设置了4个空调终端配电箱，该层的空调终端配电箱设置情况见表6-5。这4个空调终端配电箱的电源都接自空调总配电箱APL8-KT（其电源引自变压器低压出线柜）。请画出配电箱APL8-KT的系统图。

表6-5 习题7中的空调终端配电箱设置情况

楼层	设置的配电箱编号	功率	备注
8	AL8-KT1	5kW	单相电源进线
8	AL8-KT2	5kW	单相电源进线
8	AL8-KT3	7kW	单相电源进线
8	AL8-KT4	26kW	三相电源进线

拓展阅读

“碳中和”亚运会怎样供电？中国给出新方案

2023年9月23日至10月8日，第19届亚运会在杭州举办。杭州践行“绿色、智能、节俭、文明”理念，向世界献上了一届“中国特色、亚洲风采、精彩纷呈”的盛会。

杭州亚运会首次实现了亚运史上竞赛场馆常规电力100%绿电供应，全力打造首届“碳中和”亚运会。负责此次亚运会保障工作的国网浙江电力的电气工程师们立足创新、精益求精，将安全稳定、绿色低碳、高效智能的电力供应体现在杭州亚运会的每一处。杭州亚运会核心赛区供电可靠率达99. 999%，创历届亚运会供电保障最高标准。

“绿色”是杭州亚运会的关键词之一，亚运会要保证电力稳定供应，还要全部来源于太阳能、风能这样的清洁能源。绿电从哪来？从身边来，也从远方来。

据统计，一块位于青海省海南州的单晶双面光伏组件，日均发电量2. 2kW · h。这些电通过灵州—绍兴±800kV高压直流输电工程等“西电东送”大通道输送至杭州，可供杭州亚运会奥体中心体育馆和游泳馆的一盏节能灯亮足220h。

杭州亚运会所用绿电有来自于青海柴达木盆地、甘肃嘉峪关、黄土高原等地的光伏电，也有来自于新疆哈密等地的风电，电源点大多分布在我国古代丝绸之路上。通过绿电交易，千里之外的绿色电依托特高压电网注入亚运场馆。浙江省内的绿电也参与进来，例如，象山的海上风电和滩涂光伏、杭州市内的屋顶分布式光伏、常山消薄村的扶贫光伏等，它们都通过绿电交易与来自丝绸之路上的“风光”共同点亮亚运。

杭州亚运会年轻的电气工程师们勇挑重担，勤奋钻研，集智攻关，工于匠心，创造性地提出了“末端降碳智慧绿网”技术方案，为场馆定制了“运动、舒适、节能”的个性化方案，实现了场馆的智能、精准节能降碳。

以杭州奥体中心为例，奥体中心体育场4楼和5楼的各个角落里存放着许多传感器，每个传感器的位置摆放都是通过对赛时场馆人流量精准预测后分析得出的。年轻的“零碳”工程师们团队协作，工作一丝不苟，精益求精，将场馆的两层划分为77个区域，安装了437台环境感知硬件设备，用来采集场馆的温度、湿度、光照、人流密度等数据，动态管理每一个区域的能耗。如当系统感知到场馆里的人数增多了，温度变高了，空调的运行温度就会随即变低；当场馆的光照足够了，灯也会相应地减少几盏。

杭州“碳中和”亚运会的“绿色”供电，我国年轻的工匠们给出了大国工匠的匠心样板方案（图6-20）。

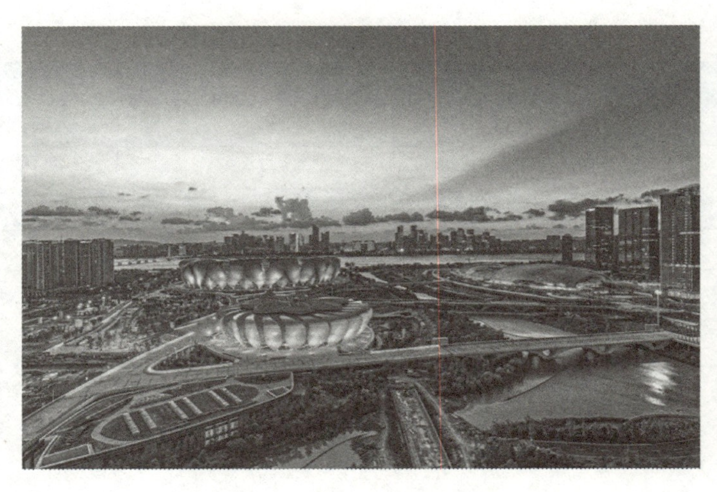

图6-20 绿电点亮亚运之光

“光储直柔”配电系统，助力“双碳”目标

2023年7月6日至7月7日，首届中国光储直柔大会（2023）在内蒙古自治区赤峰市顺利召开。中国工程院院士、清华大学江亿教授发表了主题演讲——发展“光储直柔”，促成零碳电力的实现。“光储直柔”由江亿院士主导提出。

江亿院士说：“中国应该走一条与西方国家不同的建筑节能技术路线，在节能环保方面，我国不但重视科技，还尊重自然，这代表了一种先进文化。未来能源之路，应该是取之不尽、用之不竭的可再生能源。而光储直柔是发展零碳能源的重要支柱，有利于直接消纳风电光电。”

“光储直柔”是在建筑领域应用光伏发电、储能、直流配电和柔性用电四项技术的简称。“光”是指太阳能光伏发电技术；“储”是指储能技术，建筑中的储能设备包括电化学储能等多种形式，可用于建筑储能的蓄电池主要包括锂离子电池、铅酸电池、镍镉电池等；

“直”是指直流配电技术，建筑低压直流配电系统中直流设备连接至建筑的直流母线，直流母线通过AC/DC变换器与外电网连接；“柔”是指柔性用电技术，柔性是指能够主动改变建筑从市政电网取电功率的能力。

“光储直柔”系统是在建筑中通过直流母线连接分布式光伏、储能和可调用电负荷实现市电功率柔性控制的建筑新型能源系统。“光储直柔”系统的优势和关键在于增加装机容量和有效消纳波动的可再生能源发电量，是建筑实现自身减排、减少间接碳排放的重要技术，更是与电网互动、解决电力平衡的关键技术。

“光储直柔”技术已列为国务院《2030年前碳达峰行动方案》、九部委《科技支撑碳达峰碳中和实施方案（2022—2030年）》中城乡建设领域实现双碳目标的重要技术。

深圳未来大厦是全国首个走出实验室，实现“光储直柔”技术的工程化、规模化应用的建筑。

在“光储直柔”技术支撑下，未来大厦配置了光伏发电系统、锂电池储能系统和直流电环境。白天阳光充裕时，光伏自发自用，余电自动储存；夜间通过储能系统对大楼进行供电，有利于促进建筑领域可再生资源的利用和消纳，降低用电成本。例如，大厦里的空调在电压较低时降低运行功率，具有储能功能的充电桩在用电低谷期充电，高峰期向大厦反向送电，促进削峰填谷。

现在未来大厦已实现内部可再生能源消纳，相比于同样功能的面积的建筑，它从电网获取的电量减少1/3以上。未来大厦光储直柔系统采用直流375V和48V两种电压等级，前者适用于充电桩、空调等大功率用电，后者用于照明、计算机等小功率电器。

据数据分析，未来大厦单位建筑面积电耗指标下降至48.27kW·h/(m^2·a)，与深圳商业办公建筑能耗平均值相比，其单位面积年碳排放减少29.50kg，总碳排放减少1854.26t，减碳效果明显。

第7章 建筑防雷与接地系统

【学习目标驱动】对于已定的建筑屋面平面图和结构基础平面图，如何在建筑屋面平面图上进行屋面防雷设计？如何在结构基础平面图上进行基础接地设计？

建筑防雷与接地系统设计是建筑电气设计的重要内容。基于工程项目建筑电气设计，建筑屋面防雷设计、基础接地设计及建筑内接地系统设计需完成以下内容：屋面避雷带和避雷网设计、引下线设计；基础接地线和接地网设计；总等电位和局部等电位设计。

【学习内容】建筑物防雷系统；建筑物接地系统。

【知识目标】了解建筑物防雷与接地的作用；熟悉建筑物雷电形式；掌握建筑物防雷原理；熟悉建筑防雷装置；熟悉建筑物防雷等级及其防雷措施；掌握建筑物防雷系统设计方法；熟悉建筑物接地系统；掌握建筑基础接地设计方法。

【能力目标】学会屋面防雷平面图设计；学会基础接地平面图设计。

7.1 建筑物防雷系统

7.1.1 建筑物与雷电

1. 雷电的具体形式

雷电是一种很常见的自然现象，主要由雷云放电产生。雷云放电主要有三种存在形式：第一种是雷云与雷云之间的放电；第二种是雷云内部之间的放电，也就是雷云上部与下部之间的放电；第三种是雷云与大地之间的放电。雷云与雷云之间及雷云内部之间的放电，对建筑物没有任何影响。但是雷云与大地之间的放电，就会对人类的活动及建筑物造成危害。

建筑物处于雷云与大地之间，容易遭受雷击，遭受雷击后就会受到雷电流的冲击，而雷电流就会对建筑物内的设备或人身安全造成危害。雷击是指对地闪击中的一次放电。雷电流是指流经雷击点的电流。雷击点是指闪击击在大地或其上凸出物上的那一点。对地闪击是指雷云与大地（含地上的突出物）之间的一次或多次放电。

对于建筑物来说，雷电主要有四种形式，分别是直击雷、侧击雷、感应雷和雷电波。

(1) 直击雷 直击雷是雷击的一种形式。对于建筑物来说，直击雷是直接击中建筑物的屋顶及其附属设施的雷电。广义来说，直击雷是直接闪击于建（构）筑物、其他物体、大地或外部防雷装置上的雷电。直击雷是带电云层（雷云）与建筑物、其他物体大地或防雷装置之间发生的迅猛放电现象，并由此伴随而产生的电效应、热效应或机械力等一系列的破坏作用。直击雷的电压峰值通常可达几万伏甚至几百万伏，电流峰值可达几万安甚至几十安。雷云所蕴藏的能量能够在极短的时间（其持续时间通常只有几微秒到几百微秒）释放出来，破坏性极强。直击雷通常都是采用避雷针、避雷带、避雷线、避雷网或金属物件作为接闪器，将雷电流接收下来，并通过作为引下线的金属导体导引至埋于大地起散流作用的接地装置，再泄散入地。

（2）侧击雷 侧击雷是雷击的一种形式。侧击雷是从侧面击中建筑物的雷电。对于侧击雷的防雷保护，可采用等电位联结环。即每隔三层在外墙四周暗敷一圈金属导体（避雷带）并与防雷装置引下线连接，构成与大地电位相同的等电位联结环，以防侧击雷。

（3）感应雷 感应雷是雷击的一种形式。感应雷是闪电放电瞬间，在附近导体产生静电感应和电磁感应的雷电。感应雷也可称为雷电感应或闪电感应，闪电放电时，在附近导体上产生的闪电静电感应和闪电电磁感应可能会使金属部件之间产生火花放电。因此，感应雷可分为静电感应雷和电磁感应雷。静电感应雷，即闪电静电感应，是指由于雷云的作用，使附近导体上感应出与雷云符号相反的电荷，雷云主放电时，先导通道中的电荷迅速中和，在导体上的感应电荷得到释放，如没有就近泄入地中就会产生很高的电位。电磁感应雷，即闪电电磁感应，是指由于雷电流迅速变化在其周围空间产生瞬变的强电磁场，使附近导体上感应出很高的电动势。对于感应雷的防雷保护，一般可采用防雷等电位联结。

（4）雷电波 雷电波，即闪电电涌，是指闪电击于防雷装置或线路上以及由闪电静电感应或雷击电磁脉冲引发，表现为过电压、过电流的瞬态波。雷电波是雷击的一种形式。雷电波侵入，也称为闪电电涌侵入。雷击放电时，雷电波可能沿着强电的电力传输线路、弱电的信号传输线路等管线侵入屋内的强电和弱电设备而危及人身安全或损坏设备。对于雷电波的防雷保护，一般可采用电涌保护器。电涌保护器（Surge Protective Device，SPD）是一种用于限制瞬态过电压和分泄电涌电流的器件。

直击雷、侧击雷、感应雷和雷电波都会对建筑物、建筑物里面的设备及人身造成危害，因此需要针对这四种形式的雷电，进行不同的防雷保护。

2. 易遭受雷击的建（构）筑物与部位

（1）易遭受雷击的建（构）筑物

1）高耸的建筑物。

2）排出导电尘埃、废气热气柱的厂房、管道等。

3）内部有大量金属设备的厂房。

4）地下水位高或有金属矿床等地区的建（构）筑物。

5）孤立、凸出在旷野的建（构）筑物。

（2）建（构）筑物易遭受雷击的部位

1）平屋面和坡度≤1/10 的屋面：檐角、女儿墙和屋檐。

2）坡屋度>1/10 且<1/2 的屋面：屋角、屋脊、檐角和屋檐。

3）坡度>1/2 的屋面、屋角、屋脊和檐角。

4）建（构）筑物屋面凸出部位。

7.1.2 建筑物防雷装置

建筑物防雷装置

建筑物的防雷系统包括雷电防护系统（Lightning Protection System，LPS）和雷电电磁脉冲防护系统（LEMP Protection Measures System，

LPMS）。其中，雷电防护系统由外部防雷装置和内部防雷装置组成。因此，建筑物防雷包括外部防雷、内部防雷和防雷击电磁脉冲。

外部防雷主要是防直击雷，同时也防侧击雷，不包括防止外部防雷装置受到直接雷击时向其他物体的反击。内部防雷就是防感应雷和雷电波，包括防闪电感应、防反击以及防闪电电涌侵入和防生命危险。

建筑物防雷装置由外部防雷装置和内部防雷装置组成。外部防雷装置由接闪器、引下线和接地装置组成。内部防雷装置由防雷等电位联结和与外部防雷装置的电气绝缘（间隔距离）及电涌保护器组成。其中，防雷等电位联结是指将分开的诸金属物体直接用连接导体或经电涌保护器连接到防雷装置上以减小雷电流引发的电位差。

可以说，建筑物的防雷装置是接闪器、引下线、接地网、电涌保护器及其他连接导体的总和。其中，其他连接导体是用于其他金属物体与防雷装置的防雷等电位联结。

1. 建筑物外部防雷装置

建筑物外部防雷装置包括接闪器、引下线和接地装置。建筑物外部防雷装置如图 7-1 所示。

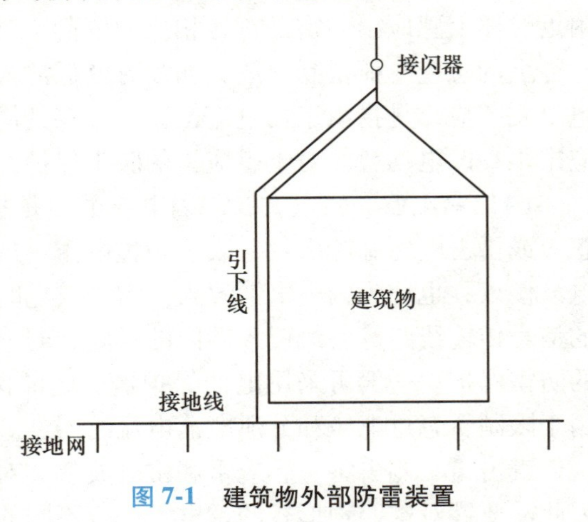

图 7-1　建筑物外部防雷装置

图 7-1 中，接闪器接受雷电流，使建筑物免遭雷击。接闪器接受雷电流后，雷电流会从接闪器传导至与接闪器电气连接的引下线。流入引下线的雷电流，又会从引下线传导至与引下线电气连接的接地装置（接地网）。接地装置（接地网）与大地电气连通接触，这样流入接地装置（接地网）中的雷电流，又会从接地网传导至与接地网电气连通接触的大地，从而得以泄放、流散入大地。

因此，接闪器是引雷上身，然后通过其引下线和接地装置，将雷电流引入地下，从而起到保护建筑物的作用，这也是建筑物外部防雷的基本原理。

（1）接闪器　接闪器是指接受雷电闪击的器件。接闪器是由拦截闪击的接闪杆、接闪带、接闪线、接闪网以及金属屋面、金属构件等组成。接闪器可分为人工接闪器和自然接闪器。

1）人工接闪器。人工接闪器是指人工制作而成的、专门用于接受雷电闪击的器件，包括避雷针、避雷器、避雷线、避雷带和避雷网等。

避雷带是指安装在建筑物最易受雷击部位的带状金属导体。避雷网是指安装在建筑物最易受雷击部位的网格状的金属导体，其由多个避雷带组合而成。避雷带也称为接闪带，避雷网也称为接闪网。建筑物屋面的接闪器一般采用避雷带、避雷网。

2）自然接闪器。自然接闪器是指兼用作接受雷电闪击的建筑物金属构件，包括金属屋面和金属构件。

例如，国家体育场“鸟巢”，整个建筑的钢结构就能起到避雷的功能。当雷电击到钢结构上时，电流会被引入大地，不会对建筑物本身造成伤害。但鸟巢中间是露天敞开的，这部分安装了架空金属导线，相当于一个避雷带，也能起到防雷的作用。

建筑物屋面的避雷带、避雷网一般采用热浸镀锌圆钢或扁钢。建筑物屋面的避雷带如图 7-2 所示。

a) 平屋面

b) 瓦屋面

图 7-2　建筑物屋面的避雷带

（2）引下线　引下线是用于将雷电流从接闪器传导至接地装置的导体。引下线可分为人工引下线和自然引下线。

1）人工引下线。人工引下线是指明、暗敷设的金属导体。人工引下线是一种专门设置用于传导雷电流的引下线。作为人工引下线的明敷设的金属导体实物如图 7-3 所示。

2）自然引下线。自然引下线是指建筑物的金属构件等。自然引下线是一种直接利用建筑物的金属构件等来传导雷电流的引下线。

进行建筑物防雷设计时，引下线一般采用自然引下线，即一般采用结构柱的柱内钢筋作为引下线。可作为自然引下线的柱内钢筋实物如图 7-4 所示。

图 7-3　作为人工引下线的明敷设的金属导体实物

图 7-4　作为自然引下线的柱内钢筋实物

（3）接地装置　接地装置用于传导雷电流并将其流散入大地，是接地体和接地线的总和。接地体是埋入土壤中或混凝土基础中作散流用的导体。接地线是从引下线断接卡或换线处至接地体的连接导体；或从接地端子、等电位联结带至接地体的连接导体。接地网包括接地极及其相互连接部分。

2. 建筑物内部防雷装置

建筑物内部防雷装置是防止由于雷电流流经外部防雷装置或建筑物的其他导电部分而在

需要保护的建筑物内发生危险的火花放电。危险的火花放电可能在外部防雷装置与其他部件（如金属装置、建筑物内系统、从外部引入建筑物的导电物体和线路）之间发生。

因此，建筑物内部防雷装置是由防雷等电位联结和与外部防雷装置的电气绝缘（间隔距离）组成。

在建筑物的地下室或地面层处，需与外部防雷装置做防雷等电位联结的物体包括建筑物金属体、金属装置、建筑物内系统、进出建筑物的金属管线。除以上四处与外部防雷装置做防雷等电位联结外，外部防雷装置与建筑物金属体、金属装置、建筑物内系统之间，还需满足间隔距离的要求。

因此，建筑物内部防雷装置包括建筑物金属体、金属装置、建筑物内系统及进出建筑物的金属管线的防雷等电位联结和建筑物金属体、金属装置、建筑物内系统与外部防雷装置的电气绝缘（间隔距离）。

3. 防雷击电磁脉冲

雷击电磁脉冲是指作为干扰源的雷电流及雷电电磁场产生的电磁场效应，也就是雷电流经电阻、电感、电容耦合产生的电磁效应，包含闪电电涌和辐射电磁场。

防雷击电磁脉冲是对建筑物内系统（包括线路和设备）防雷电流引发的电磁效应，它包含防经导体传导的闪电电涌和防辐射脉冲电磁场效应。

防雷击电磁脉冲一般采用电涌保护器及防雷等电位联结，因此，防雷击电磁脉冲装置也可归属于建筑物内部防雷装置。

电涌保护器可分为以下三种类型：

（1）电压开关型电涌保护器 电压开关型电涌保护器，无电涌出现时为高阻抗；当出现电压电涌时突变为低阻抗。通常采用放电间隙、充气放电管、硅可控整流器或三端双向可控硅元件做电压开关型电涌保护器的组件。电压开关型电涌保护器具有不连续的电压、电流特性。

（2）限压型电涌保护器 限压型电涌保护器，无电涌出现时为高阻抗；随着电涌电流和电压的增加，阻抗连续变小。通常采用压敏电阻、抑制二极管作限压型电涌保护器的组件。限压型电涌保护器具有连续的电压、电流特性。

（3）组合型电涌保护器 组合型电涌保护器是由电压开关型元件和限压型元件组合而成的电涌保护器，其特性随所加电压的特性可以表现为电压开关型、限压型，或电压开关型和限压型皆有。

7.1.3 建筑物防雷等级

1. 建筑物防雷等级的划分

根据 GB 50057—2010《建筑物防雷设计规范》，建筑物根据建筑物的重要性、使用性质、发生雷电事故的可能性和后果，按防雷要求分为三类，分别为第一类防雷建筑物、第二类防雷建筑物和第三类防雷建筑物。第一类防雷建筑物一般为工业建筑物。而民用建筑物，按防雷要求划分为第二类防雷建筑物和第三类防雷建筑物。

（1）第一类防雷建筑物 在可能发生对地闪击的地区，遇下列情况之一时，应划为第一类防雷建筑物：

1）凡制造、使用或储存火炸药及其制品的危险建筑物，因电火花而引起爆炸、爆轰，会造成巨大破坏和人身伤亡者。

2）具有0区或20区爆炸危险场所的建筑物。

3）具有1区或21区爆炸危险场所的建筑物，因电火花而引起爆炸，会造成巨大破坏和人身伤亡者。

（2）第二类防雷建筑物 在可能发生对地闪击的地区，遇下列情况之一时，应划为第二类防雷建筑物：

1）具有1区或21区爆炸危险场所的建筑物，且电火花不易引起爆炸或不致造成巨大破坏和人身伤亡者。

2）具有2区或22区爆炸危险场所的建筑物。

3）有爆炸危险的露天钢质封闭气罐。

4）高度超过100m的建筑物。

5）国家级重点文物保护建筑物。

6）国家级会堂、办公建筑物、档案馆、大型博展建筑物；特大型、大型铁路旅客站；国际性的航空港、通信枢纽；国宾馆、大型旅游建筑物；国际港口客运站。

7）国家级计算中心、国家级通信枢纽等对国民经济有重要意义且装有大量电子设备的建筑物。

8）特级和甲级体育建筑。

9）制造、使用或储存火炸药及其制品的危险建筑物，且电火花不易引起爆炸或不致造成巨大破坏和人身伤亡者。

10）年预计雷击次数大于0.05的部、省级办公建筑物及其他重要或人员密集的公共建筑物。

11）年预计雷击次数大于0.25的住宅、办公楼等一般民用建筑物或一般工业建筑物。

（3）第三类防雷建筑物 在可能发生对地闪击的地区，遇下列情况之一时，应划为第三类防雷建筑物：

1）省级重点文物保护建筑物及省级档案馆。

2）省级大型计算中心和装有重要电子设备的建筑物。

3）100m以下，高度超过54m的住宅建筑和高度超过50m的公共建筑物。

4）年预计雷击次数大于或等于0.01且小于或等于0.05的部、省级办公建筑物及其他重要或人员密集的公共建筑物。

5）年预计雷击次数大于或等于0.05且小于或等于0.25的住宅、办公楼等一般民用建筑物或一般工业建筑物。

6）建筑群中最高的建筑物或位于建筑群边缘高度超过20m的建筑物。

7）通过调查确认当地遭受过雷击灾害的类似建筑物；历史上雷害事故严重地区或雷害事故较多地区的较重要建筑物。

8）在平均雷暴日大于15d/a的地区，高度大于或等于15m的烟囱、水塔等孤立的高耸构筑物；在平均雷暴日小于或等于15d/a的地区，高度大于或等于20m的烟囱、水塔等孤立的高耸构筑物。

2. 建筑物年预计雷击次数的计算

建筑物年预计雷击次数是建筑物防雷等级的重要划分依据。建筑物年预计雷击次数应按下式计算：

$$N = kN_gA_e \tag{7-1}$$

式中 N——建筑物年预计雷击次数（次/a）；

k——校正系数，在一般情况下取1，位于河边、湖边、山坡下或山地中土壤电阻率较小处、地下水露头处、土山顶部、山谷风口等处的建筑物，以及特别潮湿的建筑物取1.5，金属屋面没有接地的砖木结构建筑物取1.7，位于山顶上或旷野的孤立建筑物取2；

N_g——建筑物所处地区雷击大地的年平均密度［次/(km^2/a)］；

A_e——与建筑物截收相同雷击次数的等效面积（km^2）。

(1) 建筑物所处地区雷击大地的年平均密度 雷击大地的年平均密度，首先应按当地气象台、气象站资料确定；若无此资料，可按下式计算：

$$N_g = 0.1T_d \tag{7-2}$$

式中 T_d——年平均雷暴日，根据当地气象台、气象站资料确定（d/a）。

(2) 与建筑物截收相同雷击次数的等效面积 该面积应为其实际平面积向外扩大后的面积。其计算方法应符合下列规定：

1）当建筑物的高度小于100m时，其每边的扩大宽度和等效面积应按下列公式计算：

$$D = \sqrt{H(200 - H)} \tag{7-3}$$

$$A_e = [LW + 2(L + W)\sqrt{H(200 - H)} + \pi H(200 - H)] \times 10^{-6} \tag{7-4}$$

式中 D——建筑物每边的扩大宽度（m）；

L、W、H——建筑物的长、宽、高（m）。

2）当建筑物的高度小于100m，同时其周边在$2D$范围内有等高或比它低的其他建筑物，这些建筑物不在所考虑建筑物以$h_r = 100$m的保护范围内时，按式（7-4）算出的A_e可减去（$D/2$)×(这些建筑物与所考虑建筑物边长平行以m为单位的长度总和)×10^{-6}(km^2)。

当四周在$2D$范围内都有等高或比它低的其他建筑物时，其等效面积可按下式计算：

$$A_e = \left[LW + (L + W)\sqrt{H(200 - H)} + \frac{\pi H(200 - H)}{4}\right] \times 10^{-6} \tag{7-5}$$

3）建筑物的高度小于100m，同时其周边在$2D$范围内有比它高的其他建筑物时，按式（7-4）算出的等效面积可减去D×(这些建筑物与所考虑建筑物边长平行以m为单位的长度总和)×10^{-6}(km^2)。

当四周在$2D$范围内都有比它高的其他建筑物时，其等效面积可按下式计算：

$$A_e = LW \times 10^{-6} \tag{7-6}$$

4）当建筑物的高度大于或等于100m时，其每边的扩大宽度应按等于建筑物的高度计算；建筑物的等效面积应按下式计算：

$$A_e = [LW + 2H(L + W) + \pi H^2] \times 10^{-6} \tag{7-7}$$

5）当建筑物的高度大于或等于100m，同时其周边在$2H$范围内有等高或比它低的其他建筑物，且不在所确定建筑物以滚球半径等于建筑物高度（m）的保护范围内时，按式（7-7）算出的等效面积可减去（$H/2$)×(这些建筑物与所确定建筑物边长平行以米计的长度总和)×10^{-6}(km^2)。

当四周在 $2H$ 范围内都有等高或比它低的其他建筑物时，其等效面积可按下式计算：

$$A_e = \left[LW + H(L + W) + \frac{\pi H^2}{4}\right] \times 10^{-6} \tag{7-8}$$

6）当建筑物的高度大于或等于 100m，同时其周边在 $2H$ 范围内有比它高的其他建筑物时，按式（7-7）算出的等效面积可减去 $H\times$(这些其他建筑物与所确定建筑物边长平行以 m 为单位的长度总和)$\times10^{-6}$(km^2)。

当四周在 $2H$ 范围内都有比它高的其他建筑物时，其等效面积可按式（7-6）计算。

7）当建筑物各部位的高度不同时，应沿建筑物周边逐点算出最大扩大宽度，其等效面积应按每点最大扩大宽度外端的连接线所包围的面积计算。

7.1.4　建筑物防雷措施

建筑物防雷措施

图 7-5 中，避雷带作为接闪器，遭受直击雷时，避雷带接受雷电流，并通过引下线把雷电流传导引入建筑物基础接地网，从而把雷电流泄放、流散入大地。但是不同防雷等级的建筑物，对于避雷带、避雷网和引下线的设置有着不同的规定。

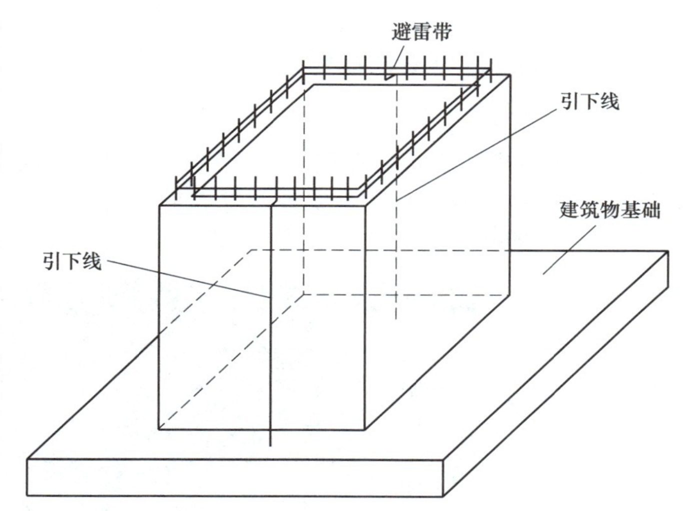

图 7-5　建筑物屋顶防雷原理示意图

1. 第一类防雷建筑物的防雷措施

1）应装设独立接闪杆或架空接闪线或网。架空接闪网的网格尺寸不应大于 5m×5m 或 6m×4m。独立接闪杆的杆塔、架空接闪线的端部和架空接闪网的每根支柱处应至少设一根引下线。对用金属制成或有焊接、绑扎连接钢筋网的杆塔、支柱，宜使用金属杆塔或钢筋网作为引下线。

2）当难以装设独立的外部防雷装置时，可将接闪杆或网格不大于 5m×5m 或 6m×4m 的接闪网或由其混合组成的接闪器直接装在建筑物上，接闪网应按 GB 50057—2010《建筑物防雷设计规范》附录 B 的规定沿屋角、屋脊、屋檐和檐角等易受雷击的部位敷设。当建筑物高度超过 30m 时，首先应沿屋顶周边敷设接闪带，接闪带应设在外墙外表面或屋檐边垂直面上，也可设在外墙外表面或屋檐垂直面外。接闪器之间应互相连接。

3）引下线不应少于两根，并应沿建筑物四周和内庭院四周均匀或对称布置，其间距沿周长计算不宜大于 12m。

2. 第二类防雷建筑物的防雷措施

1）采用装设在建筑物上的接闪网、接闪带或接闪杆，也可采用由接闪网、接闪带或接闪杆混合组成的接闪器。接闪网、接闪带沿屋角、屋脊、屋檐和檐角等易受雷击的部位敷设，并在整个屋面组成不大于 10m×10m 或 12 m×8m 的网格。当建筑物高度超过 45m 时，首先应沿屋顶周边敷设接闪带，接闪带应设在外墙外表面或屋檐边垂直面上，也可设在外墙外表面或屋檐边垂直面外。

2）专设引下线不应少于 2 根，并应沿建筑物四周和内庭院四周均匀对称布置，其间距沿周长计算不宜大于 18m。当建筑物的跨度较大、无法在跨距中间设引下线时，应在跨距两端设引下线并减小其他引下线的间距，专设引下线的平均间距不应大于 18m。

3. 第三类防雷建筑物的防雷措施

1）采用装设在建筑物上的接闪网、接闪带或接闪杆，也可采用由接闪网、接闪带或接闪杆混合组成的接闪器。接闪网、接闪带沿屋角、屋脊、屋檐和檐角等易受雷击的部位敷设，并在整个屋面组成不大于 20m×20m 或 24 m×16m 的网格。当建筑物高度超过 60m 时，首先应沿屋顶周边敷设接闪带，接闪带应设在外墙外表面或屋檐边垂直面上，也可设在外墙外表面或屋檐边垂直面外。接闪器之间应互相连接。

2）专设引下线不应少于 2 根，并应沿建筑物四周和内庭院四周均匀对称布置，其间距沿周长计算不宜大于 25m。当建筑物的跨度较大、无法在跨距中间设引下线时，应在跨距两端设引下线并减小其他引下线的间距，专设引下线的平均间距不应大于 25m。

7.1.5 建筑屋面防雷系统设计

目前，建筑物防雷设计时，建筑屋面防雷系统设计步骤如下：

屋顶防雷平面图

1）设置四周避雷带。在建筑屋面沿女儿墙四周设置一圈避雷带。避雷带可明敷或暗敷，通常为明敷。避雷带采用热浸镀锌圆钢或扁钢。沿女儿墙四周明敷的避雷带如图 7-6 所示。

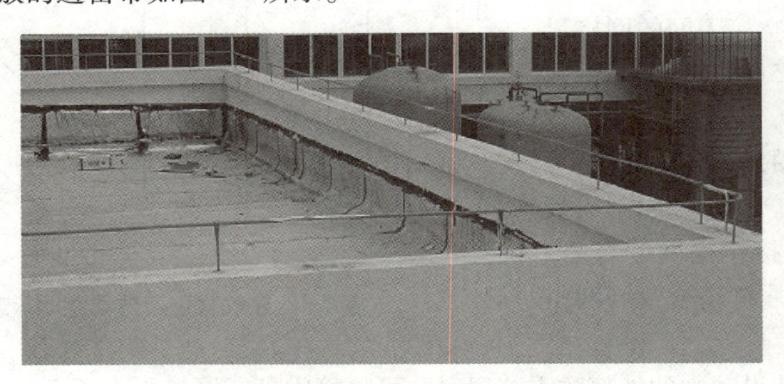

图 7-6 建筑屋面沿女儿墙四周明敷的避雷带

2）设置避雷网格。依据确定的建筑物防雷等级，确定避雷网格尺寸；并根据避雷网格尺寸，在屋面东西向或南北向的中间设置几处明敷或暗敷的避雷带，这些避雷带与沿女儿墙四周设置的一圈避雷带，共同构成避雷网格。为构成避雷网格而设置的几处避雷带也可采用热浸镀锌圆钢或扁钢。

3）设置引下线。找出结构柱，采用结构柱的柱内钢筋作为引下线，且引下线间距需依据不同建筑物防雷等级的引下线间距要求。同时引下线需与屋面上设置的避雷带、避雷网电气连接。采用结构柱的柱内钢筋作为引下线时，引下线在接触接地平面需与建筑物的基础接地网电气连接。这样可使得建筑屋面避雷带、避雷网的雷电流通过引下线传导至基础接地网，从而流散入大地。

4）屋面金属构件或金属设施需与屋面避雷带电气连接。电气连接可采用热浸镀锌圆钢或扁钢。

不同防雷等级建筑物在其建筑屋面设置的避雷网格尺寸和引下线间距见表 7-1。

表 7-1 建筑物防雷措施

防雷类别	避雷网格部位	避雷网格尺寸	引下线间距
第一类防雷建筑物	沿屋角、屋脊、屋檐和檐角等易受雷击的部位（建筑物四周）	≤5m×5m 或≤6m×4m	沿建筑物四周，不宜大于 12m
第二类防雷建筑物	沿屋角、屋脊、屋檐和檐角等易受雷击的部位（建筑物四周）	≤10m×10m 或≤12m×8m	沿建筑物四周，不宜大于 18m
第三类防雷建筑物	沿屋角、屋脊、屋檐和檐角等易受雷击的部位（建筑物四周）	≤20m×20m 或≤24m×16m	沿建筑物四周，不宜大于 25m

7.2 建筑物接地系统

7.2.1 建筑物接地系统概述

建筑物接地系统是将等电位联结网络和接地装置连在一起的整个系统。

等电位联结网络是将建（构）筑物和建（构）筑物内系统（带电导体除外）的所有导电性物体互相联结组成的一个网。等电位联结网络位于建筑物内部，由包括建筑物内部所有导电性物体互相等电位联结在一起组成。等电位联结网络包括总等电位联结和局部等电位联结。而等电位联结是为达到等电位、多个可导电部分间的电气联结。

已知，接地装置是接地体和接地线的总和。接地体是埋入土壤中或混凝土基础中做散流用的导体，是与土壤直接接触的，可分为人工接地体和自然接地体。

而接地线有两种：一种是从引下线断接卡或换线处至接地体的连接导体的接地线，这种接地线主要用于防雷引下线与接地体相连接；另一种是从接地端子、等电位联结带至接地体的连接导体的接地线，这种接地线主要用于等电位联结端子与接地体相连接。等电位联结带是将金属装置、外来导电物、电力线路、电信线路及其他线路连于其上以能与防雷装置做等电位联结的金属带。

因此，建筑物接地系统包括基础接地网和等电位联结。

1. 基础接地网

接地极是埋入土壤或特定的导电介质中、与大地有电接触的可导电部分。接地极是与大地充分接触、实现与大地连接的电极。例如，可采用多条长度为 2.5m、45mm×45mm 镀锌角钢，钉于 800mm 深的沟底，再用引出线引出来作为接地极。接地极可分为垂直接地极和水平接地极。

接地网包括接地极及其相互连接部分。民用建筑一般优先利用钢筋混凝土基础中的钢筋作为防雷基础接地网。

当需要增设人工接地体时，若敷设于土壤中的接地体连接到混凝土基础内钢筋或钢材，则土壤中的接地体一般采用铜质、镀铜或不锈钢导体。单独设置的人工接地体，其垂直埋设的接地极，宜采用热浸镀锌圆钢、钢管、角钢等。水平埋设的接地极及其连接导体宜采用热浸镀锌扁钢、圆钢等。另外，垂直接地体的长度宜为 2.5m。垂直接地极间的距离及水平接地极间的距离均宜为 5m。接地极埋设深度不宜小于 0.6m，并应敷设在当地冻土层以下，其距墙或基础不宜小于 1m。

2. 等电位联结

等电位联结可分为总等电位联结和局部等电位联结。等电位联结采用等电位联结端子箱。等电位联结端子箱可分为总等电位联结端子箱和局部等电位联结端子箱。等电位联结端子箱实物如图 7-7 所示。

a) 箱体

b) 内部接线端子

图 7-7　等电位联结端子箱

(1) 总等电位联结（MEB）　通常位于建筑物的供配电进线处，将建筑物内的 PE 线或 PEN 线、电气装置的接地干线、各种金属管道（包括给水总管、煤气管、采暖空调管道、金属传输管道等），以及建筑物的金属构件等均与总等电位联结端子（MEB）联结，然后统一接地使它们都具有基本相等的电位，如图 7-8 所示。

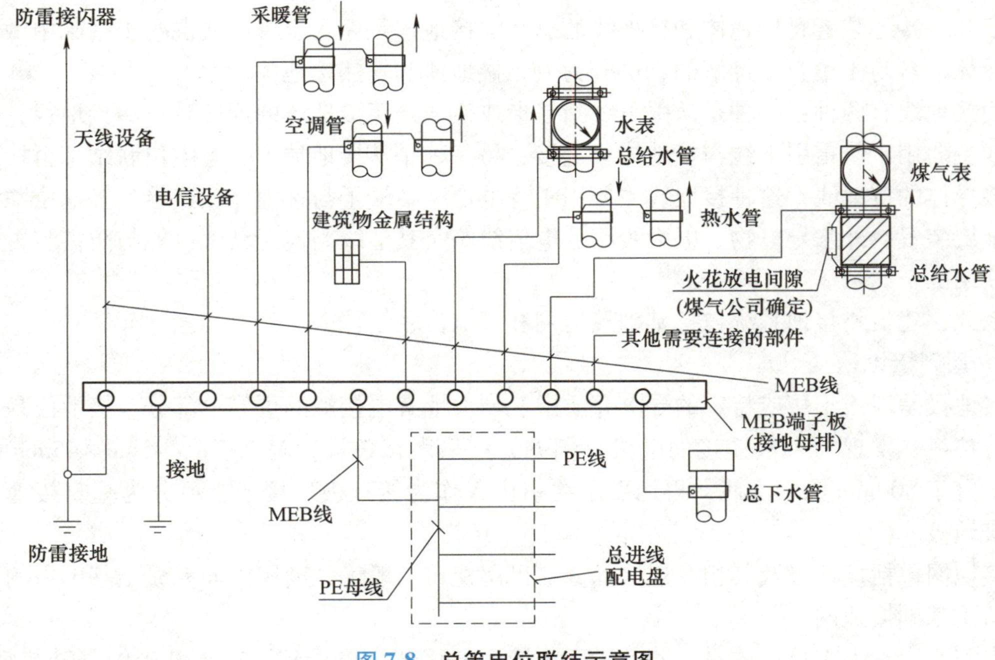

图 7-8　总等电位联结示意图

总等电位联结采用总等电位联结端子箱。总等电位联结端子箱设置部位：强电系统中，电源直接引自变配电房的首层总配电箱处，如首层强电间、配电间；弱电系统中，建筑物通信线缆的总进线处，如电视机房、电信机房及首层弱电间等。

(2) 局部等电位联结（LEB） 通常将位于局部范围内的金属构件、金属管道、设备外可导电部分与 PE 线通过分接地端子箱（LEB）做等电位联结。局部电位联结采用局部等电位联结端子箱。局部电位联结端子箱一般设置在带淋浴的卫生间。带淋浴的卫生间内设置的局部等电位联结端子箱可通过就近的柱内钢筋与基础接地网电气连接。

7.2.2 建筑物基础接地系统设计

建筑物基础接地系统系统设计时，需要结合结构专业施工图中的基础地梁图和桩位图，二者合二为一构成基础平面图。建筑基础接地平面图就是在包含有基础地梁图和桩位图的基础平面图上进行设计。

建筑基础接地平面图一般按如下设计：

1）在含有基础地梁图和桩位图的基础平面图上，沿着基础外围四周地梁绘制一圈接地线，然后沿着其他基础地梁组成不大于 10m×10m 的接地网格。同时，绘制的接地线需要把来自屋面防雷平面图中的防雷引下线全部连上，即绘制的接地线要经过所有引下线的位置。

建筑基础接地平面图

2）设置总等电位联结端子箱（MEB）。所有的总等电位联结端子箱（MEB）需与接触接地网电气连接，可采用热浸镀锌圆钢或扁钢连接。

1. 常见建筑物雷电的形式有哪些?
2. 建筑物防雷原理是什么?
3. 建筑物防雷装置有哪些?
4. 建筑物防雷等级有哪些?
5. 建筑物不同防雷等级的防雷措施有哪些?
6. 请简述建筑屋面防雷设计的步骤。
7. 等电位联结有哪些类型? 它们分别设置在建筑的什么部位?
8. 请简述建筑基础接地设计的步骤。

拓展阅读

国家体育场——“鸟巢”：大国工匠的匠心防雷

作为世界人民瞩目的 2008 年北京奥运会主场国家体育场——“鸟巢”，由无数钢架组合而成，所用钢材是由中国自主创新研发的特种钢材，强度是普通钢的两倍，集刚强、柔韧于一体。从外观上看，该建筑像是由无数根树枝编制而成的鸟巢，“鸟巢”也就由此而得名。

“鸟巢”防雷设计是由中国电气设计大师独立完成，防雷设计和施工处处秉持着“以人为本、生命至上”的理念和“守正创新、精益求精”的匠心。那么“鸟巢”的避雷能力到底是怎样呢？众所周知，“鸟巢”是一个形似“巢”的圆环形建筑，外面没有避雷针，并且“鸟巢”是由钢材建成的，按理说更易遭到雷电的冲击，如此大的“鸟巢”根本看不到避雷针，它是怎样避雷的呢？

“鸟巢”的防雷设计，其实是巧妙地利用了“鸟巢”巨大的金属屋面板充当接闪器。因此，“鸟巢”的接闪器是一个巨大的“避雷面”，而“鸟巢”金属屋面的钢材结构又和埋设在钢筋混凝土中的钢筋通过焊接方式连接在一起，所有的“钢筋铁骨”构成了一个“笼式避雷网”。这个巨大的“笼子”保护着“鸟巢”，当雷电到来、闪电击中屋面的金属结构时，雷电流就会顺着一根根钢筋和一块块钢板连成的“高速公路”迅速导入大地。

为防止雷击时对人体的伤害，在“鸟巢”内人能触摸到的部位，如钢柱等，都相应做了等电位联结；“鸟巢”内的几乎所有设备都与“笼式避雷网”有可靠焊接连接，保证雷电来临瞬间产生的巨大电流能通过“笼式避雷网”导入大地，以此最大限度地保证场馆自身、仪器设备和人身的安全。

“鸟巢”防雷涉及防雷设计与焊接施工工艺等，需要电气设计师和施工工程师精益求精。“鸟巢”的匠心防雷，是我国工匠为我国建筑史上奉上的又一匠心之作（图 7-9、图 7-10）。

图 7-9 “鸟巢”

图 7-10 “鸟巢”上空防雷

以人为本，创新防雷——电气设计师的行业担当

我国幅员辽阔，雷电多发。就北京地区而言，据统计，北京雷电次数多的年份能够达到3万多次（针对地闪而言），少的年份也有1万~2万多次，平均来说，一年平均雷电次数在2万次左右。

八达岭长城是明长城中保护最好的一段，更是闻名于世的世界文化遗产。为了防止雷电对长城南八楼到南十六楼段造成物理损坏及可能造成的人员伤害，在保存完整的敌楼安装避雷针，在保存不完整的敌楼全部使用与本体及两侧景观一致的避雷仿真树作为接闪装置。

东方明珠塔是上海的地标性建筑，也是世界上最高的电视塔之一。东方明珠塔采用了卫星提前放电型避雷针作为其防雷装置，共安装了3根卫星提前放电型避雷针，每根高达3m，分布在塔顶的3个球体上。卫星提前放电型避雷针可以利用卫星信号来控制其放电时间和方式，提高了防雷的准确性和可靠性（图7-11）。

卫星提前放电型避雷针是利用卫星信号来控制其放电时间和方式的一种新型避雷装置。卫星提前放电避雷针由接闪器、卫星接收器、控制器、引下线和接地装置组成。卫星接收器可以接收卫星发出的关于雷暴活动的信息，并将其传递给控制器。控制器根据信息判断是否需要引发上行先导，并通过调节接闪器内部的高压开关来实现。卫星提前放电避雷针可以实现远程监测和控制，具有高精度和高效率。

广州塔在塔尖安装了引雷针并建立了一系列健全的防雷保护体系。广州塔具有主动引导雷电的“接闪”功能，并将引来的雷电带入地下，通过“接闪”，其周边建筑也降低了被雷电击中的风险。

广州塔还拥有雷电预警系统设备，实时连续监测广州塔附近雷暴云产生的大气电场以及云闪和地闪的发生情况，并结合大气电场预警指标，达到提前预警的效果。如果遇到危险情况，系统会及时关闭塔顶区域，组织游客进入室内观光大厅，所以塔内的游客和工作人员非常安全（图7-12）。

图7-11 东方明珠塔主动出击与“闪电”之“吻”

图7-12 广州塔主动出击与“闪电”之“吻”

“以人为本，生命至上”，安全接地显“工匠”

在科学上没有平坦的大道，只有不畏劳苦沿着陡峭山路攀登的人，才有希望达到光辉的顶点。电气设计或者施工也是如此，同样需要追求真理，勤奋钻研。电气设计或者施工在实践上一个小小的“疏忽”，就可能会造成不可挽回的损失。

2022 年 6 月 22 日，某公司车间发生一起触电事故，造成车间主任死亡。经调查发现，造成事故的原因是接地保护不到位。塑料粉碎机无接地线，且塑料粉碎机电源线套管保护强度不足，布设不合理，随意放置在地面上且有一小节电源线恰好被旁边的踏步梯梯脚压到。操作人员在日常加料过程中反复上下该踏步梯，时间一长导致该电源线绝缘保护皮被梯脚扎破，电源线芯裸露在外，电线漏电，踏步梯带电。

2022 年 7 月 28 日，某公司车间发生一起触电事故，造成车间员工 1 人死亡。经调查发现，造成事故的直接原因是，配电箱箱门背面的电加热设备开关上一根电线接头从接线柱上松脱，带电线头接触到配电箱箱门上，同时配电箱的外壳未采取接地保护，造成配电箱金属外壳带电，工作人员右手接触到配电箱边框时，发生触电事故。

因此，电气设计师或施工工程师务必要正确认识安全接地问题，分析安全接地问题所在，了解安全接地时实际存在的不安全因素，排除安全隐患（图 7-13）。

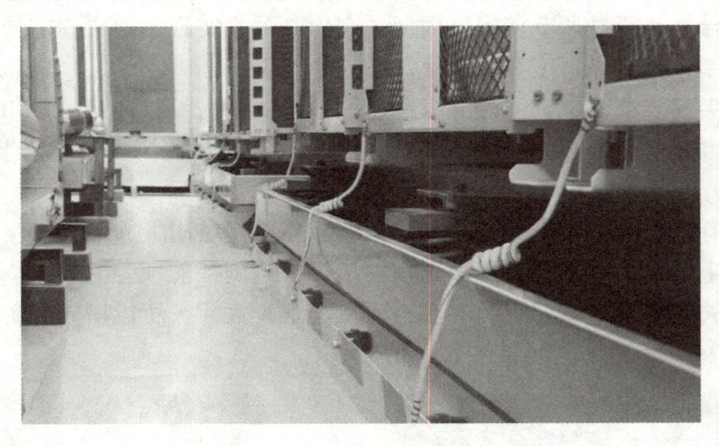

图 7-13 金属构件安全接地

火灾自动报警与消防联动系统 第8章

【学习目标驱动】对于已定的建筑平面图，如何在建筑平面图上进行火灾自动报警与消防联动平面图设计？如何进行火灾自动报警与消防联动系统图设计？

建筑内火灾自动报警与消防联动系统设计包括火灾自动报警与消防联动平面图设计、火灾自动报警与消防联动系统图设计。火灾自动报警与消防联动平面图设计包括火灾自动报警平面图设计和消防联动平面图设计。基于工程项目建筑消防电气设计，完成建筑内火灾自动报警与消防联动的平面图和系统图设计需完成以下内容：火灾自动报警部件的设置；火灾自动报警部件的线路设计；消防联动模块的设置；消防联动模块的线路设计；火灾自动报警与消防联动的系统图设计。

【学习内容】火灾自动报警系统概述；火灾自动报警系统；消防联动系统。

【知识目标】了解火灾自动报警系统功能；了解消防联动系统功能；熟悉火灾自动报警系统基本部件及其功能；熟悉消防联动系统的基本部件、系统及其功能；掌握火灾自动报警部件的设置要求；掌握火灾自动报警部件的线路设计方法；掌握消防联动模块的设置要求；掌握消防联动模块的线路设计方法；掌握火灾自动报警与消防联动系统设计方法。

【能力目标】学会火灾自动报警系统部件设置与线路设计；学会火灾自动报警与消防联动平面图设计；学会火灾自动报警与消防联动系统图设计。

8.1 概述

火灾自动报警系统是探测火灾早期特征，发出火灾报警信号，为人员疏散、防止火灾蔓延和启动自动灭火设备提供控制与指示的消防系统。火灾发生情况下，与火灾相关的消防过程如图 8-1 所示。

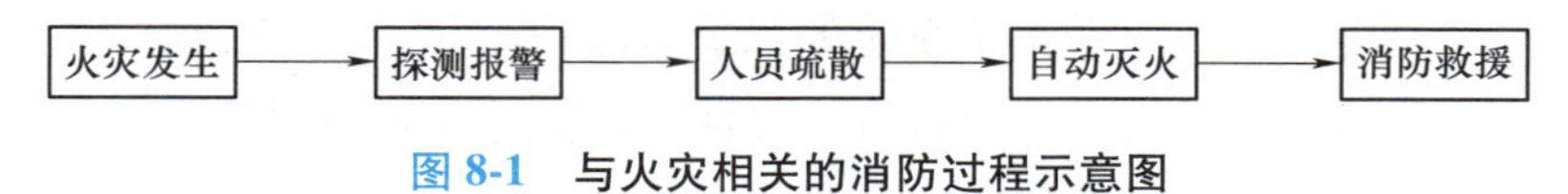

图 8-1 与火灾相关的消防过程示意图

火灾自动报警系统设计时需要考虑报警区域和探测区域的划分。

报警区域是将火灾自动报警系统的警戒范围按防火分区或楼层划分的单元。例如，可将一个防火分区或一个楼层划分为一个报警区域，也可将发生火灾时需要同时联动消防设备的相邻几个防火分区或楼层划分为一个报警区域。

探测区域是将报警区域按探测火灾的部位划分的单元。例如，可将敞开或封闭楼梯间、防烟楼梯间、电气管道井、通信管道井等部位各单独划分为一个探测区域。

8.1.1 火灾自动报警系统形式

根据 GB 50116—2013《火灾自动报警系统设计规范》，火灾自动报警系统形式分为三种：区域报警系统、集中报警系统和控制中心报警系统。

1. 区域报警系统

区域报警系统是由火灾探测器、手动火灾报警按钮、火灾声光警报器及火灾报警控制器、消防模块等组成，系统中可包括消防控制室图形显示装置和指示楼层的区域显示器。

仅需要报警，不需要联动自动消防设备的保护对象一般采用区域报警系统。

2. 集中报警系统

集中报警系统是由火灾探测器、手动火灾报警按钮、火灾声光警报器、消防应急广播、消防专用电话、消防控制室图形显示装置、火灾报警控制器、消防联动控制器、消防模块等组成。

系统中的火灾报警控制器、消防联动控制器和消防控制室图形显示装置、消防应急广播的控制装置、消防专用电话总机等起集中控制作用的消防设备，需设置在消防控制室内。

不仅需要报警，同时需要联动自动消防设备，且只设置一台具有集中控制功能的火灾报警控制器和消防联动控制器的保护对象，需采用集中报警系统，并设置一个消防控制室。

3. 控制中心报警系统

与集中报警系统相同，控制中心报警系统也由火灾探测器、手动火灾报警按钮、火灾声光警报器、消防应急广播、消防专用电话、消防控制室图形显示装置、火灾报警控制器、消防联动控制器、消防模块等组成。

不仅需要报警，同时需要联动自动消防设备，且设置两个及以上消防控制室的保护对象，或设置两个及以上集中报警系统的保护对象，需采用控制中心报警系统。有两个及以上消防控制室时，需确定一个主消防控制室。主消防控制室应能显示所有火灾报警信号和联动控制状态信号，并应能控制重要的消防设备；各分消防控制室内消防设备之间可互相传输、显示状态信息，但不应互相控制。

8.1.2 消防控制室

1. 消防控制室的基本功能

具有消防联动功能的火灾自动报警系统的保护对象中需设置消防控制室。

消防控制室是建筑消防系统的信息中心、控制中心、日常运行管理中心和各自动消防系统运行状态监视中心，也是建筑发生火灾和日常火灾演练时的应急指挥中心。在有城市远程监控系统的地区，消防控制室也是建筑与监控中心的接口。

消防控制室可将建筑内的所有消防设施包括火灾报警和其他联动控制装置的状态信息都能集中控制、显示和管理，并能将状态信息通过网络或电话传输到城市建筑消防设施远程监控中心。

消防管理人员通过火灾报警控制器、消防联动控制器、消防控制室图形显示装置或其组合设备对建筑物内的消防设施的运行状态信息进行查询和管理。

2. 消防控制室的基本设备

1）消防控制室内设置的消防设备一般可包括火灾报警控制器、消防联动控制器、消防控制室图形显示装置、火灾报警传输设备或用户信息传输装置、消防专用电话总机、消防应急广播控制装置、消防应急照明和疏散指示系统控制装置、消防设备电源监控器、防火门监控器、电气火灾监控器、可燃气体报警控制器等设备或具有相应功能的组合设备。

2）消防控制室还需设置用于火灾报警的外线电话，以便于确认火灾后及时向消防队报警。

8.2　火灾自动报警系统

火灾自动报警系统的基本部件

8.2.1　火灾自动报警系统的基本部件

火灾自动报警系统的基本部件有火灾探测器、手动火灾报警按钮、消火栓按钮、火灾声光警报器、消防应急广播、消防专用电话、区域显示器、消防模块和火灾报警控制器等。

1. 火灾探测器

火灾探测器是一种火灾信号传感器，能够感受到火灾发生过程中产生的物理量或物理现象的变化信息，并能将感受到的信息按一定规律变换成电信号输出的装置。火灾探测器能够自动探测火灾并向外发出火灾信号。

按照结构分类，火灾探测器可分为点型和线型。点型火灾探测器是指探测器是点式分布，探测区域为以探测器为圆心、以一定的保护半径形成的独立圆形区域。线型火灾探测器是指探测器是线状分布，探测器区域为由探测器布置的路径形成的连续线状区域。点型火灾探测器主要应用于民用建筑房间内的火灾探测。线型火灾探测器主要应用于电缆隧道、交通隧道、电缆竖井、电缆夹层、电缆桥架等场所或部位。

按照是否可编码分类，火灾探测器可分为编码火灾探测器和非编码火灾探测器。

按照探测参数分类，火灾探测器可分为感烟式、感温式、感光式和可燃气体式探测器。建筑内常用的火灾探测器为感烟式火灾探测器、感温式火灾探测器和可燃气体式火灾探测器。

火灾探测器的功耗一般较小，正常工作时所需工作电压和工作电流较小。因此，火灾探测器一般采用信号二总线与火灾报警控制器连接，兼顾通信与供电。

（1）感烟式火灾探测器　感烟式火灾探测器是一种对所处环境的烟雾粒子浓度或烟雾粒子浓度变化响应的火灾探测器。感烟式火灾探测器适宜安装在发生火灾后产生烟雾较大或容易产生阻燃的场所，它不宜安装在平时烟雾较大或通风速度较快的场所。根据探测原理分类，感烟式火灾探测器可主要分为离子式感烟火灾探测器、光电感烟火灾探测器、红外光束感烟火灾探测器和吸气式感烟火灾探测器。

1）离子式感烟火灾探测器。离子式感烟火灾探测器的工作原理：在电离室内含有少量放射性物质，可使电离室内空气成为导体，允许一定电流在两个电极之间的空气中通过，射线使局部空气成电离状态，经电压作用形成离子流，这就给电离室一个有效的导电性。当烟粒子进入电离化区域时，它们由于与离子相结合而降低了空气的导电性，形成离子移动的减弱。当导电性低于预定值时，探测器发出警报。离子式感烟火灾探测器是一种点型火灾探测器。

2）光电感烟火灾探测器。光电感烟火灾探测器的工作原理：采用红外线散射原理探测火灾。其电路主要由红外线发射部分和接收部分组成，发射管与接收管置于光学暗室中，光学暗室可屏蔽外界杂散光干扰，但不影响烟尘进入。在无烟状态下，只接收很弱的红外光，当有烟尘进入时，由于散射作用，使接收光信号增强，当烟尘达到一定浓度时，可输出报警信号。为减少干扰及降低功耗，发射电路采用间歇方式工作，可提高发射管使用寿命。报警输出信号采用电流方式，便于多只探测器串联使用，以及故障、火警检测。

点型光电感烟火灾探测器实物如图 8-2 所示。

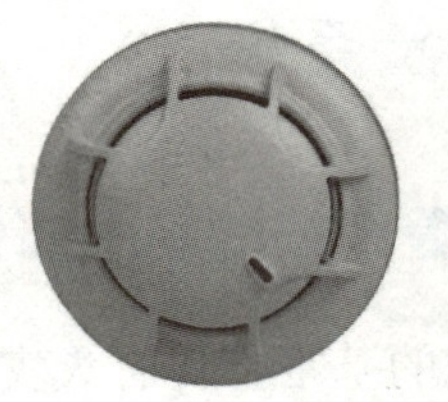

图 8-2　点型光电感烟火灾探测器

火灾探测器布置时需要考虑其保护面积和保护半径。火灾探测器的保护面积是指一只火灾探测器能有效探测的面积。火灾探测器的保护半径是指一只火灾探测器能有效探测的单向最大水平距离。点型感烟火灾探测器的保护面积和保护半径见表 8-1。

表 8-1　点型感烟和感温火灾探测器的保护面积和保护半径

火灾探测器的种类	地面面积 S/m^2	房间高度 h/m	一只探测器的保护面积 A 和保护半径 R					
			屋顶坡度 θ					
			$\theta \leq 15°$		$15° < \theta \leq 30°$		$\theta > 30°$	
			A/m^2	R/m	A/m^2	R/m	A/m^2	R/m
感烟式探测器	$S \leq 80$	$h \leq 12$	80	6.7	80	7.2	80	8.0
	$S > 80$	$6 < h \leq 12$	80	6.7	100	8.0	120	9.9
		$h \leq 6$	60	5.8	80	7.2	100	9.0
感温式探测器	$S \leq 30$	$h \leq 8$	30	4.4	30	4.9	30	5.5
	$S > 30$	$h \leq 8$	20	3.6	30	4.9	40	6.3

建筑内火灾报警系统设计时，一般采用点型编码光电感烟火灾探测器。JTY-GD-G3T 点型光电感烟火灾探测器是一种编码型感烟探测器。主要技术参数如下：

①工作电压：信号总线电压 24V，允许范围为 16~28V。

②工作电流：监视电流≤0.6mA，报警电流≤1.8mA。

③指示灯：报警确认灯，红色；巡检时闪烁，报警时常亮。

④编码方式：电子编码（编码范围为 1~242）。

⑤线制：信号二总线，无极性。

⑥使用环境：温度为-10~+55℃；相对湿度≤95%，不凝露。

⑦外壳防护等级：IP23。

3）红外光束感烟火灾探测器。红外光束感烟火灾探测器是线型火灾探测器。红外光束感烟火灾探测器是对警戒范围内某一线状窄条周围烟气参数响应的火灾探测器。它同前面两种点型感烟火灾探测器的主要区别在于线型感烟火灾探测器将光束发射器和光电接收器分为两个独立的部分，使用时分装在相对的两处，中间用光束连接起来。红外光束感烟火灾探测器又分为对射型和反射型两种类型。

4）吸气式感烟火灾探测器。离子式感烟火灾探测器和光电感烟火灾探测器都是待烟雾飘散到探测器内部后进行探测，而吸气式感烟火灾探测器则不同。吸气式感烟火灾探测器是主动对空气进行采样探测，使保护区内的空气样品被其内部的吸气泵吸入采样管道，送到探测器进行分析，若发现烟雾颗粒立即发出报警。

图 8-3　点型感温火灾探测器

（2）感温式火灾探测器　感温式火灾探测器是一种对所处环境的温度或温度变化响应的火灾探测器。点型感温火灾探测器实物如图 8-3 所示。点型感温火灾探测器的保护面积和保护半径见表 8-1。

JTW-ZCD-G3N（IP）点型感温火灾探测器是一种编码型感温探测器。采用热敏电阻作为传感器，传感器输出信号经放大电路进行变换后输入单片机，单片机利用智能算法进行信号处理。探测器采用电流输出方式，当单片机检测到火警信号后，点亮火警指示灯，同时回路电流增大，与探测器配接的编址接口模块检测后，向火灾报警控制器发出报警信号。主要技术参数如下：

①工作电压：信号总线电压 24V，允许范围为 16~28V。

②工作电流：监视电流≤0.6mA，报警电流≤30mA。

③指示灯：报警确认灯，红色；巡检时周期性（2~4s）闪烁，报警时常亮。

④编码方式：电子编码（编码范围为 1~242）。

⑤线制：信号二总线，无极性。

⑥使用环境：温度为-10~+50℃；相对湿度≤95%，不凝露。

⑦外壳防护等级：IP23。

（3）感光式火灾探测器　感光式火灾探测器是一种对所处环境火焰发出的特定波段电磁辐射响应的火灾探测器。感光式火灾探测器也称为火焰式火灾探测器，其工作原理：火灾是由物体在空气或氧气中发光、发热的一种燃烧现象，多指发出热、烟、火焰的燃烧现象；火灾初期开始火焰燃烧表现出特有的特征，即火焰中含有肉眼无法辨别的不同波长的紫外线和红外线，点型火灾探测器通过感应电磁波检测火焰的特定波长及闪烁频率，及时发出报警信号。

根据探测的波长分类，感光式火灾探测器可分为红外感光式火灾探测器、紫外感光式火灾探测器和红紫外复合型感光式火灾探测器。红外感光式火灾探测器是一种对火焰中波长大于 850nm 的红外光辐射响应的感光式火灾探测器。紫外感光式火灾探测器是一种对火焰中波长小于 300nm 的紫外光辐射响应的感光式火灾探测器。

点型感光式火灾探测器一般适用于无烟液体和气体火灾及产生烟的明火火灾探测场所。

（4）可燃气体式火灾探测器　可燃气体式火灾探测器是一种对所处环境的可燃气体浓度或可燃气体浓度变化响应的火灾探测器。GST-BT001M 点型可燃气体式火灾探测器是一种编码可燃气体式火灾探测器，采用半导体气敏元件进行探测。GST-BT001M 点型可燃气体式火灾探测器实物如图 8-4 所示。

GST-BT001M 点型可燃气体式火灾探测器的主要技术参数如下：

①工作电压：信号总线电压 24V，允许范围为 16~28V。

②功耗：正常监视≤0.8W，报警状态≤3W。

③报警浓度：天然气（BT 系列）5000ppm(1%LEL)。

④报警方式：红色指示灯紧急闪烁，并伴有间歇蜂鸣声。

⑤编码方式：十进制电子编码。

⑥线制：信号二总线，无极性；电源二总线，无极性。

⑦线缆：信号线采用截面面积≥1.0mm^2 的阻燃 RVS 型线；电源线采用截面面积≥2.5mm^2 的阻燃 BV 型线。

⑧使用环境：温度为-10~+50℃；相对湿度≤95%，不凝露。

图 8-4 点型可燃气体式火灾探测器

2. 手动火灾报警按钮

手动火灾报警按钮是一种通过手动启动器件发出火灾报警信号的装置。手动火灾报警按钮一般由外壳、启动机构（易碎型或重复使用型等）、报警确认灯及触点等部件组成。

当人工确认发生火灾后，人工操作手动火灾报警按钮的启动机构（如报警按钮上的按片）使其动作，手动火灾报警按钮即可向与之相连的火灾报警控制器发出报警信号，火灾报警控制器接收到报警信号后，将显示出报警按钮的编码信息并发出火灾声光报警信号，指示报警类型和部位。此后，手动火灾报警按钮的报警确认灯应点亮，并保持至启动机构被更换或手动复原后报警状态被复位。

(1) 按是否带电话插孔分类 按是否带有电话插孔分类，手动火灾报警按钮可分为带有电话插孔的手动火灾报警按钮和不带有电话插孔的手动火灾报警按钮。火灾发生时，利用带有电话插孔的手动火灾报警按钮上的电话插孔，将消防电话分机插入电话插孔内，即可与电话主机通信。手动火灾报警按钮实物如图 8-5 所示。

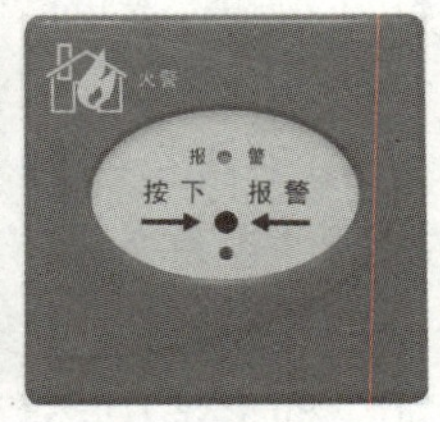

a) 不带电话插孔

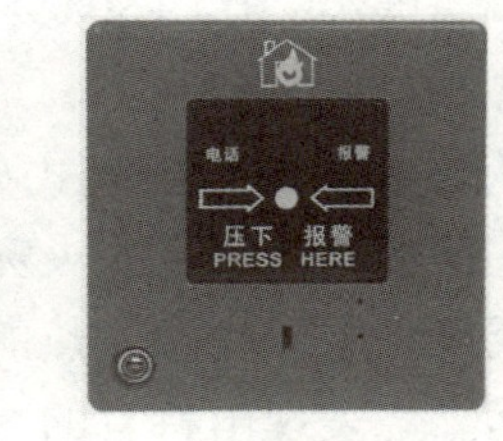

b) 带电话插孔

图 8-5 手动火灾报警按钮

(2) 按有无编码方式分类 按有无编码方式分类，手动火灾报警按钮可分为编码型手动火灾报警按钮和非编码型手动火灾报警按钮。

(3) 按触发方式分类 按触发方式分类，手动火灾报警按钮可分为玻璃破碎型手动火灾报警按钮和可复位型手动火灾报警按钮。

SAM-GST9122B 手动火灾报警按钮是一种编码型带电话插孔的手动火灾报警按钮。主要技术参数如下：

①工作电压：信号总线电压 24V，允许范围为 16~28V。

②工作电流：监视电流≤0.3mA；报警电流≤0.9mA。

③启动零件形式：可重复使用型。

④启动方式：人工按下按片。

⑤复位方式：用专用钥匙复位。

⑥指示灯：火警，红色，正常巡检时约3s闪亮一次，报警后点亮；电话指示，红色，约5s闪亮一次。

⑦编码方式：电子编码，编码范围在1~242之间任意设定。

⑧线制：与火灾报警控制器采用无极性信号二总线连接，与GST-LD-8304消防电话接口采用二线制连接。

⑨线缆：信号端子Z1、Z2采用耐火RVS型线，截面面积≥1.0mm^2；消防电话线端子TL1、TL2采用耐火RVVP型线，截面面积≥1.0mm^2。

⑩使用环境：户内；温度为-10~+55℃；相对湿度≤95%，不凝露。

⑪外形尺寸：91mm×91mm×45.5mm（带底壳）。

⑫外壳防护等级：IP40。

3. 消火栓按钮

消火栓按钮通常安装在消火栓箱内，当人工确认发生火灾后，按下此按钮，可联动触发启动消防水泵，同时向火灾报警控制器发出报警信号，火灾报警控制器接收到报警信号，将显示出按钮的编码号，并发出报警声响。消火栓按钮实物如图8-6所示。

图8-6 消火栓按钮

根据GB 50116—2013《火灾自动报警系统设计规范》的规定，消火栓按钮现已基本不再具有直接启动消防水泵的功能，只作向火灾报警控制器发出报警信号或联动触发信号用。具体来说，当建筑物内设有火灾自动报警系统时，消火栓按钮的动作信号作为火灾报警系统和消火栓系统的联动触发信号，由消防联动控制器联动控制消防水泵启动，消防水泵的动作信号作为系统的联动反馈信号应反馈至消防控制室，并在消防联动控制器上显示。

消火栓按钮经消防联动控制器启动消防水泵的优点是减少布线量和线缆使用量，提高整个消火栓系统的可靠性。消火栓按钮与手动火灾报警按钮的使用目的不同，不能互相替代。稳高压消防给水系统中，虽然不需要消火栓按钮启动消防泵，但消火栓按钮给出的使用消火栓位置的报警信息是十分必要的，因此稳高压消防给水系统中，消火栓按钮也是不能省略的。

而当建筑物内无火灾自动报警系统时，消火栓按钮用导线直接引至消防水泵控制箱（柜），可用来直接启动消防水泵。

与手动火灾报警按钮一样，消火栓按钮也一般采用信号二总线与火灾报警控制器连接。

J-SAM-GST9124A消火栓按钮是一款兼有人工火灾报警和启动消防泵功能的消火栓按钮。因此，J-SAM-GST9124A消火栓按钮采用四线制，即报警信号二总线制和电源二线制。为使消防水泵的启动和回答信号独立于火灾报警控制器，需外接DC24V电源，而火灾报警控制器只起监视作用。具体地说，需单独提供DC24V电源，并对24V电源进行监测：当电源掉电后，将发出故障信号，通过总线传送给火灾报警控制器；按钮按下时提供DC24V有源输出，用于控制现场消防水泵的启动，而现场消防水泵提供一无源常开触点作回答信号。

J-SAM-GST9124A消火栓按钮主要技术参数如下：

①工作电压：信号总线电压24V，允许范围为16~28V；电源总线电压DC24V，允许范围为DC20V~DC28V。

②工作电流：监视电流≤0.5mA；报警电流≤5mA。

③输出容量：额定 DC24V/100mA 无源输出触点信号，接触电阻≤100mΩ。

④启动零件形式：重复使用型。

⑤启动方式：人工按下按片。

⑥复位方式：用专用钥匙复位。

⑦指示灯：启动，红色，按钮按下时此灯点亮；回答，绿色，消防水泵运行时此灯点亮，巡检时闪亮（约 3s 闪亮一次）。

⑧编码方式：电子编码，编码范围在 1~242 之间任意设定。

⑨线制：与火灾报警控制器采用两总线连接，与电源采用两线连接。与消防泵采用三线制连接（一根 DC24V 有源输出线，一根回答输入线，一根公共接地线）。

⑩使用环境：户内；温度为-10~+55℃；相对湿度≤95%，不凝露。

⑪外形尺寸：95.4mm×98.4mm×60mm（带底壳）。

⑫外壳防护等级：IP40。

这里，监视电流是火灾报警设备处于正常监视状态时的工作电流。报警电流是火灾报警设备处于火灾报警状态时的工作电流。

4. 火灾声光警报器

火灾声光警报器是一种安装在现场的声光报警设备，当现场发生火灾并被确认后，可由消防控制室的火灾报警控制器或消防联动控制器启动，启动后警报器发出强烈的声光信号，以达到提醒现场人员发生火灾险情的目的。火灾声光警报器实物如图 8-7 所示。

图 8-7　火灾声光警报器

火灾声光警报器既有四线制型，也有二线制型。四线制型火灾声光警报器是采用信号二总线与火灾报警控制器或消防联动控制器连接，同时采用电源二线制供电以使其正常工作。二线制型火灾声光警报器是采用信号二总线与火灾报警控制器或消防联动控制器连接，兼顾通信与供电。

GST-HX-320B 火灾声光警报器是一款二线制型火灾声光警报器，具有火警声和嘀嘀声两种报警音调模式。GST-HX-320B 火灾声光警报器主要技术参数如下：

①工作电压：信号总线电压 24V，允许范围为 16~28V。

②工作电流：总线监视电流≤0.25mA；总线启动电流≤5mA。

③闪光频率：1.1~1.7Hz。

④火警声调声压级：80~115dB［正前方 3m 水平处（A 计权）］。

⑤嘀嘀声调声压级：80~115dB［正前方 3m 水平处（A 计权）］。

⑥变调周期：3.5~4.8s（火警声）/0.6~1.0s（滴滴声）。

⑦编码方式：电子编码，占一个总线编码点，编码范围在 1~242 之间任意设定。

⑧线制：二线制，与火灾报警控制器采用无极性信号二总线连接。

⑨使用环境温度：-10~+55℃。

⑩外形尺寸：121mm×91mm×52mm（带底壳）。

⑪外壳防护等级：IP40。

5. 消防应急广播

消防应急广播系统主要由音源设备、广播功率放大器、扬声器和消防应急广播控制器等设备构成。火灾发生时，应急广播信号通过音源设备发出，经过广播功率放大器的功率放大后，由消防应急广播控制器分区域控制相应区域的扬声器发出应急广播。消防应急广播控制器和扬声器实物如图 8-8 所示。

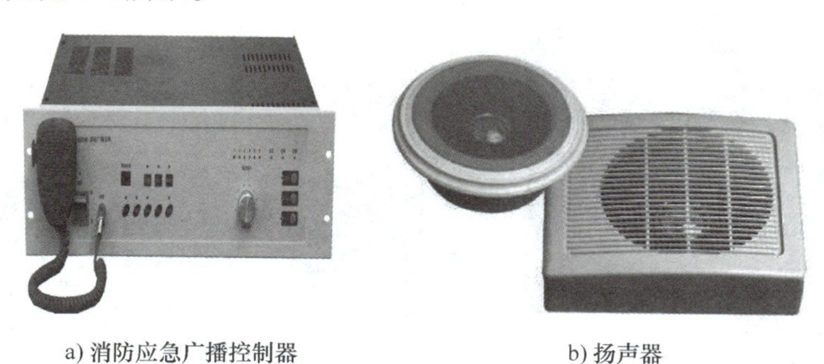

a) 消防应急广播控制器　　b) 扬声器

图 8-8　消防应急广播设备

报警区域内所有的火灾声光警报器和消防应急广播系统的扬声器需交替工作，火灾声光警报器单次发出火灾警报持续时间一般为 8～20s，消防应急广播的扬声器单次语音播放持续时间一般为 10～30s。火灾声光警报器和扬声器交替工作时，可采取 1 次火灾声光警报器播放，1 次或 2 次消防应急广播系统的扬声器播放的交替工作方式循环播放。

消防应急广播系统可与普通广播或背景音乐广播系统合用，但火灾时，应将普通广播或背景音乐广播强制切换至消防应急广播状态。

6. 消防专用电话

消防电话系统是一种消防专用的电话系统，用于消防控制中心（室）与建筑物中各部位之间通话。由消防专用电话总机、消防专用电话分机、消防电话插孔、消防通信线及供电电源等共同构成。

火灾时，消防电话系统能够实现消防控制室火灾救援指挥人员与火灾现场救援人员的电话通信联系，可实现对现场火灾的人工确认，及时掌握火灾现场情况及进行其他必要的通信联系，便于指挥灭火及现场恢复工作。

消防专用电话主要包括消防专用电话总机、消防专用电话分机、消防电话插孔。

（1）消防专用电话总机　消防专用电话总机是消防电话系统的组成部分，设置于消防控制中心（室），能够与消防电话分机进行全双工语音通信，具有综合控制功能、状态显示和故障监视功能。消防专用电话总机通过消防电话总线与消防专用电话分机、消防电话插孔连接，组成消防电话系统。消防专用电话总机实物如图 8-9 所示。

消防专用电话总机可通过一路消防电话总线连接消防专用电话分机和消防电话插孔。例如，HY6321 型消防专用电话总机可接两路消防电话总线，每路最多可配接 2 部消防专用电话分机和 60 个消防电话插孔，整个系统最多可配接 4 部消防专用电话分机和 120 个消防电话插孔。

（2）消防专用电话分机　消防专用电话分机是消防电话系统的组成部分，设置于建筑物中各关键部位，能够与消防专用电话总机进行全双工语音通信。消防专用电话分机可分为固定式消防专用电话分机和手提式消防专用电话分机。消防专用电话分机实物如图 8-10 所示。

图 8-9　消防专用电话总机

固定式消防专用电话分机为固定安装的消防专用电话分机。固定式消防专用电话分机通过消防电话总线与消防专用电话总机通信，一般地，摘机即可呼叫消防专用电话总机。通常所说的消防专用电话分机指的是固定式消防专用电话分机。

手提式消防专用电话分机为便携式的消防专用电话分机。火灾时一般由消防救援人员随身携带入场，可直接插入独立的消防电话插孔（图 8-11）或手动火灾报警按钮上的电话插孔（图 8-5b）呼叫消防专用电话总机，并与消防专用电话总机通信。

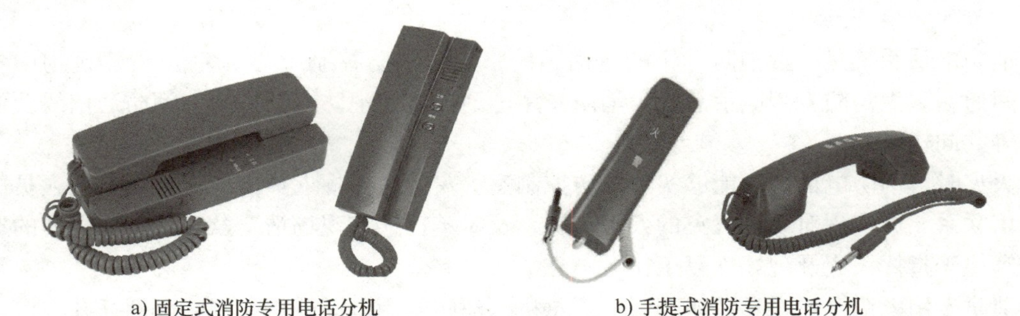

a) 固定式消防专用电话分机　　b) 手提式消防专用电话分机

图 8-10　消防专用电话分机

(3) 消防电话插孔　消防电话插孔（简称电话插孔）是一种安装在现场的电话接口设备，即消防电话插孔安装于建筑物各处，插上手提式消防专用电话分机就可以和消防专用电话总机通信的插孔。手提式消防专用电话分机通过电话插孔可与消防专用电话总机通信，呼叫消防专用电话总机。

消防电话插孔可分为两种形式：一种是独立的消防电话插孔（一般可直接称为消防电话插孔），也就是独立安装的消防电话插孔，如图 8-11 所示。另一种是手动火灾报警按钮上的电话插孔，也就是与手动火灾报警按钮一体，安装在手动火灾报警按钮上的电话插孔，如图8-5b 所示。

图 8-11　消防电话插孔

消防电话系统是消防通信的专用设备，当发生火灾报警时，它可以提供方便快捷的通信手段。消防电话系统有专用的通信线路，在现场人员可以通过现场设置的固定式消防专用电话分机和消防控制室进行通话，也可以用手提式消防专用电话分机插入手动火灾报警按钮上的电话插孔或独立的消防电话插孔与消防控制室直接进行通话。

7. 区域显示器

区域显示器，也称为火灾楼层显示器或火灾显示盘，是一种安装在楼层或报警区域内、接收火灾报警控制器发出的火警信号和显示发出火警信号的部位或区域，并能发出声光火灾信号的火灾报警显示装置。区域显示器用于显示楼层或报警区域内已报火警的探测器位置编号及其汉字信息，并同时发出声光报警信号。

当建筑物内发生火灾后，消防控制室的火灾报警控制器发出报警信号，同时把报警信号传输到失火区域的区域显示器上；区域显示器将产生报警的探测器编号及相关信息显示出来，同时发出声光报警信号。

区域显示器一般通过信号二总线与火灾报警控制器连接。区域显示器实物如图 8-12 所示。

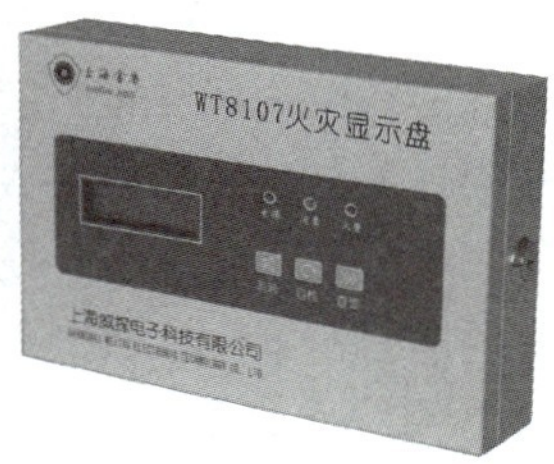

图 8-12　区域显示器

GST-ZF-500Z 区域显示器是楼层或独立防火区内的火灾报警显示装置，主要技术参数如下：

①工作电压：DC24V。

②功耗：静态功耗<0. 36W；最大功耗<1. 2W。

③显示容量：可跨回路显示，120 条火警信息。

④显示方式：汉字信息。

⑤通信方式：与火灾报警控制器连接的信号二总线，无极性。

⑥线制：四线制，2 线无极性电源+2 线无极性信号总线。

⑦消音功能：现场+远程。

⑧电源线/通信线防接错功能：有。

⑨安装方式：壁挂式安装。

8. 消防模块

消防模块是指消防电气系统中，用于控制器和其所连接的受控设备和受控部件之间信号传输的设备。消防模块包括输入模块、输出模块和输入/输出模块。消防模块实物如图 8-13 所示。

a) 输入模块

b) 输入/输出模块

图 8-13　消防模块

输入模块是一种把各类信号输入控制器

的模块。输出模块是一种将控制器的控制信号传输给连接的受控设备或受控部件的模块。

也就是说，输入模块是采集现场受控设备或受控部件的状态信息或动作信息，然后把采集到的状态信息或动作信息发送给控制器；输出模块是接收控制器的控制信号，然后把控制信号送给受控设备或受控部件。而输入/输出模块同时具有输入模块和输出模块的功能。

（1）输入模块 GST-LD-8300B 输入模块主要用于配接现场各种主动型设备，如水流指示器、压力开关、位置开关、信号阀及能够送回开关信号的外部联动设备等。这些设备动作后，输出的动作信号可由输入模块通过信号二总线送入火灾报警控制器，产生报警，并可通过火灾报警控制器来联动其他相关设备动作。此模块用于连接需要火灾报警控制器控制的消防联动设备，如排烟阀、送风阀、防火阀等，并可接收设备的动作回答信号。

GST-LD-8300B 输入模块的主要技术参数如下：

①工作电压：DC24V，允许范围为 DC16V~DC18V。

②工作电流：监视电流≤0.48mA；启动电流≤0.62mA。

③线制：与火灾报警控制器或消防联动控制器的信号二总线连接。

④使用环境：温度为-10~+55℃；相对湿度≤95%，不结露。

⑤外形尺寸：86mm×86mm×41mm。

（2）输入/输出模块 GST-LD-8301A 输入/输出模块用于连接需要火灾报警控制器控制的消防联动设备，如排烟阀、送风阀、防火阀等，并可接收设备的动作回答信号。采用 32 位 ARM 微处理器实现信号处理，用数字信号与控制器进行通信，工作稳定可靠，对电磁干扰有良好的抑制能力。输入/输出信号隔离检测，抗干扰能力强。可采用电子编码器现场完成编码设置。

GST-LD-8301A 输入/输出模块的主要技术参数如下：

①工作电压：

信号总线电压：总线 24V，允许范围为 16~28V。

电源总线电压：DC24V，允许范围为 DC20V~DC28V。

②工作电流：

总线监视电流≤0.42mA；总线启动电流≤1.34mA。

电源监视电流≤2.00mA；电源启动电流≤18.00mA。

③线制：与控制器采用无极性信号二总线连接，与 DC24V 电源采用无极性电源二总线连接。

④无源输出触点容量：DC24V/2A，正常时触点阻值为 100kΩ，启动时闭合，适用于 12~48V 直流或交流。

⑤输出控制方式：电平、脉冲（继电器常开触点输出，脉冲启动时继电器吸合时间为 10s）。

⑥使用环境：温度为-10~+55℃；相对湿度≤95%，不结露。

⑦外壳防护等级：IP30。

⑧外形尺寸：86mm×86mm×41mm（带底壳）。

9. 火灾报警控制器

火灾报警控制器是火灾自动报警系统的控制中心，能够接收并发出火灾报警信号和故障信号，同时完成相应的显示和控制功能的设备。火灾报警控制器按安装方式分类，可分为三种类型：壁挂式、琴台式和柜式。火灾报警控制器实物如图8-14所示。

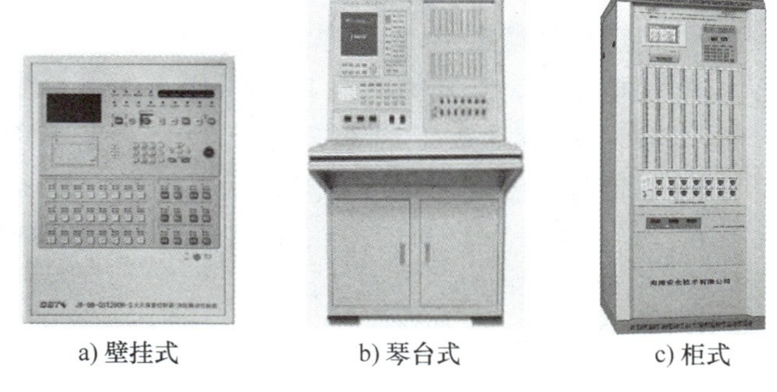
a) 壁挂式　b) 琴台式　c) 柜式

图8-14　火灾报警控制器

火灾报警控制器具有监视火灾报警信号和火灾报警功能。火灾报警控制器连接火灾探测器、手动火灾报警按钮、消火栓按钮、火灾声光警报器等设备，并与这些设备相互通信。火灾报警控制器能接收来自火灾探测器、手动火灾报警按钮、消火栓按钮的火灾报警信号或状态信号，并控制火灾声光警报器发出火灾报警声、光信号，同时指示火灾发生部位，记录火灾报警时间，并予以保持，直至手动复位。

火灾报警控制器需要接收来自同一探测器区域两个或两个以上火灾报警信号才能确定发出火灾报警信号，以防误报。火灾报警控制器接收到第一个火灾报警信号时，发出火灾报警声信号或故障声信号，并指示相应部位，但不能进入火灾报警状态。火灾报警控制器接收到第一个火灾报警信号后，控制器在60s内接收到要求的后续火灾报警信号时，发出火灾报警声、光信号，并进入火灾报警状态。而火灾报警控制器接收到第一个火灾报警信号后，火灾报警控制器在30min内仍未接收到要求的后续火灾报警信号时，则对第一个火灾报警信号自动复位。

任意一台火灾报警控制器所连接的火灾探测器、手动火灾报警按钮和消防模块等设备总数和地址总数需满足国家标准规范的规定，其中每一总线回路连接设备的总数也需满足国家标准规范的规定。

火灾报警控制器按是否具有联动功能，可分为火灾报警控制器和火灾报警控制器（联动型）。火灾报警控制器（联动型）是具有消防联动功能的火灾报警控制器，是火灾报警控制器和消防联动控制器一体化产品。

火灾报警控制器面板的主要构成部分：

①液晶屏：用于显示所有报警、故障及各类操作的汉字信息。

②打印机：打印机可打印系统所有报警、故障及各类操作的汉字信息。

③指示灯区：包括火警灯、故障灯、屏蔽灯、电源灯、监管灯、消音灯、启动灯、延时灯及自检灯等。红色，指示火灾报警状态、监管状态；黄色，指示故障、屏蔽、自检状态；绿色，表示电源工作状态。

④时间显示。

⑤按键：消音键、启动键、控制键、复位键、自检键、屏蔽键、查询键、系统设置键及打印键等。

JB-OG-GST5000火灾报警控制器是一款具有消防联动功能的火灾报警控制器，即为火灾报警控制器（联动型）。JB-OG-GST5000火灾报警控制器（联动型）的主要技术参数如下：

①液晶屏规格：320×240图形点阵，可显示12行汉字信息。

②控制器容量：最多可带20个242地址编码点回路，最大容量为4840个地址编码点。

③可外接64台火灾显示盘；支持多级联网，每级最多可接32台其他类型控制器。

④线制：控制器与探测器间采用无极性信号二总线连接，与各类控制模块间除无极性二总线外，还需外加两根DC24V电源总线；与其他类型的控制器采用有极性二总线连接，对于火灾报警显示盘，需外加两根DC24V电源供电总线；与彩色CRT系统采用四芯扁平电话线，通过RS-232标准接口连接，最大连接线长度不宜超过15m。

⑤使用环境：温度为0~+40℃；相对湿度：95%，不结露。

⑥电源：主电为交流220V；控制器备电为DC24V24Ah密封铅电池；联动备电为DC24V38Ah密封铅电池。

⑦功耗：≤150W。

⑧外形尺寸（柜式）：550mm×460mm×1715mm。

火灾自动报警系统基本部件的设置

8.2.2 火灾自动报警系统设计

1. 火灾自动报警系统基本部件的设置

（1）火灾探测器

1）设置部位。火灾探测器主要设置在建筑内走道、门厅、电梯前室、楼梯间、汽车库及各功能房间等区域、部位，这些区域、部位设置的火灾探测器种类一般为点型感烟火灾探测器，其中的部分区域、部位还需设置点型感温火灾探测器。使用可燃气体的厨房等有可燃气体泄露可能的区域、部位需设置可燃气体式火灾探测器。

2）设置数量。火灾探测器的设置间距是指两只相邻火灾探测器中心之间的水平距离。点型火灾探测器设置时，需考虑其保护半径和保护面积，火灾探测器的设置间距需满足保护半径和保护面积的限制要求。点型感烟和感温火灾探测器的设置间距需满足表8-1中保护半径和保护面积的限制要求。

①探测区域的每个房间应至少设置一只火灾探测器。一个探测区域内所需设置的探测器数量不应小于下式的计算值：

$$N=\frac{S}{KA} \tag{8-1}$$

式中 N——探测器数量（只），N应取整数；

S——该探测区域面积（m^2）；

K——修正系数，容纳人数超过10000人的公共场所宜取0.7~0.8，容纳人数为2000~10000人的公共场所宜取0.8~0.9，容纳人数为500~2000人的公共场所宜取0.9~1.0，其他场所可取1.0；

A——探测器的保护面积（m^2）。

②点型感烟火灾探测器、点型感温火灾探测器布置时，需考虑梁对其保护面积的影响。根据GB 50116—2013《火灾自动报警系统设计规范》的规定，在有梁的顶棚上设置点型感烟火灾探测器、点型感温火灾探测器时，应满足下列要求：当梁突出顶棚的高度小于200mm时，可不计梁对探测器保护面积的影响；当梁突出顶棚的高度为200~600mm时，应考虑梁对探测器保护面积的影响和一只探测器能够保护的梁间区域的数量；当梁突出顶棚的高度超过600mm时，被梁隔断的每个梁间区域应至少设置一只探测器。

（2）手动火灾报警按钮

1）设置部位。手动火灾报警按钮一般设置在建筑内的疏散通道、出入口处。具体地，手动火灾报警按钮一般设置在以下部位：建筑首层的各出入口、各楼梯口、内走道；建筑其他楼层各楼梯口、内走道。建筑电气设计时，建筑内首层的各出入口、各楼梯口以及其他各楼层的楼梯口一般会设置带电话插孔的手动火灾报警按钮。而建筑各楼层的内走道可设置带电话插孔的手动火灾报警按钮，也可设置不带电话插孔的手动火灾报警按钮。

2）设置间距。每个防火分区应至少设置一只手动火灾报警按钮。从一个防火分区内的任何位置到最邻近的手动火灾报警按钮的步行距离不应大于 30m。手动火灾报警按钮的位置，应使场所内任何人去报警均不需走 30m 以上距离。建筑电气设计时，建筑内各楼层的内走道内距离走道末端最近的手动火灾报警按钮设置在距离走道末端步行距离不大于 30m 处，而两只手动火灾报警按钮的设置间距一般为步行距离不大于 30m。手动火灾报警按钮应设置在明显和便于操作的部位。当采用壁挂方式安装时，其底边距地高度宜为 1.3～1.5m，且应有明显的标志。

（3）消火栓按钮　消火栓按钮设置在建筑内消火栓旁。一般来说，消火栓按钮设置在建筑内消火栓箱内。消火栓系统是由建筑给水排水设计人员设计，建筑给水排水专业施工图中消火栓系统布置平面图会给出确定的消火栓位置。因此，消火栓位置需要依照建筑给水排水专业施工图中的消火栓系统布置平面图确定。一旦确定了建筑内各楼层的消火栓位置，建筑电气设计人员就需在消火栓旁设置消火栓按钮。

（4）火灾声光警报器

1）设置部位。火灾声光警报器应设置在每个楼层的楼梯口、消防电梯前室、建筑内部拐角等处的明显部位。而且火灾声光警报器不与安全出口指示标志灯具设置在同一面墙上。具体地，火灾声光警报器一般设置在以下部位：建筑首层的各出入口、各楼梯口、内走道、消防电梯前室；建筑其他楼层各楼梯口、内走道、消防电梯前室。

2）设置间距。每个报警区域内应均匀设置火灾声光警报器，建筑内走道设置火灾声光警报器时，两只火灾声光警报器的设置间距一般为步行距离不大于 30m。此外，根据 GB 50116—2013《火灾自动报警系统设计规范》的规定，火灾声光警报器的声压级不应小于 60dB；而在环境噪声大于 60dB 的场所，火灾声光警报器的声压级应高于背景噪声 15dB。火灾声光警报器设置在墙上时，其底边距地面高度应大于 2.2m。

（5）消防应急广播

1）设置部位。民用建筑内消防应急广播的扬声器应设置在走道和大厅等公共场所。具体地，消防应急广播的扬声器一般设置在建筑内各楼层的大厅、内走道等公共部位。

2）设置间距。消防应急广播的扬声器数量应能保证从一个防火分区内的任何部位到最近一个扬声器的直线距离不大于 25m，走道末端距最近的扬声器距离不应大于 12.5m。建筑电气设计时，建筑内各楼层的内走道内距离走道末端最近的扬声器设置在距离走道末端直线距离不大于 12.5m 处，而两只扬声器的设置间距一般为直线距离不大于 25m。此外，根据 GB 50116—2013《火灾自动报警系统设计规范》的规定，每个扬声器的额定功率不应小于 3W；在环境噪声大于 60dB 的场所设置的扬声器，在其播放范围内最远点的播放声压级应高于背景噪声 15dB。壁挂扬声器的底边距地面高度应大于 2.2m。

（6）消防专用电话

1）消防专用电话总机设置。消防控制室设置消防专用电话总机。

2）消防专用电话分机设置。消防水泵房、发电机房、配变电室、计算机网络机房、主要通风和空调机房、防排烟机房、灭火控制系统操作装置处或控制室、企业消防站、消防值班室、总调度室、消防电梯机房及其他与消防联动控制有关的且经常有人值班的机房设置消防专用电话分机。

3）消防电话插孔设置。设有手动火灾报警按钮或消火栓按钮等处设置电话插孔。

建筑电气设计时，建筑内首层的各出入口、各楼梯口以及其他各楼层的楼梯口设置的手动火灾报警按钮一般选择的是带有电话插孔的手动火灾报警按钮，而其他部位设置的手动火灾报警按钮可选择不带有电话插孔的手动火灾报警按钮。

电话插孔在墙上安装时，其底边距地面高度一般为1.3~1.5m。建筑内各避难层应每隔20m设置一个消防专用电话分机或电话插孔。

此外，消防控制室、消防值班室或企业消防站等处，应设置可直接报警的外线电话。

（7）区域显示器（火灾显示盘） 每个报警区域宜设置一台区域显示器；宾馆、饭店等场所应在每个报警区域设置一台区域显示器。当一个报警区域包括多个楼层时，宜在每个楼层设置一台仅显示本楼层的区域显示器。区域显示器应设置在出入口等明显和便于操作的部位。当安装在墙上时，其底边距地高度宜为1.3~1.5m。

（8）消防模块 每个报警区域内的消防模块一般要相对集中设置在本报警区域内的金属模块箱中。模块安装在金属模块箱内，主要是考虑保障其运行的可靠性和检修的方便。但是，模块严禁设置在配电（控制）柜（箱）内。为了检修时方便查找，对于未集中设置的模块，其附近要求有尺寸不小于100mm×100mm的标识。此外，本报警区域内的模块不应控制其他报警区域的设备。本报警区域的模块只能控制本报警区域的消防设备，不应控制其他报警区域的消防设备，以免本报警区域发生火灾后影响其他区域受控设备的动作。

（9）火灾报警控制器 火灾报警控制器设置在消防控制室内或有人值班的房间和场所。火灾报警控制器安装在墙上时，其主显示屏高度一般为1.5~1.8m，正面操作距离不应小于1.2m。

2. 火灾自动报警系统线路设计

（1）消防线路设计 消防线路也称为消防回路，是消防控制室内控制器等设备的外连接线路，包括该线路上连接的火灾触发器件、声光警报器、消防模块、消防广播扬声器、消防专用电话分机和消防电话插孔等部件。

1）消防广播线路。消防应急广播系统的线路为独立敷设。消防应急广播系统的线路可分为总线制和多线制（分线制）。总线制消防应急广播系统中，扬声器采用广播总线连接，这样的一路线路为消防广播线路。消防广播线路为单独一路并穿管敷设。消防广播线路连接至消防控制室内的消防应急广播控制装置。

2）消防电话线路。消防专用电话网络为独立的消防通信系统。消防专用电话系统的线路可分为总线制和多线制。总线制消防专用电话系统中，消防专用电话分机或消防电话插孔采用消防总线连接，这样的一路线路为消防电话线路。消防电话线路为单独一路并穿管敷设。建筑消防电气设计时，一般采用总线制消防专用电话系统。若采用多线制消防专用电话系统，多线制消防专用电话系统中的每个电话分机需与消防专用电话总机单独连接。消防电话线路连接至消防控制室内的消防专用电话总机。

3）消防信号线路。火灾探测器、手动火灾报警按钮、消火栓按钮、火灾声光警报器、区域显示器（火灾显示盘）、消防输入模块共同采用消防信号总线制连接，这样的一路线路为消防信号线路。消防信号总线采用二线制。消防信号线路可分为报警信号线路和联动信号线路。

①报警信号线路：火灾探测器、手动火灾报警按钮和消火栓按钮的报警设备连接线路。

②联动信号线路：火灾声光警报器、消防模块或区域显示器的联动设备连接线路。包含火灾声光警报器、消防模块或区域显示器的信号连接线路也称为联动信号线路。

消防信号线路连接至消防控制室内的火灾报警控制器（联动型）、火灾报警控制器或消防联动控制器。

4）消防电源线路。火灾声光警报器、区域显示器、消防输出模块等需要供电的部件，还需共同采用电源线连接，这样的一路线路为消防电源线路。消防电源线采用二线制。建筑消防电气设计时，消防信号线（2 根）和消防电源线（2 根）可分别单独一路并分别穿管敷设；也可采取消防信号线（2 根）和消防电源线（2 根）共用一路并穿管敷设，这时这一路穿管内共敷设有 4 根线。消防电源线路连接至消防控制室内的火灾报警控制器（联动型）、火灾报警控制器或消防联动控制器。

（2）系统设计

1）消防接线端子箱。消防接线端子箱是一种利用其内部安装的接线端子转接消防线路、对消防干线进行分接或对消防分支线路进行汇接、便于布线和查线的接线装置。消防接线端子箱实物如图 8-15 所示。接线端子是消防接线端子箱内的主要部件。接线端子是用来连接导线的端子板，其结构是一段密封在绝缘塑料里面的金属片，其两端都有接线孔可以插入导线，每个接线孔内有螺钉可用于拧紧或者松开所插入的导线。消防接线端子箱可分为消防总接线端子箱和消防分接线端子箱。

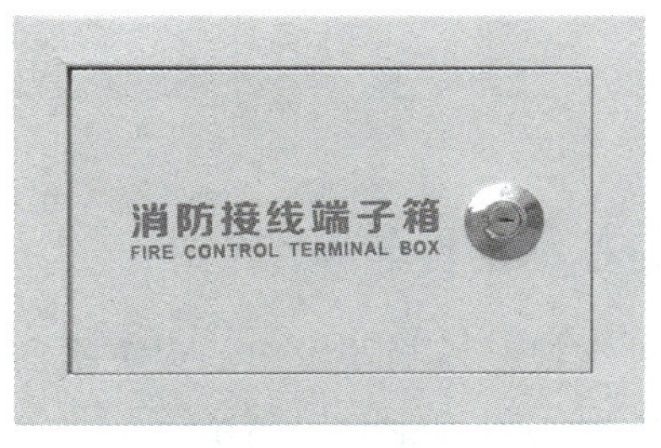

a) 消防接线端子箱正面

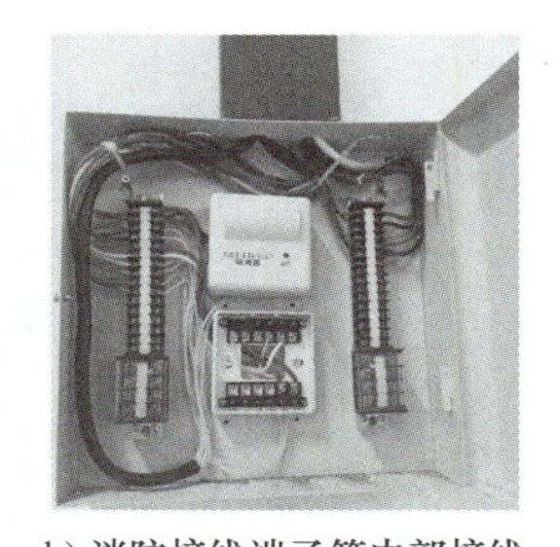
b) 消防接线端子箱内部接线

图 8-15　消防接线端子箱

①消防总接线端子箱。消防总接线端子箱是一种端接来自消防控制室的消防干线线路的接线端子箱。消防总接线端子箱一般位于消防控制室所在楼层的弱电间或其他公共部位，用于连接来自消防控制室的消防干线线路，并把这些消防干线线路送至消防分接线端子箱内的接线端子。

②消防分接线端子箱。消防分接线端子箱是一种端接来自消防总（分）接线端子箱的消防干线线路和端接来自消防报警与联动部件的消防分支线路的接线端子箱。消防分接线端子箱一般位于建筑内各楼层的弱电间或其他公共部位，用于连接来自消防总接线端子箱或其他消防分接线端子箱的消防干线线路，并把这些消防干线线路送至其他消防分接线端子箱内的接线端子，以及连接楼层或楼层区域的消防分支线路。

消防总接线端子箱与消防分接线端子箱之间、两个消防分接线端子箱之间连接的消防干线线路有消防广播干线线路、消防电话干线线路、消防信号干线线路、消防电源干线线路。消防分接线端子箱与消防报警和联动部件之间连接的消防分支线路有消防广播分支线路、消防电话分支线路、消防信号分支线路、消防电源分支线路。

公共建筑火灾自动报警系统设计时，可按楼层或楼层区域设置消防接线端子箱，每个楼层消防接线端子箱可引出敷设于该楼层或楼层区域的 3 路或 4 路敷设线路。其中，4 路敷设线路分别为一路消防广播线敷设线路、一路消防电话线敷设线路、一路信号线敷设线路和一路电源线敷设线路；3 路敷设线路分别为一路消防广播线敷设线路、一路消防电话线敷设线路、一路信号线和电源线敷设线路。

2）总线短路隔离器。总线短路隔离器是用在传输总线上，在总线短路时通过使短路部分两端成高阻态或开路状态，使该短路故障的影响仅限于被隔离部分而不影响控制器和总线上其他部分的正常工作的器件。

根据 GB 50116—2013《火灾自动报警系统设计规范》的规定，系统总线（包括消防信号二总线和电源二总线）上需设置总线短路隔离器。每只总线短路隔离器保护的火灾探测器、手动火灾报警按钮和模块等消防设备的总数不应超过 32 点。总线穿越防火分区时，需在穿越处设置总线短路隔离器。

总线短路隔离器可设置在消防接线端子箱或模块箱内，也可设置在需设置总线短路隔离器的系统总线（包括消防信号二总线和电源二总线）回路处就近的吊顶内、顶板或墙壁上。

8.3 消防联动系统

消防联动系统的基本部件与系统

8.3.1 消防联动系统的基本部件与系统

消防联动系统是接收火灾报警控制器发出的火灾报警信号，按预设逻辑完成防烟、排烟、灭火等各项消防功能的控制系统。

消防联动系统的基本部件与系统有消防联动控制器、消火栓系统、自动喷水灭火系统、防烟排烟系统、防火门与防火卷帘系统、火灾警报和消防应急广播系统、消防应急照明和疏散指示系统、电梯系统等。

消防联动系统中有三种消防联动信号，分别为消防联动控制信号、消防联动反馈信号和消防联动触发信号，具体见表 8-2。

表 8-2 消防联动信号

信号名称	信号发出方	信号接收方	作用
联动控制信号	消防联动控制器	消防设备（设施）	控制消防设备（设施）工作
联动反馈信号	受控消防设备（设施）	消防联动控制器	反馈受控消防设备（设施）工作状态
联动触发信号	有关设备	消防联动控制器	用于逻辑判断，当条件满足时，相关设备启停

8.3.2 消防联动系统设计

1. 消防联动控制器

消防联动控制器能够接收火灾报警控制器或其他火灾触发器件发出的火灾报警信号，根据设定的控制逻辑发出控制信号，控制各类消防设备，实现相应功能，如排烟、防烟、灭火等功能。

消防联动控制器能够按设定的控制逻辑向各相关的受控设备发出联动控制信号，并接受相关设备的联动反馈信号。需要火灾自动报警系统联动控制的消防设备，其联动触发信号需采用两个独立的报警触发装置报警信号的“与”逻辑组合。

对于有联动控制要求的火灾自动报警系统，需要设置消防联动控制器。任意一台消防联动控制器地址总数或火灾报警控制器（联动型）所控制的各类模块总数需满足国家标准规范的规定，每一联动总线回路连接设备的总数也需满足国家标准规范的规定。

2. 消火栓系统

（1）消火栓泵控制　消火栓系统消火栓泵启泵流程示意图如图 8-16 所示。

消火栓系统的联动

1）联动控制方式。消火栓系统出水干管上的低压压力开关、高位消防水箱出水管上设置的流量开关，或报警阀压力开关等信号作为触发信号，直接控制启动消火栓泵，不受消防联动控制器处于自动或手动状态影响。设置消火栓按钮时，消火栓按钮的动作信号作为报警信号及启动消火栓泵的联动触发信号，由消防联动控制器联动控制消火栓泵的启动。消火栓按钮的动作信号与该消火栓按钮所在报警区域内任意火灾探测器或手动报警按钮的报警信号作为联动触发信号，送至消防联动控制器，并由消防联动控制器联动控制消火栓泵启动。

2）手动控制方式。应将消火栓泵控制箱（柜）的启动、停止按钮用专用线路直接连接至设置在消防控制室内的消防联动控制器的手动控制盘，直接手动控制消火栓泵的启动、停止。

3）联动反馈方式。出水干管低压压力开关、高位水箱流量开关、消火栓泵的动作信号需反馈至消防联动控制器。

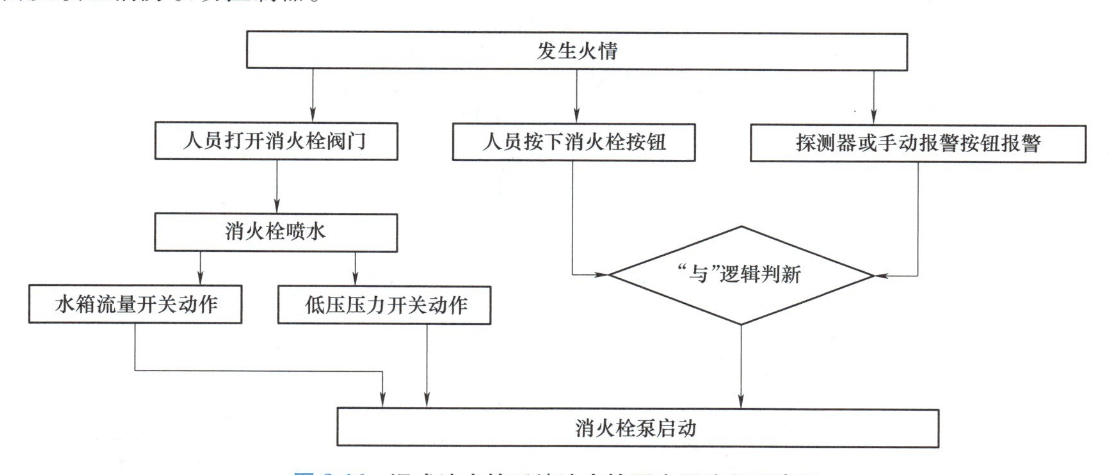

图 8-16　湿式消火栓系统消火栓泵启泵流程示意图

（2）消火栓泵控制线路　消火栓系统中的消火栓泵控制线路共有 4 路：出水干管低压压力开关连锁控制线路、高位水箱流量开关连锁控制线路、消防联动控制器联动控制线路和手动直接控制专用线路。

1）出水干管低压压力开关连锁控制线路。出水干管低压压力开关连锁控制线路为消防水泵房内出水干管低压压力开关与消防水泵房内消火栓泵控制箱（柜）之间的直接控制线路。出水干管低压压力开关连锁控制线路采用出水干管低压压力开关连锁启泵线。消防水泵房内出水干管低压压力开关采用压力开关连锁启泵线直接与消防水泵房内消火栓泵控制箱（柜）连接通信，连锁控制消火栓泵的启动、停止。

2）高位水箱流量开关连锁控制线路。高位水箱流量开关连锁控制线路为建筑屋顶消防水箱处流量开关与消防水泵房内消火栓泵控制箱（柜）之间的直接控制线路。高位水箱流量开关连锁控制线路采用高位水箱流量开关连锁启泵线。屋顶高位水箱流量开关采用流量开关连锁启泵线直接与消防水泵房内消火栓泵控制箱（柜）连接通信，连锁控制消火栓泵的启动、停止。

3）消防联动控制器联动控制线路。消防联动控制器联动控制线路为消防控制室内消防联动控制器与消防水泵房内消火栓泵控制箱（柜）之间的联动控制线路。消防联动控制器联动控制线路采用消防联动控制器联动控制线。消防联动控制器采用联动控制线，并通过消防输入/输出模块与消火栓泵控制箱（柜）连接通信，联动控制消火栓泵的启动、停止。

4）手动直接控制专用线路。手动直接控制专用线路为消防控制室内消防联动控制器的手动控制盘与消防水泵房内消火栓泵控制箱（柜）之间的直接控制线路。消防联动控制器的手动控制盘采用启动、停止按钮专用线路与消火栓泵控制箱（柜）的启动、停止按钮连接通信，直接手动控制消火栓泵的启动、停止。

国家标准图集 14X505-1《〈火灾自动报警系统设计规范〉图示》中湿式消火栓系统消火栓泵控制线路示意图如图 8-17 所示。

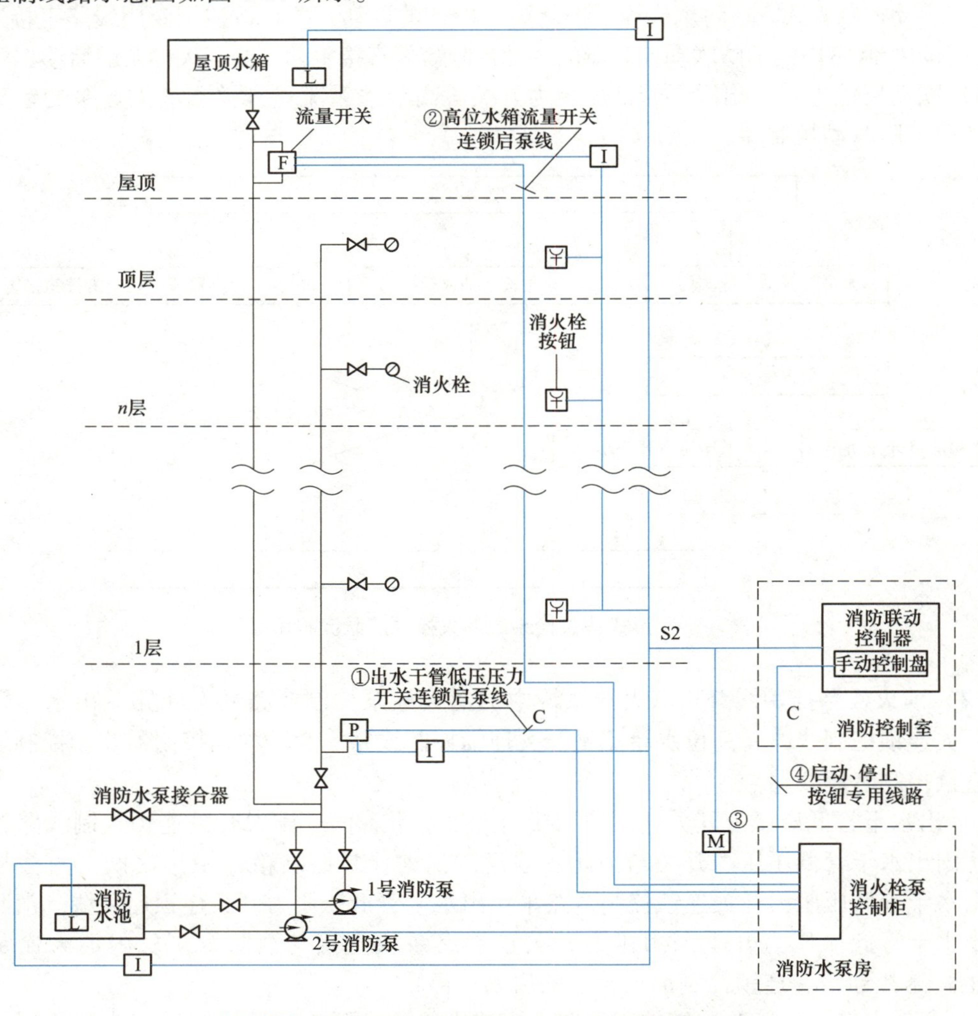

图 8-17　湿式消火栓系统消火栓泵控制线路示意图

3. 自动喷水灭火系统

（1）消防喷淋泵控制　自动喷水灭火系统消防喷淋泵启泵流程示意图如图 8-18 所示。

自动喷水灭火系统的联动

1）联动控制方式。自动喷水灭火系统的湿式报警阀压力开关作为触发信号，直接控制启动消防喷淋泵，不受消防联动控制器处于自动或手动状态的影响。当压力开关动作后却没能成功直接启动消防喷淋泵时，压力开关的动作信号作为启动消防喷淋泵的联动触发信号，由消防联动控制器联动控制消防喷淋泵的启动。压力开关的动作信号与该消火栓按钮所在报警区域内任意火灾探测器或手动报警按钮的报警信号作为联动触发信号，送至消防联动控制器，并由消防联动控制器联动控制消火栓泵的启动。

2）手动控制方式。应将消防喷淋泵控制箱（柜）的启动、停止按钮用专用线路直接连接至设置在消防控制室内的消防联动控制器的手动控制盘，直接手动控制消防喷淋泵的启动、停止。

3）联动反馈方式。水流指示器、信号阀、压力开关、消防喷淋泵的动作信号需反馈至消防联动控制器。

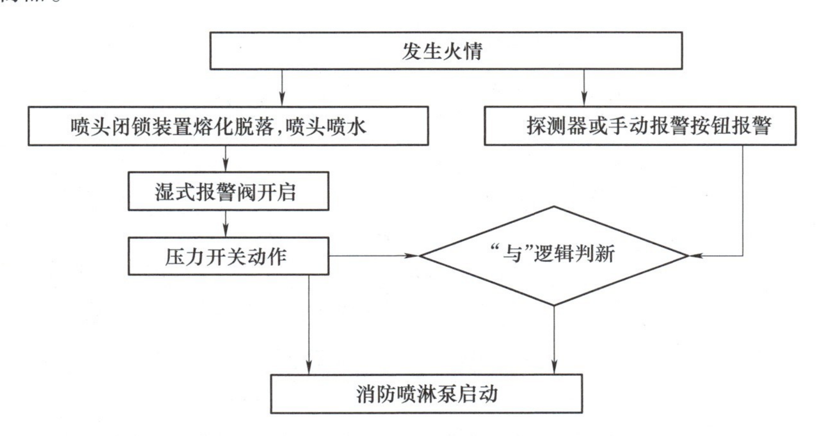

图 8-18　湿式自动喷水灭火系统消防喷淋泵启泵流程示意图

（2）消防喷淋泵控制线路　自动喷水灭火系统中的消防喷淋泵控制线路共有 3 路：压力开关连锁控制线路、消防联动控制器联动控制线路、手动直接控制专用线路。

1）压力开关连锁控制线路。压力开关连锁控制线路为消防水泵房内湿式报警阀压力开关与消防水泵房内消防喷淋泵控制箱（柜）之间的直接控制线路。压力开关连锁控制线路采用压力开关连锁启泵线。消防水泵房内压力开关采用压力开关连锁启泵线直接与消防水泵房内消防喷淋泵控制箱（柜）连接通信，连锁控制消防喷淋泵的启动、停止。

2）消防联动控制器联动控制线路。消防联动控制器联动控制线路为消防控制室内消防联动控制器与消防水泵房内消防喷淋泵控制箱（柜）之间的联动控制线路。消防联动控制器联动控制线路采用消防联动控制器联动控制线。消防联动控制器采用联动控制线，并通过消防输入/输出模块与消防喷淋泵控制箱（柜）连接通信，联动控制消防喷淋泵的启动、停止。

3）手动直接控制专用线路。手动直接控制专用线路为消防控制室内消防联动控制器的手动控制盘与消防水泵房内消防喷淋泵控制箱（柜）之间的直接控制线路。消防联动控制器的手动控制盘采用启动、停止按钮专用线路与消防喷淋泵控制箱（柜）的启动、停止按钮连接通信，直接手动控制消防喷淋泵的启动、停止。

国家标准图集 14X505-1《〈火灾自动报警系统设计规范〉图示》中湿式自动喷水灭火系统消防喷淋泵控制线路示意图如图 8-19 所示。

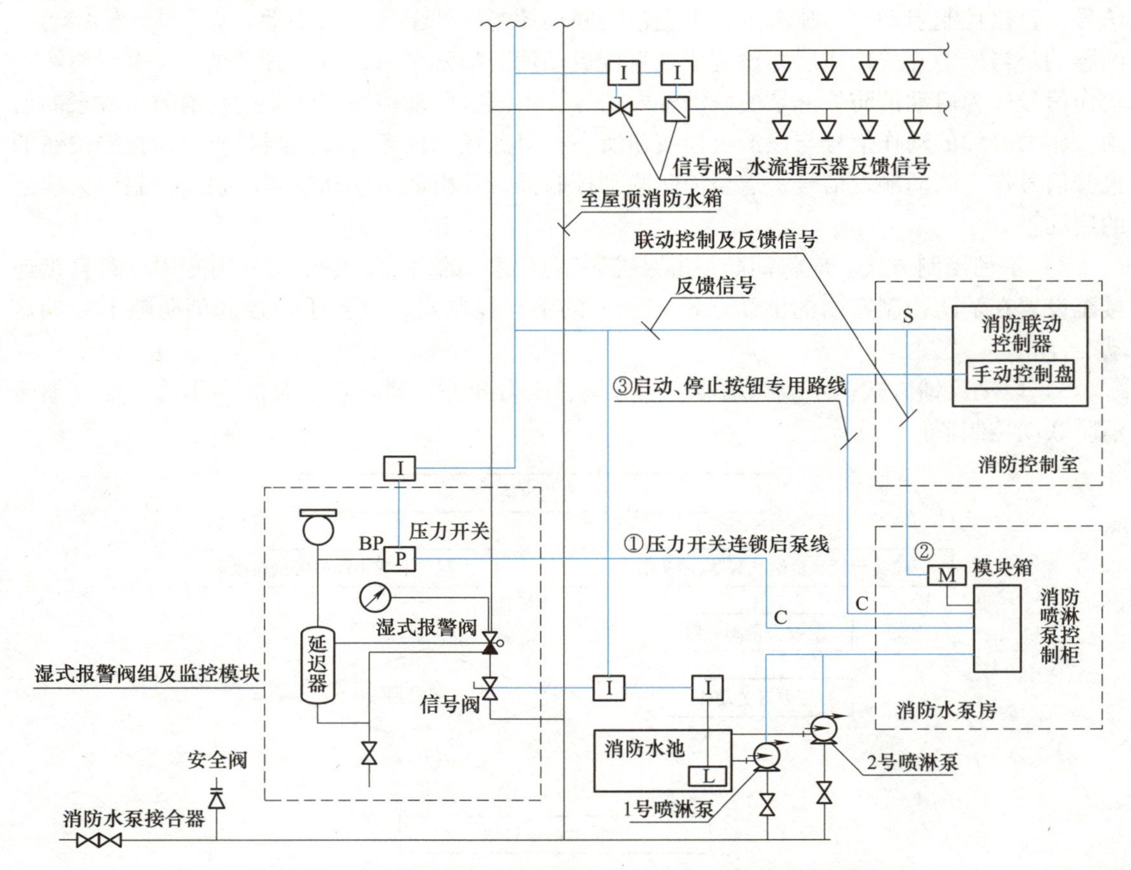

图 8-19　湿式自动喷水灭火系统消防喷淋泵控制线路示意图

4. 防烟排烟系统

(1) 防烟系统

1）防烟系统控制。

防烟排烟系统的联动

①联动控制方式。由加压送风口所在防火分区内的两只独立的火灾探测器或一只火灾探测器与一只手动火灾报警按钮的报警信号，作为送风口开启和加压送风机启动的联动触发信号，由消防联动控制器联动控制相关层前室等需要加压送风场所的加压送风口开启和加压送风机启动。由同一防烟分区内且位于电动挡烟垂壁附近的两只独立的感烟式火灾探测器的报警信号作为电动挡烟垂壁降落的联动触发信号，并由消防联动控制器联动控制电动挡烟垂壁的降落。

②手动控制方式。应能在消防控制室内的消防联动控制器上手动控制送风口的开启或关闭及防烟风机等设备的启动或停止。应能在消防控制室内的消防联动控制器上手动控制电动挡烟垂壁的开启或关闭。防烟风机的启动、停止按钮应采用专用线路直接连接至设置在消防

控制室内的消防联动控制器的手动控制盘，直接手动控制防烟风机的启动、停止。

③联动反馈方式。送风口开启和关闭的动作信号、防烟风机启动和停止的动作信号、电动防火阀关闭的动作信号，均需反馈至消防联动控制器。

2）防烟系统控制线路。防烟系统控制线路有送风口的联动控制线路、送风机的联动控制线路、电动挡烟垂壁的联动控制线路和送风机的手动直接控制专用线路。

①送风口的联动控制线路。送风口的联动控制线路为消防控制室内消防联动控制器与正压送风口之间的联动控制线路。消防联动控制器采用送风口的联动控制线路，并通过消防输入/输出模块与正压送风口连接通信，联动控制送风口的开启。送风口的联动触发信号为，加压送风口所在防火分区内的两只独立的火灾探测器，或者一只火灾探测器与一只手动火灾报警按钮的报警信号。两个联动触发信号发送至消防联动控制器，由消防联动控制器联动控制相关层前室等需要加压送风场所的送风口的开启。

②送风机的联动控制线路。送风机的联动控制线路为消防控制室内消防联动控制器与正压送风机之间的联动控制线路。消防联动控制器采用送风机的联动控制线路，并通过消防输入/输出模块与正压送风机控制箱（柜）连接通信，联动控制相关层前室等需要加压送风场所的送风机的启动。送风机的联动触发信号为，加压送风口所在防火分区内的两只独立的火灾探测器，或者一只火灾探测器与一只手动火灾报警按钮的报警信号。两个联动触发信号发送至消防联动控制器，由消防联动控制器联动控制相关层前室等需要加压送风场所的送风机的启动。

③电动挡烟垂壁的联动控制线路。电动挡烟垂壁的联动控制线路为消防控制室内消防联动控制器与电动挡烟垂壁之间的联动控制线路。消防联动控制器采用电动挡烟垂壁的联动控制线路，并通过消防输入/输出模块与电动挡烟垂壁连接通信，联动控制电动挡烟垂壁的降落。电动挡烟垂壁的联动触发信号为，同一防烟分区内且位于电动挡烟垂壁附近的两只独立的感烟式火灾探测器的报警信号。两个联动触发信号发送至消防联动控制器，由消防联动控制器联动控制电动挡烟垂壁的降落。

④送风机的手动直接控制专用线路。送风机的手动直接控制专用线路为消防控制室内消防联动控制器的手动控制盘与防烟风机控制箱（柜）之间的直接控制线路。消防联动控制器的手动控制盘采用启动、停止按钮专用线路与防烟风机控制箱（柜）的启动、停止按钮连接通信，直接手动控制防烟风机的启动、停止。

（2）排烟系统

1）排烟系统控制。

①联动控制方式。由同一防烟分区内的两只独立的火灾探测器的报警信号，作为排烟口、排烟窗或排烟阀开启的联动触发信号，并由消防联动控制器联动控制排烟口、排烟窗或排烟阀的开启，同时停止该防烟分区的空气调节系统。由排烟口、排烟窗或排烟阀开启的动作信号作为排烟风机启动的联动触发信号，并由消防联动控制器联动控制排烟风机的启动。排烟风机入口处的总管上设置的280℃排烟防火阀在关闭后直接联动控制风机停止。

②手动控制方式。应能在消防控制室内的消防联动控制器上手动控制排烟口、排烟窗、排烟阀的开启或关闭，以及排烟风机等设备的启动或停止。排烟风机的启动、停止按钮应采用专用线路直接连接至设置在消防控制室内的消防联动控制器的手动控制盘，直接手动控制排烟风机的启动、停止。

③联动反馈方式。排烟口、排烟窗或排烟阀开启和关闭的动作信号，排烟风机启动和停止及电动防火阀关闭的动作信号，均应反馈至消防联动控制器。排烟风机及排烟风机入口处的总管上设置的280℃排烟防火阀的动作信号应反馈至消防联动控制器。

2）排烟系统控制线路。排烟系统控制线路有排烟口、排烟窗或排烟阀的联动控制线路，排烟风机的联动控制线路，排烟风机的手动直接控制专用线路和280℃排烟防火阀连锁控制线路。

①排烟口、排烟窗或排烟阀的联动控制线路。排烟口、排烟窗或排烟阀的联动控制线路为消防控制室内消防联动控制器与排烟口、排烟窗或排烟阀之间的联动控制线路。消防联动控制器采用排烟口、排烟窗或排烟阀的联动控制线，并通过消防输入/输出模块与排烟口、排烟窗或排烟阀连接通信，联动控制排烟口、排烟窗或排烟阀的开启。排烟口、排烟窗或排烟阀的联动触发信号为，同一防烟分区内的两只独立的火灾探测器的报警信号。两个联动触发信号发送至消防联动控制器，由消防联动控制器联动控制排烟口、排烟窗或排烟阀的开启。

②排烟风机的联动控制线路。排烟风机的联动控制线路为消防控制室内消防联动控制器与排烟风机之间的联动控制线路。消防联动控制器采用排烟风机的联动控制线，并通过消防输入/输出模块与排烟风机连接通信，联动控制排烟风机的启动。排烟风机的联动触发信号为，排烟口、排烟窗或排烟阀开启的动作信号与该防烟分区内任意火灾探测器或手动报警按钮的报警信号。两个联动触发信号发送至消防联动控制器，由消防联动控制器联动控制排烟风机的启动。

③排烟风机的手动直接控制专用线路。排烟风机的手动直接控制专用线路为消防控制室内消防联动控制器的手动控制盘与排烟风机控制箱（柜）之间的直接控制线路。消防联动控制器的手动控制盘采用启动、停止按钮专用线路与排烟风机控制箱（柜）的启动、停止按钮连接通信，直接手动控制排烟风机的启动、停止。

④280℃排烟防火阀连锁控制线路。280℃排烟防火阀连锁控制线路为屋顶排烟风机入口处的总管上设置的280℃排烟防火阀与排烟风机控制箱（柜）之间的直接控制线路。280℃排烟防火阀连锁控制线路采用280℃排烟防火阀连锁启泵线。屋顶排烟风机入口处的总管上设置的280℃排烟防火阀采用280℃排烟防火阀连锁启泵线直接与屋顶排烟风机控制箱（柜）连接通信，连锁控制排烟风机的停止。

国家标准图集14X505-1《〈火灾自动报警系统设计规范〉图示》中防排烟系统防排烟风机控制线路示意图如图8-20所示。

5. 防火门与防火卷帘系统

（1）防火门系统 防火门可分为常开防火门和常闭防火门两种类型。建筑内经常有人通行处的防火门通常设置的是常开防火门，而其他位置的防火门通常设置的是常闭防火门。防火门系统一般由防火门、防火门监控器、现场电动开门器的手动控制按钮及线缆等组成。

防火门监控器是一种用于控制防火门打开、关闭，并显示打开、关闭状态的控制装置。防火门监控器设置在消防控制室内，没有消防控制室时，设置在有人值班的场所。

电动开门器的手动控制按钮设置在防火门附近的内侧墙面上，方便疏散人员逃离火灾现场时使用，其底边距地面高度一般为0.9~1.3m，便于疏散人员的触摸。

防火门一般又由防火门及其电动闭门器、电磁释放器、门磁开关等部件中的几个或全部

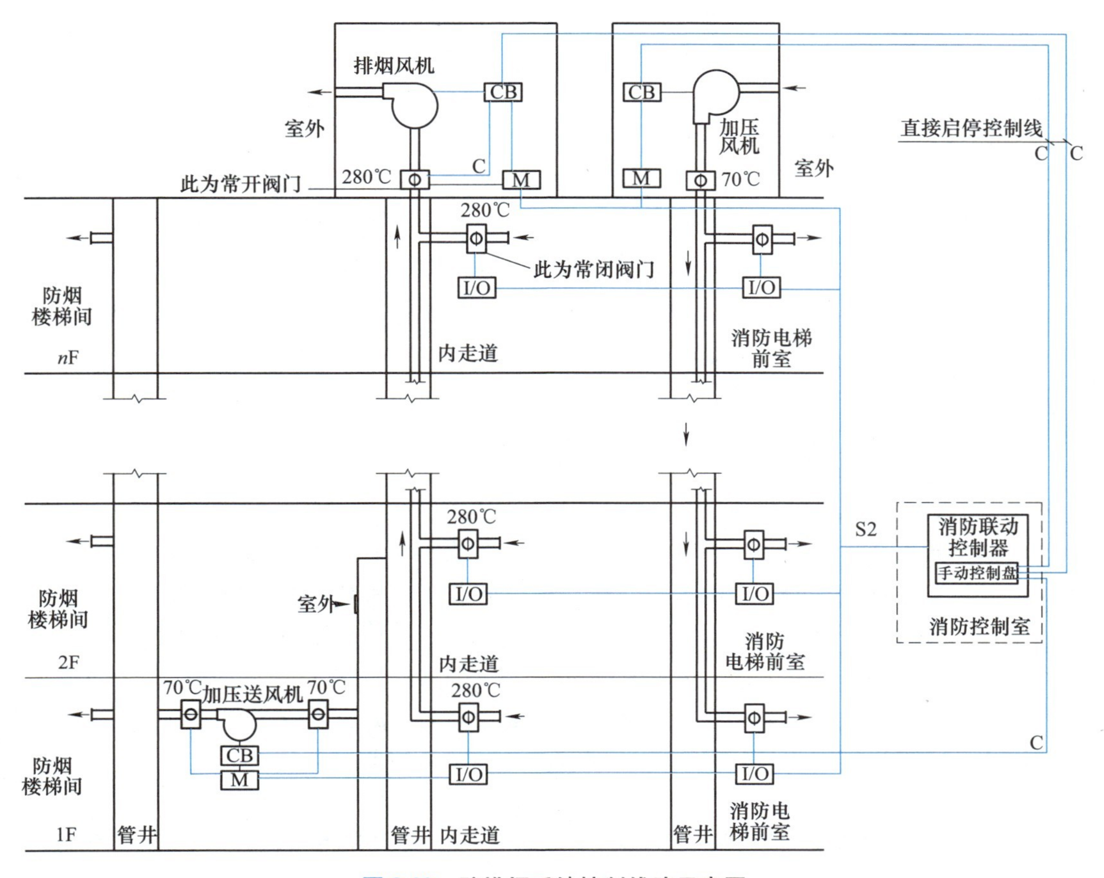

图8-20 防排烟系统控制线路示意图

组成。防火门门磁开关是一种用于监视防火门的开闭状态，并能将其状态信息反馈至防火门监控器的装置。防火门电动闭门器是一种能够在收到指令后将处于打开状态的防火门关闭，并将其状态信息反馈至防火门监控器的电动装置。防火门电磁释放器是一种使常开防火门保持打开状态，在收到指令后释放防火门使其关闭，并将本身的状态信息反馈至监控器的电动装置。

1）防火门系统控制。

①联动控制方式。由常开防火门所在防火分区内的两只独立的火灾探测器或一只火灾探测器与一只手动火灾报警按钮的报警信号，作为常开防火门关闭的联动触发信号，联动触发信号应由火灾报警控制器或消防联动控制器发出，并由消防联动控制器或防火门监控器联动控制防火门关闭。

②联动反馈方式。疏散通道上各防火门的开启、关闭及故障状态信号应反馈至防火门监控器。

2）常开防火门的联动控制线路。常开防火门的控制线路为消防控制室内消防联动控制器与常开防火门的控制线路之间的联动控制线路。消防联动控制器采用常开防火门的联动控制线，并通过消防输入/输出模块与常开防火门连接通信，联动控制常开防火门的关闭。常开防火门的联动触发信号为，常开防火门所在防火分区内的两只独立的火灾探测器或一只火灾探测器与一只手动火灾报警按钮的报警信号。两个联动触发信号发送至消防联动控制器，由消防联动控制器联动控制常开防火门的关闭。

(2) 防火卷帘系统

1）防火卷帘（疏散通道上）系统。

①联动控制方式。防火分区内任意两只独立的感烟式火灾探测器或任意一只专门用于联动防火卷帘的感烟式火灾探测器的报警信号联动控制防火卷帘下降至距楼板面1.8m处；任意一只专门用于联动防火卷帘的感温式火灾探测器的报警信号联动控制防火卷帘下降到楼板面。火灾自动报警系统设计时，在防火卷帘的任意一侧距卷帘纵深0.5~5m内需设置不少于2只专门用于联动防火卷帘的感温式火灾探测器。

②手动控制方式。由防火卷帘两侧设置的手动控制按钮控制防火卷帘的升降。

③联动反馈方式。防火卷帘下降至距楼板面1.8m处、下降到楼板面的动作信号和防火卷帘控制器直接连接的感烟式、感温式火灾探测器的报警信号，应反馈至消防联动控制器。

2）防火卷帘（非疏散通道上）系统。

①联动控制方式。由防火卷帘所在防火分区内任意两只独立的火灾探测器的报警信号，作为防火卷帘下降的联动触发信号，并应联动控制防火卷帘直接下降到楼板面。

②手动控制方式。由防火卷帘两侧设置的手动控制按钮控制防火卷帘的升降，并应能在消防控制室内的消防联动控制器上手动控制防火卷帘的降落。

③联动反馈方式。防火卷帘下降到楼板面的动作信号和防火卷帘控制器直接连接的感烟式、感温式火灾探测器的报警信号，应反馈至消防联动控制器。

3）防火卷帘系统的联动控制线路。

① 防火卷帘（疏散通道上）系统的联动控制线路。防火卷帘（疏散通道上）系统的联动控制线路为消防控制室内消防联动控制器与疏散通道上的防火卷帘控制器之间的联动控制线路。消防联动控制器采用防火卷帘（疏散通道上）系统的联动控制线，并通过消防输入/输出模块与疏散通道上的防火卷帘控制器连接通信，联动控制疏散通道上的防火卷帘控制器，从而由防火卷帘控制器控制防火卷帘下降。疏散通道上的防火卷帘的联动触发信号为，防火分区内任意两只独立的感烟式火灾探测器或任意一只专门用于联动防火卷帘的感烟式火灾探测器的报警信号；任意一只专门用于联动防火卷帘的感温式火灾探测器的报警信号。联动触发信号发送至消防联动控制器，由消防联动控制器联动控制疏散通道上的防火卷帘下降。

② 防火卷帘（非疏散通道上）系统的联动控制线路。防火卷帘（非疏散通道上）系统的联动控制线路为消防控制室内消防联动控制器与非疏散通道上的防火卷帘控制器之间的联动控制线路。消防联动控制器采用防火卷帘（非疏散通道上）系统的联动控制线，并通过消防输入/输出模块与非疏散通道上的防火卷帘控制器连接通信，联动控制非疏散通道上的防火卷帘控制器，从而由防火卷帘控制器控制防火卷帘下降。非疏散通道上的防火卷帘的联动触发信号为，防火卷帘所在防火分区内任意两只独立的火灾探测器的报警信号。两个联动触发信号发送至消防联动控制器，由消防联动控制器联动控制非疏散通道上的防火卷帘下降。

6. 火灾警报和消防应急广播系统

(1) 火灾警报系统 火灾自动报警系统应设置火灾声光警报器，并在确认火灾后启动建筑内的所有火灾声光警报器。火灾声光警报器应由火灾报警控制器或消防联动控制器控制。未设置消防联动控制器的火灾自动报警系统，火灾声光警报器应由火灾报警控制器控制；设置消防联动控制器的火灾自动报警系统，火灾声光警报器应由火灾报警控制器或消防联动控制器控制。

（2）消防应急广播系统　集中报警系统和控制中心报警系统应设置消防应急广播。消防应急广播系统的联动控制信号应由消防联动控制器发出。当确认火灾后，应同时向全楼进行广播。在消防控制室应能手动或按照预设控制逻辑自动控制选择广播分区，启动或停止应急广播系统。消防应急广播与普通广播或背景音乐广播合用时，应具有强制切入消防应急广播的功能。

火灾时，将日常广播或背景音乐系统扩音机强制转入火灾事故广播状态的控制切换方式一般有以下两种：

1）消防应急广播系统仅利用日常广播或背景音乐系统的扬声器和馈电线路，而消防应急广播系统的扩音机等装置是专用的。当火灾发生时，在消防控制室切换输出线路，使消防应急广播系统按照规定播放应急广播。

2）消防应急广播系统全部利用日常广播或背景音乐系统的扩音机、馈电线路和扬声器等装置，在消防控制室只设紧急播送装置，当发生火灾时可遥控日常广播或背景音乐系统紧急开启，强制投入消防应急广播。

这两种控制方式都应该使扬声器不管处于关闭还是播放状态时，能紧急开启消防应急广播。

7. 消防应急照明和疏散指示系统

（1）系统控制

1）集中控制型系统的控制。集中控制型消防应急照明和疏散指示系统由火灾报警控制器或消防联动控制器启动应急照明控制器来实现系统消防灯具的控制。集中控制型系统主要由应急照明集中控制器、应急照明配电箱、消防应急灯具和配电线路等组成。集中控制型系统中所有消防应急灯具的工作状态都受应急照明集中控制器控制。因此，发生火灾时，火灾报警控制器或消防联动控制器向应急照明集中控制器发出控制信号，应急照明集中控制器按照预设程序控制各路消防灯具的工作状态。

2）集中电源非集中控制型系统的控制。集中电源非集中控制型消防应急照明和疏散指示系统由消防联动控制器联动应急照明集中电源和应急照明分配电装置来实现系统消防灯具的控制。集中电源非集中控制型系统主要由应急照明集中电源、应急照明分配电装置、消防应急灯具和配电线路等组成。因此，发生火灾时，消防联动控制器联动控制集中电源、应急照明分配电装置的工作状态，进而控制各路消防灯具的工作状态。

3）自带电源非集中控制型系统的控制。自带电源非集中控制型消防应急照明和疏散指示系统，由消防联动控制器联动消防应急照明配电箱。自带电源非集中控制型系统主要由应急照明配电箱、消防应急灯具和配电线路等组成。因此，发生火灾时，消防联动控制器联动控制应急照明配电箱的工作状态，进而控制各路消防灯具的工作状态。

（2）系统控制线路

1）集中控制型系统的联动控制线路。集中控制型系统的联动控制线路为消防控制室内火灾报警控制器或消防联动控制器与应急照明集中控制器之间的联动控制线路。火灾报警控制器或消防联动控制器采用集中控制型系统的联动控制线，并通过消防输入/输出模块与应急照明控制器连接通信，联动控制应急照明控制器的工作状态。应急照明控制器的联动触发信号为，确认火灾发生的火灾报警信号。确认火灾发生的火灾报警信号发送至火灾报警控制器或消防联动控制器，由火灾报警控制器或消防联动控制器联动控制应急照明控制器的工作状态。

2）集中电源非集中控制型系统的联动控制线路。集中电源非集中控制型系统的联动控制线路为消防控制室内消防联动控制器与应急照明集中电源和应急照明分配电装置之间的联动控制线路。消防联动控制器采用集中电源非集中控制型系统的联动控制线，并通过消防输入/输出模块与应急照明集中电源和应急照明分配电装置连接通信，联动控制应急照明集中电源和应急照明分配电装置的工作状态。应急照明控制器的联动触发信号为，确认火灾发生的火灾报警信号。确认火灾发生的火灾报警信号发送至消防联动控制器，由消防联动控制器联动控制应急照明集中电源和应急照明分配电装置的工作状态。

3）自带电源非集中控制型系统的联动控制线路。自带电源非集中控制型系统的联动控制线路为消防控制室内消防联动控制器与应急照明配电箱之间的联动控制线路。消防联动控制器采用自带电源非集中控制型系统的联动控制线，并通过消防输入/输出模块与应急照明配电箱连接通信，联动控制应急照明配电箱的工作状态。应急照明控制器的联动触发信号为，确认火灾发生的火灾报警信号。确认火灾发生的火灾报警信号发送至消防联动控制器，由消防联动控制器联动控制应急照明配电箱的工作状态。

8. 电梯系统

（1）电梯的联动控制 消防联动控制器应具有发出联动控制信号强制所有电梯停于首层或电梯转换层的功能。可用电梯停于首层或电梯转换层开门反馈信号作为电梯（除消防电梯外）电源切断的触发信号。电梯运行状态信息和停于首层或转换层的反馈信号应传送给消防控制室显示。而且，轿箱内应设置能直接与消防控制室通话的专用电话。

（2）电梯的联动控制线路 电梯的联动控制线路为消防控制室内消防联动控制器与电梯控制箱之间的联动控制线路。消防联动控制器采用电梯的联动控制线，并通过消防输入/输出模块与消防电梯和非消防电梯的控制箱连接通信，联动控制消防电梯和非消防电梯的工作状态。

9. 其他需要联动的系统

（1）非消防电源

1）非消防电源的联动控制。消防联动控制器应具有切断火灾区域及相关区域的非消防电源的功能。当需要切断正常照明时，宜在自动喷淋系统、消火栓系统动作前切断。

2）非消防电源的联动控制线路。非消防电源的联动控制线路为消防控制室内消防联动控制器与非消防设备的电源配电箱之间的联动控制线路。消防联动控制器采用非消防电源的联动控制线路，并通过消防输入/输出模块与需要联动的非消防设备的电源配电箱连接通信，联动控制非消防设备的电源配电箱的工作状态。

（2）门禁系统

1）门禁系统的控制。消防联动控制器应具有自动打开涉及疏散的电动栅杆等的功能。消防联动控制器应具有打开疏散通道上由门禁系统控制的门和庭院的电动大门的功能，并打开停车场出入口的挡杆。

2）门禁系统的联动控制线路。门禁系统的联动控制线路为消防控制室内消防联动控制器与门禁系统的门禁控制器之间的联动控制线路。消防联动控制器采用门禁系统的联动控制线路，并通过消防输入/输出模块与门禁系统的控制器连接通信，联动控制门禁系统的门禁控制器的工作状态。

习　题

1. 火灾自动报警系统的功能是什么？
2. 火灾自动报警系统的形式有哪些？
3. 火灾自动报警系统的基本部件有哪些？
4. 火灾自动报警系统的基本部件的设置要求有哪些？
5. 火灾自动报警系统平面图中的线路有哪些？
6. 消防联动系统的基本部件、基本系统都有哪些？
7. 湿式消火栓系统中消火栓泵的控制方法有几种？消火栓泵都有哪些控制线路？
8. 湿式自动喷水灭火系统中消防喷淋泵的控制方法有几种？消防喷淋泵都有哪些控制线路？
9. 机械防烟系统中防烟风机的控制方法有几种？防烟风机都有哪些控制线路？
10. 机械排烟系统中排烟风机的控制方法有几种？排烟风机都有哪些控制线路？
11. 消防模块的作用是什么？
12. 消防联动系统的功能是什么？
13. 消防联动系统中消防联动信号有几种？分别是什么？
14. 常开防火门的控制方法是什么？
15. 防火卷帘的控制方法是什么？
16. 消防接线端子箱的作用是什么，它的设置原则是什么？

拓展阅读

以人为本，生命第一

在“以人为本，生命第一”的今天，建筑内设置消防系统的第一任务就是保障人身安全，这是设计消防系统最基本的理念。消防系统包括给水排水设计师设计的灭火系统、暖通设计师设计的防排烟系统和电气设计师设计的火灾自动报警与联动系统。

建筑内设置火灾自动报警系统的目的是，当有火灾发生时，能够尽早发现火灾、及时报警、启动有关消防设施引导人员疏散，在人员疏散完后，如果火灾发展到需要启动自动灭火设施的程度，这时滞留人员由于毒气、高温等原因已经丧失了自我逃生的能力，就需要依靠消防救援人员帮助逃生。

火灾报警与自动灭火之间还有一个人员疏散阶段，这一阶段根据火灾发生的场所、火灾起因、燃烧物等因素不同，有几分钟到几十分钟不等的时间，这是直接关系到人身安全最重要的阶段。

因此，在任何需要保护人身安全的场所，设置火灾自动报警系统均具有不可替代的重要意义。只有设置了火灾自动报警系统，才会形成有组织的疏散，也才会有应急预案。确定的火灾发生部位是疏散预案的起点。疏散是指有组织的、按预订方案撤离危险场所的行为，没有组织地离开危险场所的行为只能叫作逃生，不能称为疏散。

而人员疏散之后，只有火灾发展到一定程度，才需要启动自动灭火系统，自动灭火系统的主要功能是扑灭初期火灾、防止火灾扩散和蔓延，不能直接保护人们生命安全，不可能替代火灾自动报警系统的作用。

设计有担当，生命有保障

关于火灾确认后，火灾自动报警系统应能切断火灾区域及相关区域的非消防电源，在国内是极具争议的问题，各种情况都有，比较复杂，各地区、各设计院的设计差异也很大。理论上讲，只要能确认不是供电线路发生的火灾，都可以先不切断电源，尤其是正常照明电源，如果发生火灾时正常照明正处于点亮状态，则应予以保持，因为正常照明的照度较高，有利于人员的疏散。

正常照明、生活水泵供电等非消防电源只要在水系统动作前切断，就不会引起触电事故及二次灾害；其他在发生火灾时没必要继续工作的电源，或切断后也不会带来损失的非消防电源，可以在确认火灾后立即切断。火灾时，应切断的非消防电源用电设备和不应切断的非消防电源用电设备如下，建筑电气设计人员可参照执行：

1）火灾时可立即切断的非消防电源有普通动力负荷、自动扶梯、排污泵、空调用电、康乐设施、厨房设施等。

2）火灾时不应立即切掉的非消防电源有正常照明、生活给水泵、安全防范系统设施、地下室排水泵、客梯和Ⅰ~Ⅲ类汽车库作为车辆疏散口的提升机。

火灾发生后，宜马上打开涉及疏散的电动栅杆，并有必要开启相关层安全技术防范系统的摄像机，监视并记录火灾现场的情况，为进一步的抢险救援提供依据。而且，为便于火灾现场及周边人员逃生，有必要打开疏散通道上由门禁系统控制的门和庭院的电动大门，并及时打开停车场出入口的挡杆，以便于人员的疏散、火灾救援人员和装备进出火灾现场。

第9章 建筑电气施工图设计与识读

【学习目标驱动】对于已定的建筑图，如何进行建筑电气施工图设计？如何识读建筑电气施工图？基于工程项目建筑电气施工图设计与识读，需具有以下知识储备内容：建筑电气施工图设计内容；建筑电气施工图设计步骤；建筑电气施工图识读内容与程序。

【学习内容】建筑电气施工图设计；建筑电气施工图识读；建筑电气施工图设计实例。

【知识目标】熟悉建筑电气施工图的设计内容与步骤；熟悉建筑电气施工图的识读内容与程序。

【能力目标】学会建筑电气施工图的设计与识读。

9.1 建筑电气施工图设计

9.1.1 建筑电气施工图设计内容

1. 建筑电气施工图设计范围

建筑电气施工图设计范围一般包括：

（1）照明插座系统 照明插座系统包括照明设计与照明配电、插座设计与插座配电。照明设计包括普通照明设计和应急照明设计。普通照明设计包括建筑楼层内各功能房间的照明设计；建筑楼层大厅、内走道、楼梯间等公共部位的照明设计。应急照明设计主要是建筑内各楼层的应急照明与疏散指示系统设计。照明配电包括普通照明配电与应急照明配电。插座设计包括建筑楼层各功能房间的插座布置，建筑楼层强电间、弱电间等公共部位的插座布置。插座配电包括建筑楼层各功能房间的插座配电和公共部位的插座配电。

（2）配电系统 配电系统包括空调配电、动力配电。动力配电即动力设备配电，包括给水排水系统设备配电、通风与防排烟系统设备配电、电梯系统配电及其他设备配电。

1）空调配电。空调配电即空调设备配电，包括集中式空调配电和分体式空调配电。集中式空调配电包括空调末端设备配电和冷热源机房设备配电。

2）给水排水系统设备配电，包括生活给水设备配电、消防给水设备配电、排水设备配电。主要配电房间有生活水泵房、消防水泵房。此外还有主要配电设备：地下室分散设置的潜水井中的潜水泵。

3）通风与防排烟系统设备配电，包括机械通风设备配电、机械防烟设备配电、机械排烟设备配电。主要配电房间有防烟排烟机房、通风机房。此外还有主要配电设备：分散设置的通风机。

4）电梯系统配电，包括消防电梯、非消防电梯及自动扶梯等电梯设备配电。主要配电房间有电梯机房。此外还有主要配电设备：无电梯机房的电梯。电梯机房包括消防电梯机房和非消防电梯机房。

5）其他设备配电，包括消防控制室配电、监控室配电、通信机房配电、5G 机房配电等建筑内其他需要配电的房间或设备配电。

（3）防雷与接地系统 防雷与接地系统包括屋面防雷、基础接地及等电位联结。等电位联结包括总等电位联结和局部等电位联结。

（4）消防电气系统 消防电气系统主要包括火灾自动报警系统与消防联动系统，此外还可包括电气火灾监控系统、消防设备电源监控系统、防火门监控系统。

2. 建筑电气施工图设计成果

建筑电气施工图设计成果一般依次包括：

1）图纸目录：分别以设计说明、系统图、平面图等按图纸序号排列。

2）电气设计说明：包括电气施工图设计说明、绿色建筑电气设计说明、建筑电气工程抗震设计说明、装配式建筑电气设计说明及消防电气设计说明等。

3）电气平面图：照明插座平面图、动力配电平面图。动力配电平面图是包括集中式空调配电、VRF 配电、动力设备配电及配电箱干线平面等内容的平面图。

4）电气系统图：配电箱系统图。

5）电气干线图：竖向配电干线图。以建筑物、构筑物为单位，自电源点开始至终端配电箱止，按设备所处相应楼层绘制。

6）屋面防雷平面图。

7）基础接地平面图。

8）消防电气系统图。消防电气系统图主要为火灾自动报警与消防联动系统图，建筑电气施工图中还可能包括电气火灾监控系统图、消防设备电源监控系统、防火门监控系统图，这三个系统设置与否一般由建筑电气工程项目实际情况而定。

9）消防电气平面图。即火灾自动报警与消防联动平面图。

10）图例、主要设备表。图例包括电气设备图例、消防电气设备图例。主要设备表包括主要电气设备表、主要消防电气设备表。

9.1.2 建筑电气施工图设计步骤

建筑电气施工图设计步骤一般如下：

1. 照明系统施工图设计

照明系统施工图设计内容包括照明平面图绘制、照明配电箱系统图绘制。照明平面图绘制包括照明灯布置、照明开关布置、照明配电箱布置，以及照明回路设置与连线、信息标注。

（1）照明平面图绘制

1）根据建筑平面图中各房间的功能，确定光源，确定灯具的型号及安装方式、安装高度。

2）根据 GB 50034—2013《建筑照明设计标准》中对不同功能房间的照度值和功率密度值要求进行照度计算，确定房间的照明灯具数量，并结合房间的布局，按均匀布置原则对房间进行照明灯具布置。

3）布置照明开关，根据照明灯的控制方式，进行照明开关与照明灯之间照明导线的连线绘制，并进行照明导线根数标注。

4）布置照明终端配电箱，设置照明回路，各照明回路连接至照明终端配电箱，进行照明回路编号标注，并对照明终端配电箱进行配电箱编号及其标注。

（2）照明配电箱系统图绘制 照明配电箱系统图绘制包括照明终端配电箱系统图绘制、照明总配电箱系统图绘制。

1）照明终端配电箱系统图绘制。根据照明平面图中照明终端配电箱的照明出线回路设置情况，绘制照明终端配电箱系统图。照明终端配电箱的进/出线：一路进线接自照明总配电箱，多路出线分别接至各照明回路。照明终端配电箱系统图绘制时，需对进线回路和出线回路进行回路信息标注。

2）照明总配电箱系统图绘制。根据建筑内照明终端配电箱的设置情况，设置照明总配电箱，负责为若干照明终端配电箱供电。根据建筑内设置的照明总配电箱负责供电的照明终端配电箱数量及具体照明终端配电箱负荷情况，绘制照明总配电箱系统图。照明总配电箱的进/出线：一路进线接自变压器低压出线柜出线回路，多路出线分别接至各照明终端配电箱。照明总配电箱系统图绘制时，需对进线回路和出线回路进行回路信息标注。

2. 插座系统施工图设计

插座系统施工图设计内容包括插座平面图绘制、插座配电箱系统图绘制。插座平面图绘制包括普通插座的布置、插座配电箱布置，以及普通插座回路设置与连线、信息标注。

（1）插座平面图绘制

1）根据建筑平面图中各房间的功能、布局，依据插座的布置原则布置普通插座。在建筑电气施工图设计时，照明和普通插座可共同布置在同一电气平面图（照明插座平面图）中，也可分开布置在不同电气平面图（照明平面图和插座平面图）中。照明和普通插座一般共同布置在同一电气平面图（照明插座平面图）中。

2）在布置插座的电气平面图中，布置插座配电箱。设置普通插座回路，各插座回路连接至插座终端配电箱，进行普通插座回路编号标注，并对插座终端配电箱进行配电箱编号及其标注。在建筑电气施工图设计时，照明回路和普通插座回路可共用同一个配电箱（照明终端配电箱），也可分开各设置不同配电箱（照明终端配电箱和插座终端配电箱）。照明回路和普通插座回路分开各设置不同配电箱时，有利于建筑用电分项计量。

（2）插座配电箱系统图绘制

1）照明回路和普通插座回路共用同一个配电箱（照明终端配电箱）时，照明配电箱系统图绘制步骤如下：根据布置插座的电气平面图中照明配电箱的普通插座出线回路设置情况，并结合照明出线回路设置情况，在已绘制有照明出线回路的照明终端配电箱系统图中增加普通插座出线回路。这时照明终端配电箱的进/出线：一路进线接自照明总配电箱，多路出线分别接至各照明回路和各普通插座回路。

2）照明回路和普通插座回路分开各设置不同配电箱（照明终端配电箱和插座终端配电箱）时，插座配电箱系统图绘制如下：

①插座终端配电箱系统图绘制。根据插座平面图中插座终端配电箱的出线回路设置情况，绘制插座终端配电箱系统图。插座终端配电箱的进/出线：一路进线接自插座总配电箱，多路出线分别接至各普通插座回路。插座终端配电箱系统图绘制时，需对进线回路和出线回路进行回路信息标注。

②插座总配电箱系统图绘制。

a. 单独设置插座终端配电箱时，插座终端配电箱一般与照明终端配电箱共用末端一级配电箱，即照明终端配电箱的进线回路电源和插座终端配电箱的进线回路电源一般都共同接自同一总配电箱（照明总配电箱）。这时，照明终端配电箱与插座终端配电箱共用的照明总配电箱系统绘制，需根据建筑内照明终端配电箱和插座终端配电箱的设置情况，设置照明总配电箱，负责为若干照明终端配电箱和插座终端配电箱供电。根据建筑内设置的照明总配电箱负责供电的照明终端配电箱和插座终端配电箱的数量及这些终端配电箱的负荷情况，绘制照明总配电箱系统图。照明总配电箱的进/出线：一路进线接自变压器低压出线柜出线回路，多路出线分别接至各照明终端配电箱和各插座终端配电箱。

b. 单独设置插座总配电箱时，需根据建筑内插座终端配电箱的设置情况，设置插座总配电箱，负责为若干插座终端配电箱供电。根据建筑内设置的插座总配电箱负责供电的插座终端配电箱数量及具体插座终端配电箱负荷情况，绘制插座总配电箱系统图。插座总配电箱的进/出线：一路进线接自变压器低压出线柜出线回路，多路出线分别接至各插座终端配电箱。

插座总配电箱系统图绘制时，需对进线回路和出线回路进行回路信息标注。

3. 空调配电施工图设计

空调配电施工图设计包括空调配电平面图设计和空调配电箱系统图设计。

（1）空调配电平面图绘制

1）风机盘管加新风系统、全空气系统空调配电平面图绘制。

①按楼层设置空调终端配电箱，楼层空调终端配电箱负责为该楼层的空调末端设备（风机盘管、新风机组、空调机组）配电。

②该楼层的多台风机盘管单独一路风机盘管回路，连线至楼层空调终端配电箱，即多台风机盘管连在一起并连接至楼层空调终端配电箱；根据风机盘管设置数量等情况合理设置多个风机盘管回路，每个风机盘管回路中的多台风机盘管连在一起并连接至楼层空调终端配电箱。

③该楼层的每台新风机组单独一路新风机组回路，连线至楼层空调终端配电箱，即每台新风机组单独一路线连接至楼层空调终端配电箱；该楼层的每台空调机组单独一路空调机组回路，连线至楼层空调终端配电箱，即每台空调机组单独一路线连接至楼层空调终端配电箱。

④平面图信息标注：楼层空调终端配电箱编号并标注；楼层空调终端配电箱的出线回路

编号并标注。

⑤根据建筑楼层或楼层空调终端配电箱的数量，在合适位置合理设置空调总配电箱 1 台或多台；空调总配电箱编号并标注；空调总配电箱连线接至所负责的楼层空调终端配电箱。

⑥冷热源机房配电平面图绘制。

a. 在冷热源机房设置冷热源空调配电箱。

b. 在近冷水机组、冷冻水泵、冷却水泵、热水循环泵的位置分别设置冷水机组电控箱、冷冻水泵电控箱、冷却水泵电控箱、热水循环泵电控箱。冷水机组电控箱、冷冻水泵电控箱、冷却水泵电控箱、热水循环泵电控箱一般为厂家配套。

c. 冷水机组电控箱单独一路冷水机组回路，连线至冷热源空调配电箱，即每台冷水机组电控箱单独一路线连接至冷热源空调配电箱。

d. 冷冻水泵电控箱单独一路冷冻水泵回路，连线至冷热源空调配电箱，即每台冷冻水泵电控箱单独一路线连接至冷热源空调配电箱。

e. 冷却水泵电控箱单独一路冷却水泵回路，连线至冷热源空调配电箱，即每台冷却水泵电控箱单独一路线连接至冷热源空调配电箱。

f. 冷热源空调配电箱编号并标注，标注回路编号。

2）VRF 空调系统空调配电平面图绘制。

①按楼层设置空调终端配电箱，楼层空调终端配电箱负责为该楼层的 VRF 室内机及其同楼层的室外机配电。

②该楼层的多台 VRF 室内机单独一路 VRF 室内机回路，连线至楼层空调终端配电箱，即多台 VRF 室内机连在一起并连接至楼层空调终端配电箱；根据 VRF 室内机设置数量等情况合理设置多个 VRF 室内机回路，每个 VRF 室内机回路中的多台 VRF 室内机连在一起并连接至楼层空调终端配电箱。

③该楼层的每台 VRF 室外机单独一路 VRF 室外机回路，连线至楼层空调终端配电箱，即每台 VRF 室外机单独一路线连接至楼层空调终端配电箱。

④平面图信息标注：楼层空调终端配电箱编号并标注；楼层空调终端配电箱的出线回路编号并标注。

⑤根据建筑楼层或楼层空调终端配电箱的数量，在合适位置合理设置空调总配电箱 1 台或多台；空调总配电箱编号并标注；空调总配电箱连线接至所负责的楼层空调终端配电箱。

⑥VRF 室外机设置在与其 VRF 室内机不在同一楼层时，VRF 室外机单独另设置 VRF 室外机空调配电箱，专门负责 VRF 室外机配电；每台 VRF 室外机单独一路 VRF 室外机回路，连线至 VRF 室外机空调配电箱。对 VRF 室外机空调配电箱编号，标注配电箱编号、标注回路编号。

3）分体式空调配电平面图绘制。

①按楼层设置空调终端配电箱，楼层空调终端配电箱负责为该楼层的分体式空调插座配电。

②每个近分体式空调孔位置处设置分体式空调插座。

③该楼层的每个分体式空调插座单独一路空调插座回路，连线至楼层空调终端配电箱，

即每个分体式空调插单独一路线连接至楼层空调终端配电箱。

④平面图信息标注：楼层空调终端配电箱编号并标注；楼层空调终端配电箱的出线回路编号并标注。

⑤根据建筑楼层或楼层空调终端配电箱的数量，在合适位置合理设置空调总配电箱 1 台或多台；空调总配电箱编号并标注；空调总配电箱连线接至所负责的楼层空调终端配电箱。

(2) 空调配电箱系统图绘制 空调配电箱系统图绘制包括空调终端配电箱系统图绘制、空调总配电箱系统图绘制。

1）空调终端配电箱系统图绘制。

①根据空调配电平面图中空调终端配电箱的空调末端设备（风机盘管、新风机组、空调机组，或 VRF 室内机及其同楼层的 VRF 室外机，或分体式空调插座）出线回路设置情况，绘制空调终端配电箱系统图。

②空调终端配电箱的进/出线：一路进线接自空调总配电箱，多路出线分别接至各空调末端设备（风机盘管、新风机组、空调机组）回路，或 VRF 室内机回路、VRF 室外机回路，或分体式空调插座回路。

③空调终端配电箱系统图绘制时，需对进线回路和出线回路进行回路信息标注。

2）空调总配电箱系统图绘制。

①根据建筑内空调终端配电箱的设置情况，设置空调总配电箱，负责为若干空调终端配电箱供电。

②根据建筑内设置的空调总配电箱负责供电的空调终端配电箱数量及具体空调终端配电箱负荷情况，绘制空调总配电箱系统图。空调总配电箱的进/出线：一路进线接自变压器低压出线柜出线回路，多路出线分别接至各空调终端配电箱。

③空调总配电箱系统图绘制时，需对进线回路和出线回路进行回路信息标注。

4. 动力配电施工图设计

(1) 电梯机房

1）电梯机房配电平面图绘制。

①电梯机房内设置双电源自动切换箱，负责为电梯机房内设备（电梯曳引机、照明、普通插座及排风机或空调插座）、电梯轿厢内设备（照明、排气扇或空调插座）、电梯井道内设备（照明、维修插座）配电；双电源自动切换箱编号，标注配电箱编号。

②电梯机房内按照照度计算结果，布置照明灯具，照明灯单独一路照明回路，连线至双电源自动切换箱；电梯机房内设置 1 个普通插座，普通插座单独一路普通插座回路，连线至双电源自动切换箱。电梯机房内设置 1 个排风机或空调插座，排风机或空调插座单独一路排风机或空调插座回路，连线至双电源自动切换箱。

③电梯机房内设置电梯曳引机电控箱，电梯曳引机电控箱单独一路电梯曳引机电控箱回路，连线至双电源自动切换箱。

2）电梯机房配电箱系统图绘制。电梯机房配电箱系统图绘制为电梯机房内双电源自动切换箱系统图绘制。双电源自动切换箱的两路进线均分别接自变压器低压出线柜出线回路。双电源自动切换箱的出线回路分别为电梯曳引机电控箱，电梯机房内的照明回路、普通插座回路、排风机或空调插座回路，电梯轿厢内的照明回路、排气扇或空调插座回路，电梯井道内的照明回路、普通插座回路。双电源自动切换箱系统图绘制时，需对进线回路和出线回路进行回路信息标注。

（2）生活水泵房

1）生活水泵房配电平面图绘制。

①生活水泵房内设置双电源自动切换箱，负责为生活水泵房内设备（照明、插座、生活水泵、潜水泵）配电。

②生活水泵房内按照照度计算结果，布置照明灯具，照明灯单独一路照明回路，连线至双电源自动切换箱；生活水泵房内设置 1 个普通插座，普通插座单独一路普通插座回路，连线至双电源自动切换箱。

③生活水泵房内近生活水泵位置设置生活水泵电控箱，生活水泵电控箱单独一路生活水泵回路，连线至双电源自动切换箱。生活水泵电控箱一般为厂家配套。

④生活水泵房内近潜水泵位置设置潜水泵电控箱，潜水泵电控箱单独一路潜水泵回路，连线至双电源自动切换箱。潜水泵电控箱一般为厂家配套。

⑤平面图信息标注：双电源自动切换箱编号，标注配电箱编号；双电源自动切换箱的出线回路编号，标注回路编号。

2）生活水泵房配电箱系统图绘制。生活水泵房配电箱系统图绘制为生活水泵房内双电源自动切换箱系统图绘制。双电源自动切换箱的两路进线均分别接自变压器低压出线柜出线回路。双电源自动切换箱的出线回路分别为生活水泵房内的照明回路、普通插座回路，生活水泵房内的生活水泵回路，生活水泵房内的潜水泵回路。双电源自动切换箱系统图绘制时，需对进线回路和出线回路进行回路信息标注。

（3）消防水泵房

1）消防水泵房配电平面图绘制。

①消防水泵房内设置双电源自动切换箱，负责为消防水泵房内设备（照明、插座、消火栓泵、消防喷淋泵、潜水泵）配电。

②消防水泵房内按照照度计算结果，布置照明灯具，照明灯单独一路照明回路，连线至双电源自动切换箱。

③消防水泵房内近消火栓泵位置设置消火栓泵电控箱，消火栓泵电控箱单独一路消火栓泵回路，连线至双电源自动切换箱。消火栓泵电控箱一般为厂家配套。

④消防水泵房内近消防喷淋泵位置设置消防喷淋电控箱，消防喷淋泵电控箱单独一路消防喷淋泵回路，连线至双电源自动切换箱。消防喷淋泵电控箱一般为厂家配套。

⑤消防水泵房内近潜水泵位置设置潜水泵电控箱，潜水泵电控箱单独一路潜水泵回路，连线至双电源自动切换箱。潜水泵电控箱一般为厂家配套。

⑥平面图信息标注：双电源自动切换箱编号，标注配电箱编号；双电源自动切换箱的出线回路编号，标注回路编号。

2）消防水泵房配电箱系统图绘制。消防水泵房配电箱系统图绘制为消防水泵房内双电源自动切换箱系统图绘制。双电源自动切换箱的两路进线均分别接自变压器低压出线柜出线回路。双电源自动切换箱的出线回路分别为消防水泵房内的照明回路，消防水泵房内的消火栓泵回路，消防水泵房内的消防喷淋泵回路，消防水泵房内的潜水泵回路。双电源自动切换箱系统图绘制时，需对进线回路和出线回路进行回路信息标注。

（4）防排烟机房

1）防排烟机房配电平面图绘制。

①防排烟机房内设置双电源自动切换箱，负责为防排烟机房内设备［照明、防排烟风机、电动防火（排烟）阀］配电。

②防排烟机房内按照照度计算结果，布置照明灯具，照明灯单独一路照明回路，连线至双电源自动切换箱。

③防排烟机房内近防排烟风机位置设置防排烟风机电控箱，防排烟风机电控箱单独一路防排烟风机回路，连线至双电源自动切换箱。防排烟风机电控箱一般为厂家配套。

④防排烟机房内电动防火（排烟）阀单独一路电动防火（排烟）阀回路，连线至双电源自动切换箱。

⑤平面图信息标注：双电源自动切换箱编号，标注配电箱编号；双电源自动切换箱的出线回路编号，标注回路编号。

2）防排烟机房配电箱系统图绘制。

防排烟机房配电箱系统图绘制为防排烟机房内双电源自动切换箱系统图绘制。双电源自动切换箱的两路进线均分别接自变压器低压出线柜出线回路；双电源自动切换箱的出线回路分别为防排烟机房内的照明回路，防排烟机房内的防排烟风机回路，防排烟机房内的电动防火（排烟）阀回路。双电源自动切换箱系统图绘制时，需对进线回路和出线回路进行回路信息标注。

5. 防雷与接地系统施工图设计

（1）屋面防雷平面图绘制 屋面防雷平面图需在建筑专业的屋面平面图上绘制。

1）根据建筑物重要性、使用性质及年预计雷击次数，确定建筑物防雷等级；根据建筑物防雷等级，确定屋面避雷网格尺寸要求、引下线间距要求。

2）沿着建筑物平屋面周边（女儿墙）或瓦屋面的周边（屋角、屋脊、屋檐和檐角）绘制一圈接闪线（避雷带）；依据避雷网格尺寸要求，结合建筑物屋面的长、宽尺寸大小，合理绘制接闪线（避雷带）剖分避雷网格，使避雷网格最终满足避雷网格尺寸要求。

3）结合结构专业施工图，确定建筑物屋面的结构柱；优先利用建筑物平屋面或瓦屋面周边的四角位置处（或近四角位置处）的结构柱内钢筋作为引下线，在这四个结构柱上绘制引下线；依据引下线间距要求，结合两个已设置引下线之间的距离，在已设置两个引下线之间合理增设引下线，使引下线间距最终满足引下线间距要求。

4）把屋面上所有金属构件电气连接至屋面避雷带。

5）平面图信息标注：标注避雷带的材质及规格；标注引下线材质及规格。

（2）基础接地平面图绘制 基础接地平面图需在结构专业的包含有基础地梁图和桩位图的基础平面图上绘制。

1）把屋面防雷平面图上的引下线定位画在基础平面图结构柱上。

2）沿着基础平面图中周边地梁，绘制一圈接地线，并把尽可能多的引下线圈连上。

3）依照基础接地网格的尺寸要求，结合基础平面图中地梁间的距离，在确保能够把所有的引下线都与接地线圈连在一起的前提下，沿着地梁绘制接地线剖分基础接地网格，使基础接地网格满足基础接地网格尺寸要求。

4）在基础平面图周边四角位置的引下线处，依次绘制甩出墙外的接地线。

5）平面图信息标注：接地线信息标注、引下线信息标注、甩出墙外的接地线信息标注。

6. 消防电气系统施工图设计

（1）火灾自动报警平面图绘制

1）火灾探测器布置：在建筑各楼层的功能房间、内走道、门厅、电梯前室、楼梯间及汽车库布置点型感烟火灾探测器；感烟火灾探测器布置时需考虑保护半径和保护范围。

2）手动火灾报警按钮布置：在建筑首层的各出入口、楼梯口、内走道布置手动火灾报警按钮；在建筑其他楼层各楼梯口、内走道布置手动火灾报警按钮；布置在内走道时，距离走道末端最近的手动火灾报警按钮布置在距离走道末端步行距离不大于30m处，两只手动火灾报警按钮的布置间距为步行距离不大于30m。

建筑内首层的各出入口、各楼梯口及其他各楼层的楼梯口一般布置带有电话插孔的手动火灾报警按钮，而建筑各楼层的内走道可布置不带有电话插孔的手动火灾报警按钮。

3）消火栓按钮布置：结合给水排水专业的消火栓布置平面图，在近消火栓位置布置消火栓按钮。

4）火灾声光警报器布置：在建筑首层的各出入口、各楼梯口、内走道、消防电梯前室布置火灾声光警报器；在建筑其他楼层各楼梯口、内走道、消防电梯前室布置火灾声光警报器。布置在内走道时，两只火灾声光警报器的布置间距为步行距离不大于30m。

5）消防应急广播扬声器布置：在建筑内各楼层的大厅、内走道等公共部位布置消防应急广播的扬声器；布置在内走道时，距离走道末端最近的扬声器布置在距离走道末端直线距离不大于12.5m处，而两只扬声器的布置间距为直线距离不大于25m。

6）消防专用电话布置：消防控制室布置消防专用电话总机；消防水泵房、发电机房、配变电室、计算机网络机房、主要通风和空调机房、防排烟机房、灭火控制系统操作装置处或控制室、企业消防站、消防值班室、总调度室、消防电梯机房及其他与消防联动控制有关的且经常有人值班的机房布置消防专用电话分机。

7）区域显示器（火灾显示盘）布置：在建筑首层的出入口布置区域显示器；在建筑其他楼层的楼梯口、电梯前室布置区域显示器。

8）消防模块布置：在需要把现场的动作信号或工作状态反馈至消防联动控制器的设备附近布置消防输入模块；在需要被消防联动控制器控制其动作且把其动作信号反馈至消防联动控制器的设备附近布置消防输入/输出模块。

9）火灾报警控制器、消防联动控制器或火灾报警控制器（联动型）布置在消防控制室内。

（2）火灾自动报警系统图绘制　绘制楼层标高示意图。在楼层标高示意图上，按以下步骤绘制火灾自动报警系统图：

1）按楼层依次放置相应火灾自动报警平面图中布置的火灾自动报警系统部件，放置的火灾自动报警系统部件包括火灾探测器、手动火灾报警按钮、带电话插孔的手动火灾报警按钮、消火栓按钮、火灾声光警报器、消防应急广播扬声器、区域显示器（火灾显示盘）、消防输入模块或消防输入/输出模块；在每个火灾自动报警系统部件旁标注出其在火灾自动报警平面图中布置的数量；在消防输入模块下方放置需要配置该模块的设备，需要配置消防输入模块的设备包括水流指示器、信号阀、流量开关、压力开关、常开防火阀、液位传感器等；在消防输入/输出模块下方放置需要配置该模块的设备，需要配置消防输入/输出模块的设备包括非消防电源配电箱、常闭防火阀等需要消防联动控制器控制其动作且反馈其动作至消防联动控制器的设备。

2）按楼层放置消防接线端子箱：首层的消防接线端子箱为消防总接线端子箱，其他楼层的消防接线端子箱为消防分接线端子箱；各楼层消防接线端子箱间绘制三路线（广播线、电话线、信号线+电源线）或四路线（广播线、电话线、信号线、电源线）并相互连线在一起；首层消防总接线端子箱再通过绘制三路线（广播线、电话线、信号线+电源线）或四路线（广播线、电话线、信号线、电源线）与消防控制室内的火灾报警控制器、消防联动控制器或火灾报警控制器（联动型）连线在一起。

3）按楼层绘制一路广播线，把消防应急广播扬声器连线至楼层消防接线端子箱。

4）按楼层绘制一路电话线，把带电话插孔的手动火灾报警按钮上的电话插孔连线至楼层消防接线端子箱。

5）按楼层绘制一路信号线，把火灾探测器、手动火灾报警按钮、消火栓按钮、火灾声光警报器、区域显示器（火灾显示盘）和消防输入模块、消防输入/输出模块，以总线连接的形式连在一起，并通过短路隔离器连线至楼层消防接线端子箱。

6）按楼层绘制一路电源线，把火灾声光警报器、区域显示器（火灾显示盘）和消防输入/输出模块，以总线连接的形式连在一起，并通过短路隔离器连线至楼层消防接线端子箱。

7）连锁控制线路：

①屋顶层高位消防水箱处流量开关，绘制一路连锁控制线，连线至首层或地下室层的消防水泵房内消火栓泵控制箱。

②首层或地下室层的消防水泵房内，绘制一路连锁控制线，把低压压力开关连线至消火栓泵控制箱。

③首层或地下室层的消防水泵房内，绘制一路连锁控制线，把压力开关连线至消防喷淋泵控制箱。

④绘制一路连锁控制线，把排烟风机入口处的总管上设置的280℃排烟防火阀，连线至其相应的排烟风机。

8）手动控制线路：

①绘制一路手动控制专线，把消防控制室内消防联动控制器上手动控制盘，连线至首层或地下室层的消防水泵房内火栓泵控制箱。

②绘制一路手动控制专线，把消防控制室内消防联动控制器上手动控制盘，连线至首层

或地下室层的消防水泵房内消防喷淋泵控制箱。

③绘制一路手动控制专线，把消防控制室内消防联动控制器上手动控制盘，连线至防排烟机房内的防排烟风机。

9）信息标注：标注广播线、电话线、信号线、电源线、连锁控制线、手动控制线等线路采用的线缆及其敷设方式、敷设部位。

9.2　建筑电气施工图识读

9.2.1　建筑电气施工图识读内容

建筑电气施工图识读主要包括以下电气图纸：

1）图纸目录：图纸目录中列出了建筑电气工程所有电气施工图纸。

2）电气设计说明：主要为电气施工图设计说明，还可包括绿色建筑电气设计说明、建筑电气工程抗震设计说明、装配式建筑电气设计说明等。

3）电气平面图：照明插座平面图、动力配电平面图。

4）电气系统图：配电箱系统图。

5）电气干线图：竖向配电干线图。

6）屋面防雷平面图。

7）基础接地平面图。

8）消防电气设计说明

9）消防电气系统图。

10）消防电气平面图。

11）图例、主要设备表。图例包括电气设备图例、消防电气设备图例。主要设备表包括主要电气设备表、主要消防电气设备表。

9.2.2　建筑电气施工图识读程序

1. 照明插座系统施工图识读程序

（1）照明插座平面图识读　查看电气图例，结合电气图例，识读照明插座平面图主要包括：

1）照明配电箱设置情况，包括照明终端配电箱设置情况、照明总配电箱设置情况，以及照明总配电箱与照明终端配电箱之间的连线逻辑关系。

2）照明终端配电箱的出线回路情况，包括照明回路情况、普通插座回路情况。

3）房间照明导线标注情况，根据照明导线标注情况，可识别照明开关对照明灯的开关控制情况。

（2）照明配电箱系统图识读　结合照明插座平面图及包含配电箱干线图的动力配电平面图，识读照明配电箱系统图主要包括：

1）照明终端配电箱的进/出线回路情况，包括进线回路断路器，进线回路的负荷计算；出线回路编号，出线回路名称（普通照明回路、普通插座回路），出线回路相序，出线回路断路器，出线回路导线的类型、根数、敷设方式、敷设部位。

2）照明总配电箱系统图的进/出线回路情况，包括进线回路断路器，进线回路的负荷计算，进线回路导线的类型、根数、敷设方式、敷设部位；出线回路编号，出线回路名称（照明终端配电箱编号），出线回路相序，出线回路断路器，出线回路导线的类型、根数、敷设方式、敷设部位。

2. 空调配电系统施工图识读程序

（1）分体式空调配电系统施工图识读

1）分体式空调插座平面图识读。查看电气图例，结合电气图例，识读分体式空调插座平面图主要包括：

①分体式空调插座配电箱设置情况，包括分体式空调插座终端配电箱设置情况、分体式空调插座总配电箱设置情况，以及分体式空调插座总配电箱与分体式空调插座终端配电箱之间的连线逻辑关系。

②分体式空调插座终端配电箱的出线回路情况，即分体式空调插座回路情况。

2）分体式空调插座配电箱系统图识读。结合分体式空调插座平面图及包含配电箱干线图的动力配电平面图，识读分体式空调插座配电箱系统图主要包括：

①分体式空调插座终端配电箱的进/出线回路情况，包括进线回路断路器，进线回路的负荷计算；出线回路编号，出线回路名称（分体式空调插座回路），出线回路相序，出线回路断路器，出线回路导线的类型、根数、敷设方式、敷设部位。

②分体式空调插座总配电箱系统图的进/出线回路情况，包括进线回路断路器，进线回路的负荷计算，进线回路导线的类型、根数、敷设方式、敷设部位；出线回路编号，出线回路名称（分体式空调插座终端配电箱编号），出线回路相序，出线回路断路器，出线回路导线的类型、根数、敷设方式、敷设部位。

（2）集中式空调配电系统施工图识读

1）集中式空调配电平面图识读。查看电气图例，结合电气图例，识读集中式空调配电平面图主要包括：

①集中式空调配电箱设置情况，包括集中式空调终端配电箱设置情况、集中式空调总配电箱设置情况，以及集中式空调总配电箱与集中式空调终端配电箱之间的连线逻辑关系。

②集中式空调终端配电箱的出线回路情况，包括空调末端配电回路情况（风机盘管配电回路情况、新风机组配电回路情况、空调机组配电回路情况）和冷热源设备配电回路情况（冷水机组配电回路情况、冷冻水泵配电回路情况、冷却水泵配电回路情况、热水循环泵配电回路情况、电锅炉配电回路情况）。

2）集中式空调配电箱系统图识读。结合集中式空调配电平面图及包含配电箱干线图的动力配电平面图，识读集中式空调配电箱系统图主要包括：

①集中式空调终端配电箱的进/出线回路情况，包括进线回路断路器，进线回路的负荷计算；出线回路编号，出线回路名称（风机盘管、新风机组、空调机组、冷水机组、冷冻水泵、冷却水泵、热水循环泵、电锅炉等），出线回路相序，出线回路断路器，出线回路导线的类型、根数、敷设方式、敷设部位。

②集中式空调总配电箱系统图的进/出线回路情况，包括进线回路断路器，进线回路的负荷计算，进线回路导线的类型、根数、敷设方式、敷设部位；出线回路编号，出线回路名称（集中式空调终端配电箱编号），出线回路相序，出线回路断路器，出线回路导线的类型、根数、敷设方式、敷设部位。

（3）VRF空调配电系统施工图识读

1）VRF空调配电平面图识读。查看电气图例，结合电气图例，识读VRF空调配电平面图主要包括：

①VRF空调配电箱设置情况，包括VRF空调终端配电箱设置情况、VRF空调总配电箱设置情况，以及VRF空调总配电箱与VRF空调终端配电箱之间的连线逻辑关系。

②VRF空调终端配电箱的出线回路情况，包括VRF空调配电回路情况（室内机配电回路情况、室外机配电回路情况）。

2）VRF空调配电箱系统图识读。结合VRF空调配电平面图及包含配电箱干线图的动力配电平面图，识读VRF空调配电箱系统图主要包括：

①VRF空调终端配电箱的进/出线回路情况，包括进线回路断路器，进线回路的负荷计算；出线回路编号，出线回路名称（室内机、室外机），出线回路相序，出线回路断路器，出线回路导线的类型、根数、敷设方式、敷设部位。

②VRF空调总配电箱系统图的进/出线回路情况，包括进线回路断路器，进线回路的负荷计算，进线回路导线的类型、根数、敷设方式、敷设部位；出线回路编号，出线回路名称（VRF空调终端配电箱编号），出线回路相序，出线回路断路器，出线回路导线的类型、根数、敷设方式、敷设部位。

3. 动力设备配电系统施工图识读程序

（1）动力配电平面图识读 查看电气图例，结合电气图例，识读动力配电平面图主要包括：

①主要设备用房配电箱设置情况。主要设备用房包括消防防排烟机房、消防水泵房、消防电梯机房、生活水泵房、雨水泵房、通风机房等动力设备房间，还可包括消防控制室、变配电房等具有特定功能的设备房间。

②公共区域的动力设备及其他用电设备的终端配电箱设置情况、总配电箱设置情况，以及总配电箱与终端配电箱之间的连线逻辑关系。

③公共区域的动力设备及其他用电设备的终端配电箱的出线回路情况，包括出线回路连接的用电设备。

（2）动力配电箱系统图识读 结合动力配电平面图及包含配电箱干线图的动力配电平面图，识读动力配电箱系统图主要包括：

①主要设备用房配电箱的进/出线回路情况，包括进线回路断路器，进线回路的负荷计算，进线回路导线的类型、根数、敷设方式、敷设部位；出线回路编号，出线回路名称（设备用房内的用电设备），出线回路相序，出线回路断路器，出线回路导线的类型、根数、敷设方式、敷设部位。

②公共区域的动力设备及其他用电设备的终端配电箱系统图的进/出线回路情况，包括进线回路断路器，进线回路的负荷计算；出线回路编号，出线回路名称（公共区域的动力设备、其他用电设备等），出线回路相序，出线回路断路器，出线回路导线的类型、根数、

敷设方式、敷设部位。

③公共区域的动力设备及其他用电设备的总配电箱系统图的进/出线回路情况，包括进线回路断路器，进线回路的负荷计算，进线回路导线的类型、根数、敷设方式、敷设部位；出线回路编号，出线回路名称（终端配电箱编号），出线回路相序，出线回路断路器，出线回路导线的类型、根数、敷设方式、敷设部位。

4. 竖向配电干线图施工图识读程序

结合照明插座配电平面图、空调配电平面图、动力配电平面图，以及配电箱系统图，识读竖向配电干线图主要包括各楼层总配电箱（末端一级配电箱）、终端配电箱的设置情况；各楼层总配电箱（末端一级配电箱）与终端配电箱之间的连接逻辑关系情况；各楼层总配电箱（末端一级配电箱）的进线电源情况，包括进线线缆标注信息。

5. 防雷与接地系统施工图识读程序

（1）屋面防雷平面图识读 结合电气设计说明中防雷设计说明，识读屋面防雷平面图主要包括屋面避雷带、避雷网、接闪器设置情况，包括它们的材质规格等标注信息；屋面避雷网格尺寸情况、引下线间距尺寸情况；屋面所有金属设备与屋面避雷带电气连接情况。

（2）基础接地平面图识读 结合电气设计说明中接地设计说明，识读基础接地平面图主要包括基础接地线、接地网、引下线设置情况，包括它们的材质规格等标注信息；基础接地网接地测试点设置情况；总等电位联结端子箱与基础接地网电气连接情况。

6. 火灾自动报警与消防联动系统施工图识读程序

（1）火灾自动报警平面图识读 结合火灾自动报警系统设计说明，识读火灾自动报警平面图主要包括消防总接线端子箱、消防分接线端子箱的设置情况；火灾自动报警系统部件的设置情况，以及消防模块联动的消防设备布置情况，包括设置了哪些部件以及它们的设置部位；与消防接线端子箱电气连接的消防线路设置情况，即火灾自动报警系统部件之间的电气连接逻辑关系情况，包括消防广播线路、消防电话线路、消防信号线路、消防电源线路等设置情况。

（2）火灾自动报警系统图识读 结合火灾自动报警平面图，识读火灾自动报警系统图主要包括各楼层消防接线端子箱的设置情况，包括消防总接线端子箱设置情况、消防分接线端子箱设置情况；各楼层火灾自动报警系统部件设置与数量情况；各楼层火灾自动报警系统部件至消防接线端子箱之间的消防线路连接逻辑关系情况，包括消防线路采用的线缆材质、规格等标注信息。

9.3 建筑电气施工图设计实例

下面以某零碳园区双碳技术创新研发中心大楼和某未来社区康养中心大楼为例介绍建筑电气施工图设计与识读。

工程概况：

某零碳园区双碳技术创新研发中心大楼为多层办公建筑，位于上海市，建筑高度为20.3m，建筑层数为五层，每层主要为办公室、会议室等。建筑长度为29.84m，建筑宽度为15.24m，周围没有任何遮挡建筑物。

某未来社区康养中心大楼为多层公共建筑，位于杭州市，建筑高度为22.5m，建筑层数为地上五层，地下一层，地下一层主要为设备用房、汽车库，地上一至二层主要为办公室、诊疗室等，地上三至五层主要为康养间等。

9.3.1 建筑电气照明平面图设计实例与识读

建筑电气照明平面图设计实例与识读

1. 照明插座平面图设计实例与识读

双碳技术创新研发中心大楼二层有 4 个办公室、1 个会议室和 2 个卫生间、2 个楼梯间、1 个内走道、1 个配电间、1 个电梯前室等公共部位。二层建筑平面图房间布局如图 9-1 所示。

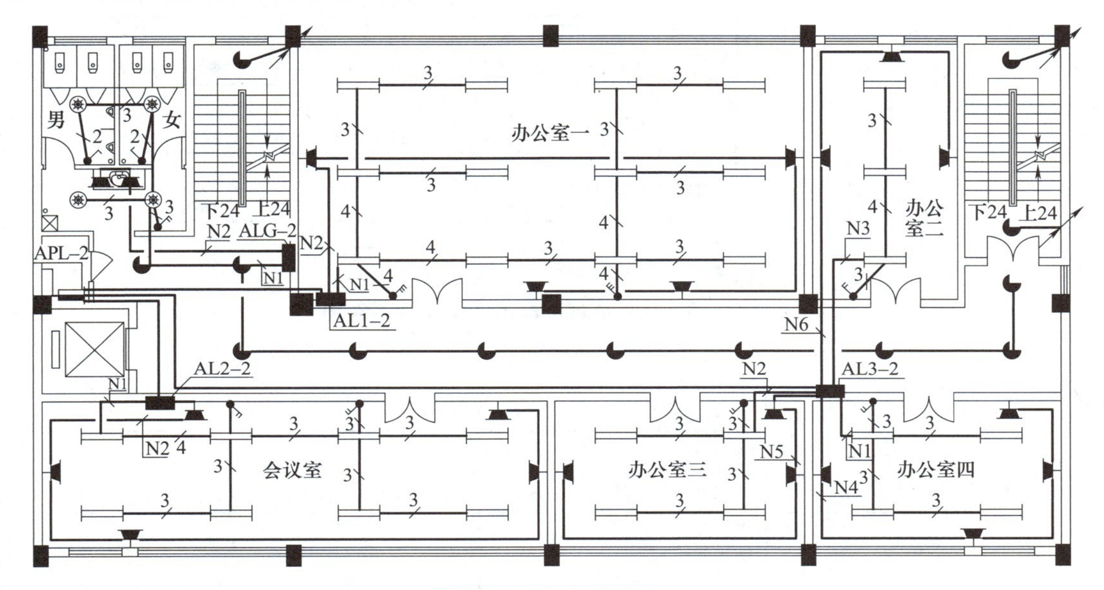

图 9-1 照明插座平面图

在双碳技术创新研发中心大楼二层平面图中，设计照明系统和插座系统，并对照明系统和插座系统进行配电设计。二层照明插座平面图如图 9-1 所示。

图 9-1 所示的照明插座平面图中，办公室一内设置了照明配电箱（AL1-2），负责办公室一内的照明和插座配电；会议室内设置了照明配电箱（AL2-2），负责会议室内的照明和插座配电；办公室二至办公室四共同设置了照明配电箱（AL3-2），负责办公室二至办公室四内的照明和插座配电；卫生间、内走道等公共部位的照明和插座配电，设置了公共照明配电箱（ALG-2），负责公共部位的 1 个普通照明回路和 1 个普通插座回路配电。此外，对于 2 个楼梯间照明配电，每个封闭楼梯间的每个平台（上、下各 1 个）照明灯按（上、下各 1 个）平台单独设置照明灯回路，并竖直穿管暗敷于墙内（图中通过引上引下线表示），每个平台的照明灯电源直接接自引上引下线处（这里，引上引下线表示穿管暗敷于墙内的竖直配电回路）。

2. 照明插座系统图设计实例与识读

图 9-1 所示的双碳技术创新研发中心大楼二层照明插座平面图共设置了 4 个照明终端配电箱（AL1-2、AL2-2、AL3-2、ALG-2），用于二层照明插座配电。在二层配电间设置了一个照明总配电箱（APL-2），负责为 4 个照明终端配电箱（AL1-2、AL2-2、AL3-2、ALG-2）供电，而照明总配电箱（APL-2）为末端一级配电箱，其电源直接引自变压器低压出线柜出线回路。

办公室二至办公室四共用的照明插座终端配电箱 AL3-2 的系统图如图 9-2 所示，照明插座总配电箱 APL-2 的系统图如图 9-3 所示。

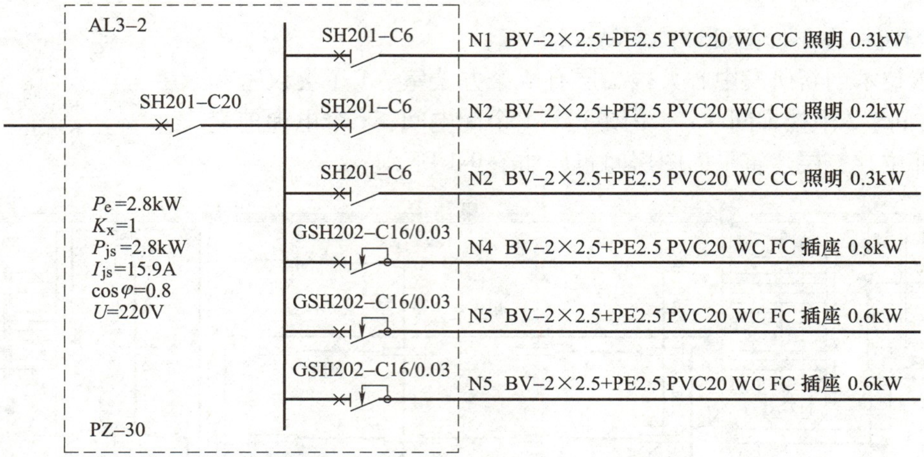

AL3-2
SH201-C20
SH201-C6
N1 BV-2×2.5+PE2.5 PVC20 WC CC 照明 0.3kW
SH201-C6
N2 BV-2×2.5+PE2.5 PVC20 WC CC 照明 0.2kW
SH201-C6
N2 BV-2×2.5+PE2.5 PVC20 WC CC 照明 0.3kW
GSH202-C16/0.03
N4 BV-2×2.5+PE2.5 PVC20 WC FC 插座 0.8kW
GSH202-C16/0.03
N5 BV-2×2.5+PE2.5 PVC20 WC FC 插座 0.6kW
GSH202-C16/0.03
N5 BV-2×2.5+PE2.5 PVC20 WC FC 插座 0.6kW
P_e=2.8kW
K_x=1
P_{js}=2.8kW
I_{js}=15.9A
cosφ=0.8
U=220V
PZ-30

图 9-2　照明插座终端配电箱 AL3-2 的系统图

APL-2
电源引自变配电房变压器低压出线柜
ZR-YJV-4×16+1×16SC40 CT WC FC
SH203-C20
DTS606-5(20)A
KWH
DDS606
-5(20)A
SH201-C16
KWH
N1 ZR-YJV-2×4+1×4CT SC32 WC CC AL1-2 1.6kW L1
DDS606
-5(20)A
SH201-C16
KWH
N2 ZR-YJV-2×4+1×4CT SC32 WC CC AL2-2 1.5kW L2
DDS606
-5(20)A
SH201-C20
KWH
N3 ZR-YJV-2×4+1×4CT SC32 WC CC AL3-2 2.8kW L3
DDS606
-5(20)A
SH201-C10
KWH
N4 ZR-YJV-2×4+1×4CT SC32 WC CC ALG-2 0.8kW L2
P_e=8.4kW
K_x=1
P_{js}=8.4kW
I_{js}=16.0A
cosφ=0.8
U=380V
SPD
PE
N
非标定制，落地明装

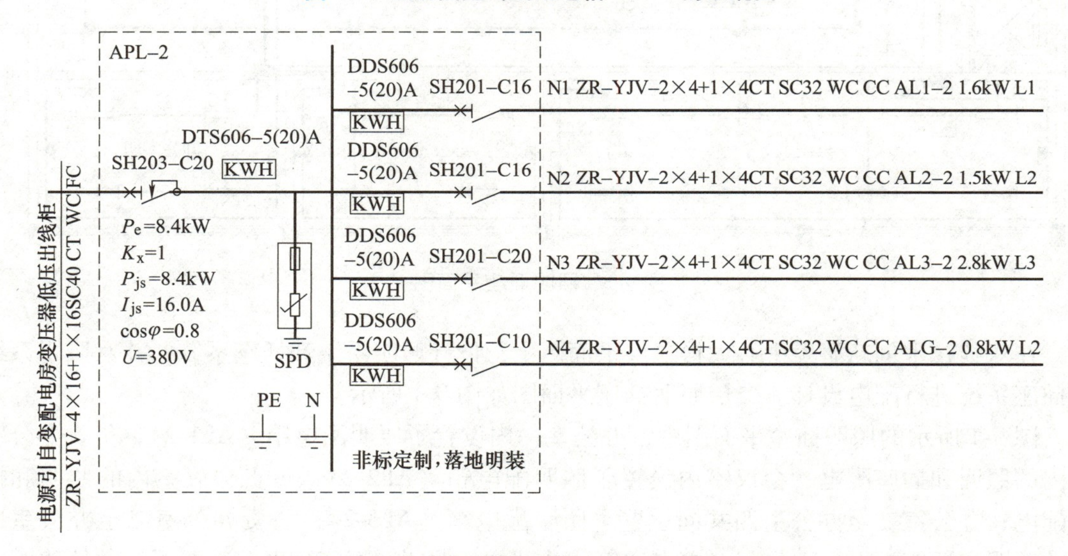

图 9-3　照明插座总配电箱 APL-2 的系统图

9.3.2　建筑配电系统施工图设计实例与识读

康养中心大楼的空调系统为 VRF 空调，每层设置 VRF 空调，每层的 VRF 空调室外机布置在相应楼层的设备平台。每层有设置配电间。

建筑配电系统施工图设计实例与识读——空调配电

1. 空调配电

（1）空调配电平面图　根据康养中心大楼暖通专业的第五层空调平面图中的 VRF 空调室外机和室内机的布置情况，在第五层平面绘制空调配电平面图。在配电间布置第五层空调配电箱，负责第五层平面中设备平台的室外机和各房间的室内机配电。康养中心大楼五层空调配电平面图如图 9-4 所示。

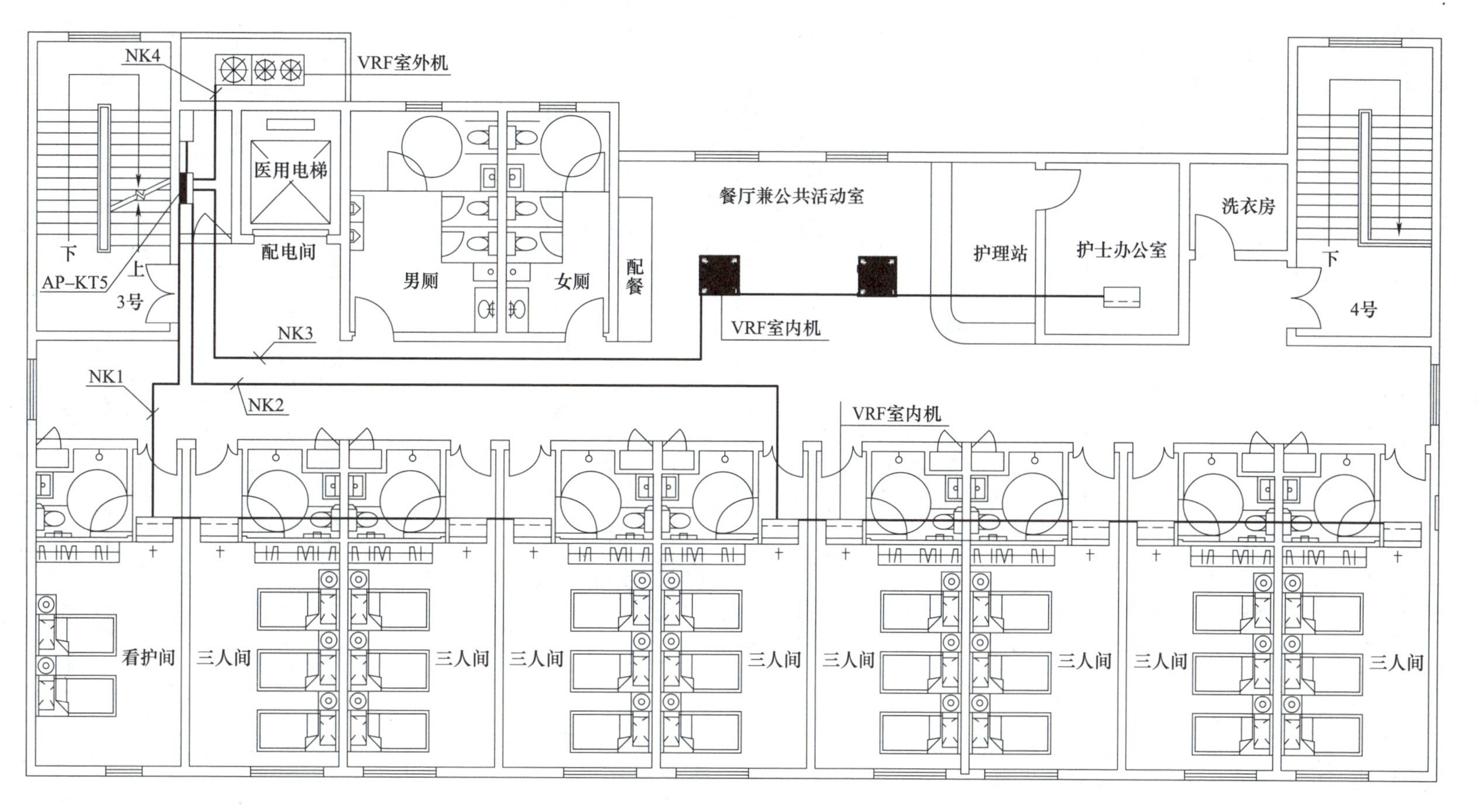

NK4
VRF室外机
医用电梯
配电间
下
上
AP-KT5
3号
男厕
女厕
配餐
餐厅兼公共活动室
护理站
护士办公室
洗衣房
下
4号
VRF室内机
NK3
NK1
NK2
VRF室内机
看护间
三人间
三人间
三人间
三人间
三人间
三人间
三人间
三人间

图 9-4　空调配电平面图

（2）空调配电箱系统图　图 9-4 中第五层楼层空调配电箱系统图如图 9-5 所示。在康养中心大楼的其他楼层配电间布置楼层空调配电箱，负责相应楼层平面中设备平台的室外机和各房间的室内机配电。一层配电间布置空调配电的总配电箱（APL-KT），负责为五个楼层的楼层空调配电箱供电。空调总配电箱（APL-KT）系统图如图 9-6 所示。

图 9-5　空调终端电箱系统图

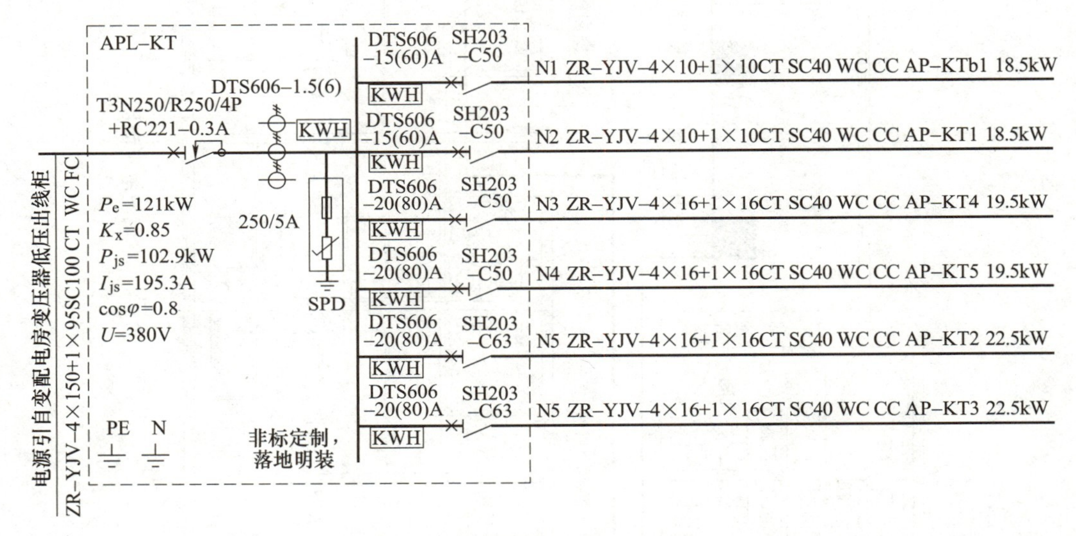

图 9-6　空调总配电箱系统图

2. 动力配电

（1）电梯机房配电　双碳技术创新研发中心大楼屋顶建筑平面图中设有电梯机房。电梯机房配电需在电梯机房布置双电源自动切换箱，并布置照明灯、普通插座、排风机（空调）插座。电梯机房配电平面图如图 9-7 所示。图 9-7 中电梯机房配电箱（ATS-dt）系统图如图 9-8 所示。

（2）消防水泵房配电　双碳技术创新研发中心大楼一层建筑平面图中设有消防水泵房。消防水泵房配电需在消防水泵房布置双电源自动切换箱，并布置照明灯、普通插座，以及消防泵电控箱、潜水泵电控箱。消防水泵房配电平面图如图 9-9 所示。图 9-9 中消防水泵房配电箱（ATS-xfb）系统图如图 9-10 所示。

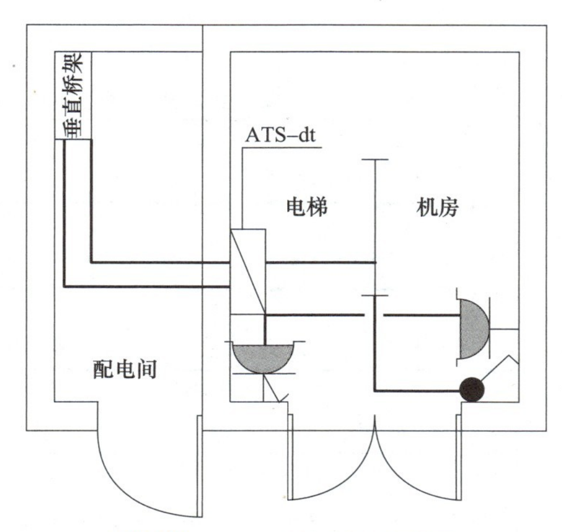

图 9-7　电梯机房配电平面图

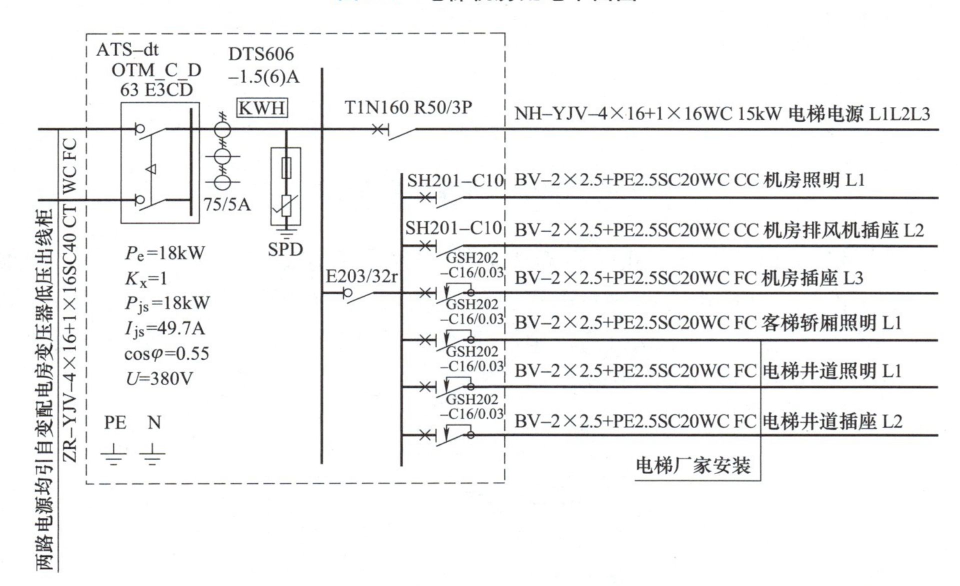

图 9-8　电梯机房配电箱系统图

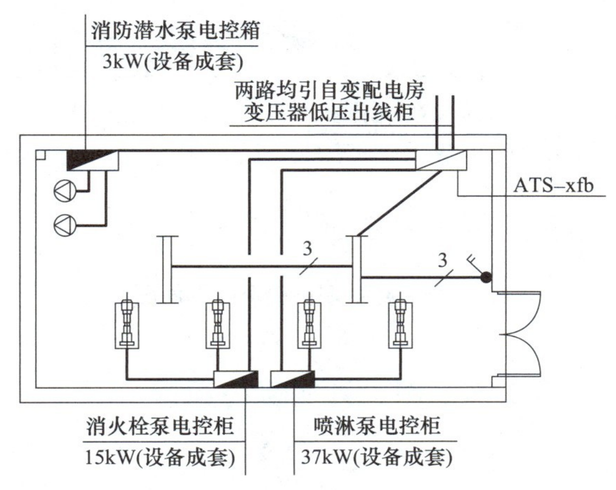

图 9-9　消防水泵房配电平面图

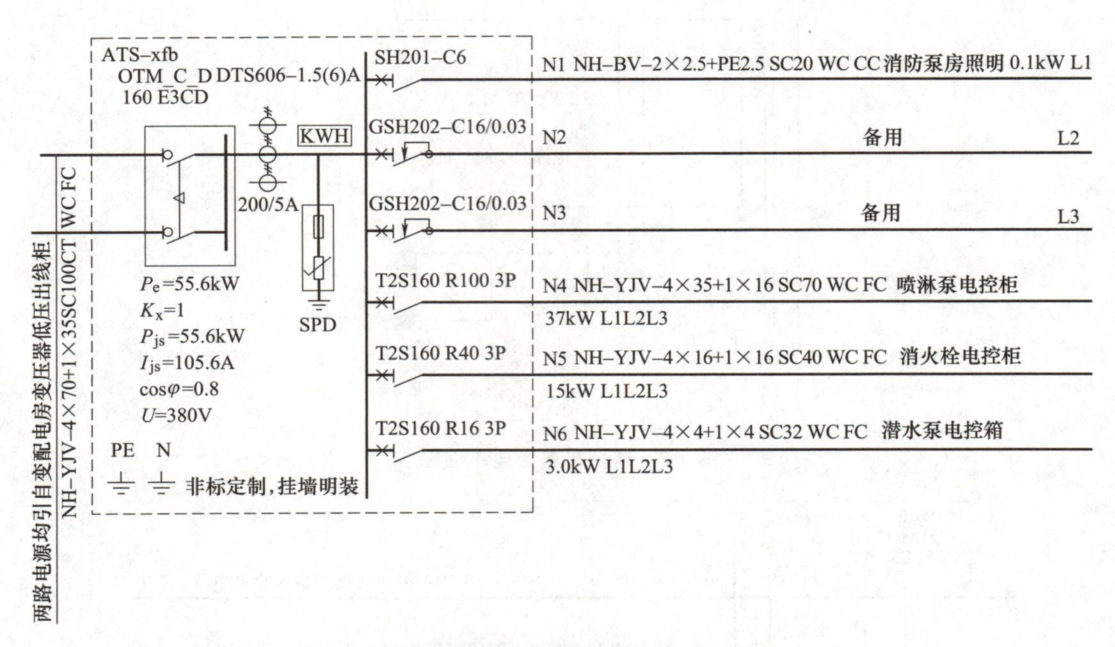

图 9-10 消防水泵房配电箱系统图

(3) 防排烟机房配电 未来社区康养中心大楼地下室建筑平面图中设有防排烟机房。防排烟机房配电需在防排烟机房布置双电源自动切换箱，并布置照明灯、普通插座，以及防排烟风机电控箱、防火阀。防排烟机房配电平面图如图 9-11 所示。图 9-11 中防排烟机房配电箱（ATS-fpy）系统图如图 9-12 所示。

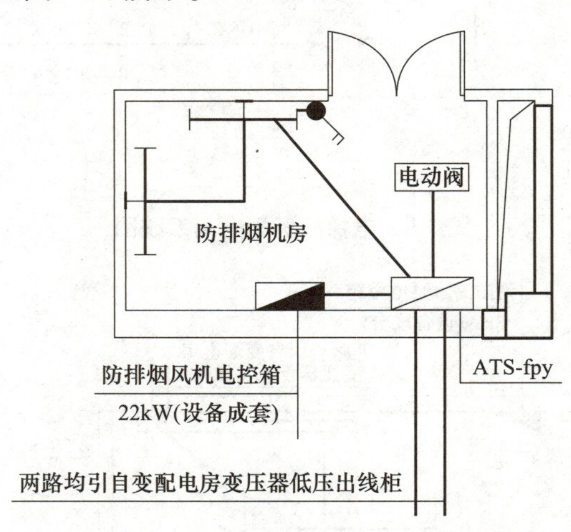

图 9-11 防排烟机房配电平面图

建筑防雷与接地系统施工图设计实例与识读

9.3.3 建筑防雷与接地系统施工图设计实例与识读

1. 屋面防雷平面图

经对双碳技术创新研发中心大楼进行防雷计算，根据双碳技术创新研发中心大楼的年预

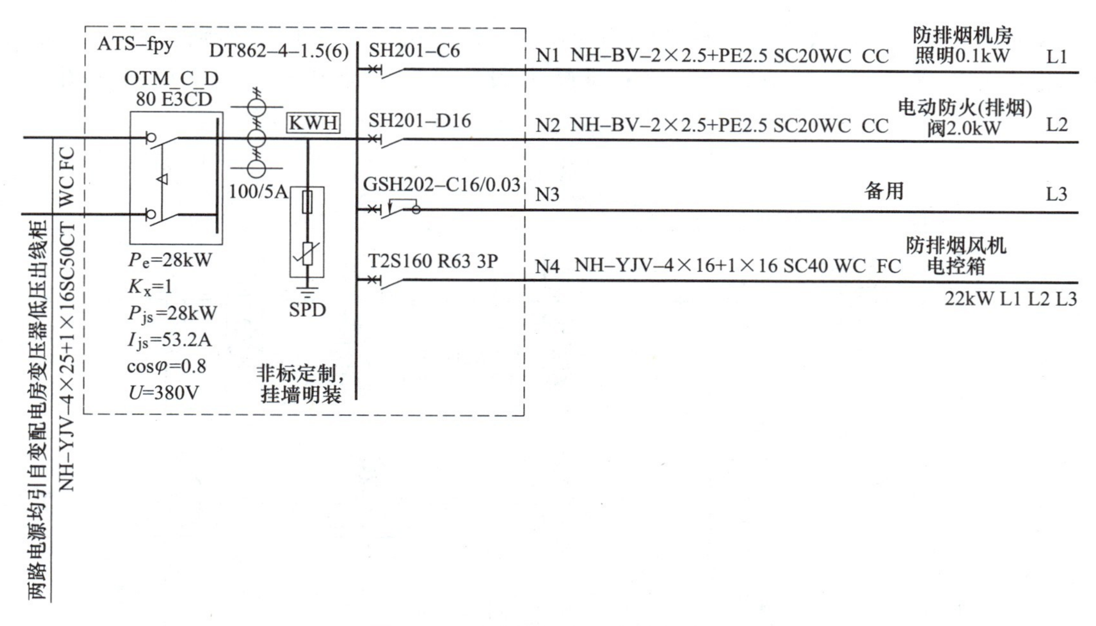

图 9-12 防排烟机房配电箱系统图

计雷击次数，判定双碳技术创新研发中心大楼为第三类防雷建筑物。

在双碳技术创新研发中心大楼的建筑屋面，绘制避雷带。按照第三类防雷建筑物的避雷网格尺寸要求和引下线间距要求，划分避雷网格、设置引下线。该双碳技术服务中心大楼屋面防雷平面图如图 9-13 所示。

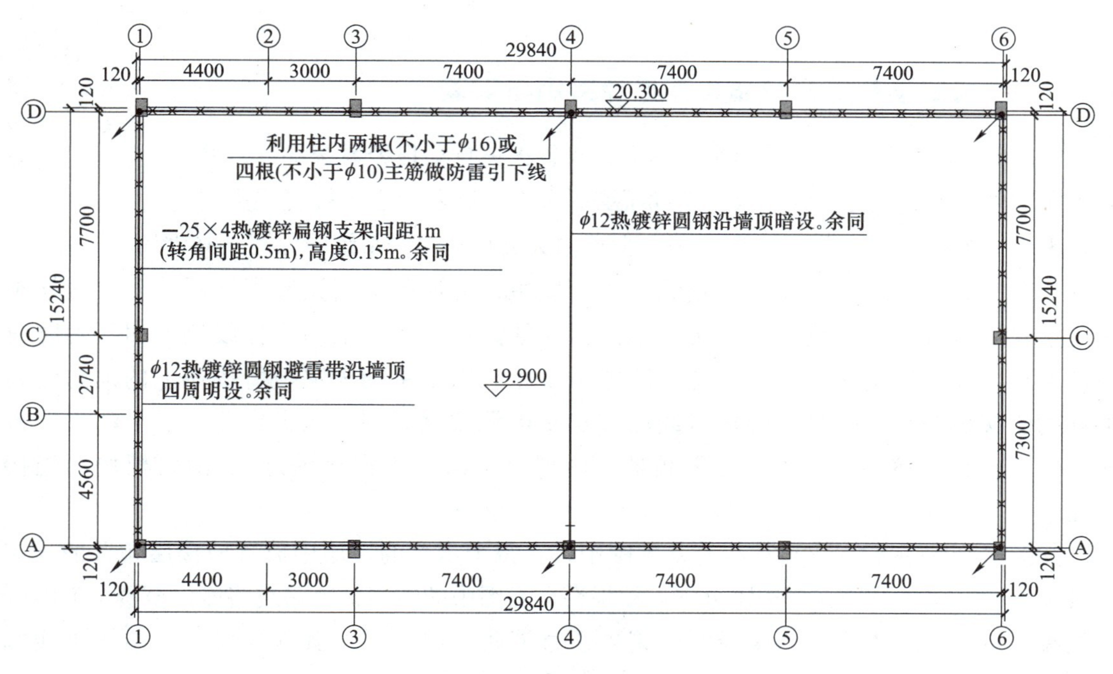

图 9-13 屋面防雷平面图

2. 基础接地平面图

在双碳技术创新研发中心大楼的结构专业的基础地梁平面图上，绘制接地线。按照接地网格尺寸要求，划分接地网格。该双碳技术服务中心大楼基础接地平面图如图 9-14 所示。

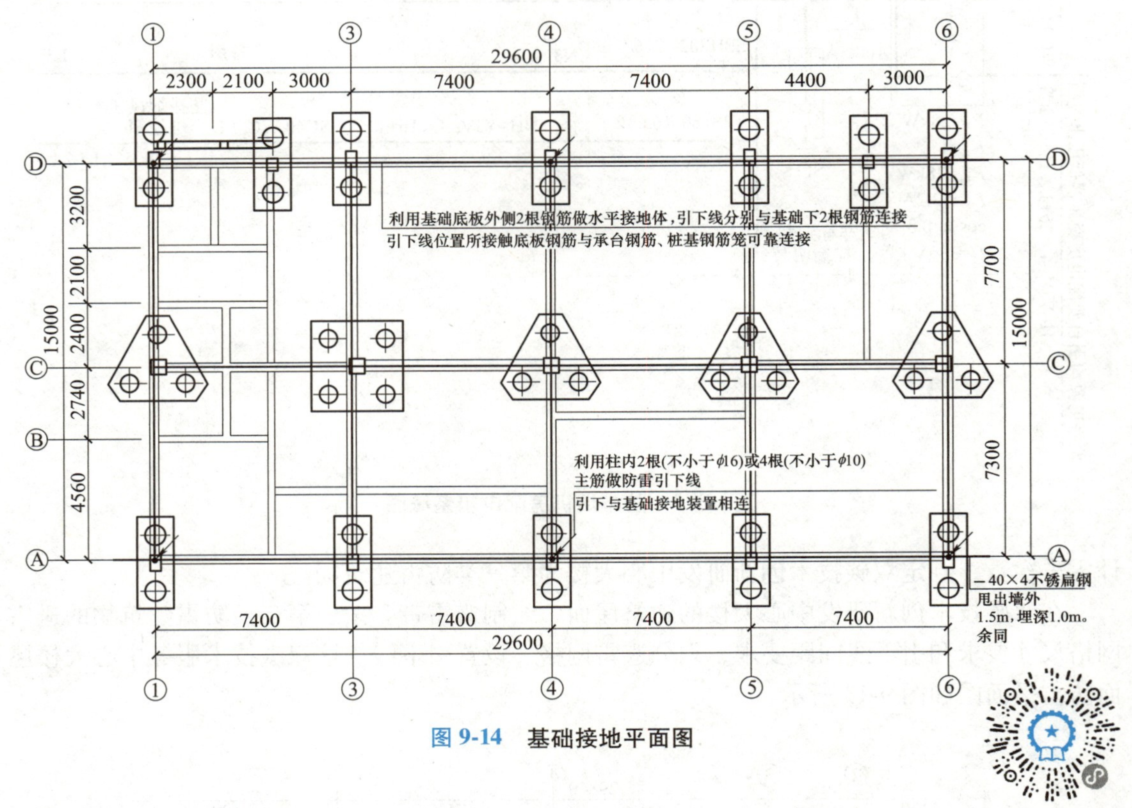

图 9-14 基础接地平面图

9.3.4 火灾自动报警系统施工图设计实例与识读

火灾自动报警系统施工图设计实例与识读

在康养中心大楼第五层建筑平面图上，布置火灾自动报警系统部件，并绘制报警部件的连接线路，绘制火灾自动报警平面图。康养中心大楼五层火灾自动报警平面图如图 9-15 所示。康养中心大楼的火灾自动报警系统图如图 9-16 所示。

如图 9-15 所示，五层火灾自动报警平面图中，五层配电间设置了楼层消防接线端子箱，从这个楼层消防接线端子箱出来三路消防线路：一路是消防广播线路，用于消防应急广播扬声器的连接线路；一路是消防电话线路，用于手动火灾报警按钮上的消防电话插孔的连接线路；一路是消防信号线路和消防电源线路，用于火灾探测器、手动火灾报警按钮、消火栓按钮、火灾声光警报器、区域显示器（火灾显示盘）、消防模块的连接线路。

如图 9-16 所示，火灾自动报警系统图中，在每个示意的楼层中放置该楼层布置的火灾报警部件，标注其数量，并按照火灾自动报警平面图中的线路，每路线路连接至楼层消防分接线端子箱。首层的消防总接线端子箱再通过消防线路连接至其他楼层的消防分接线端子箱。

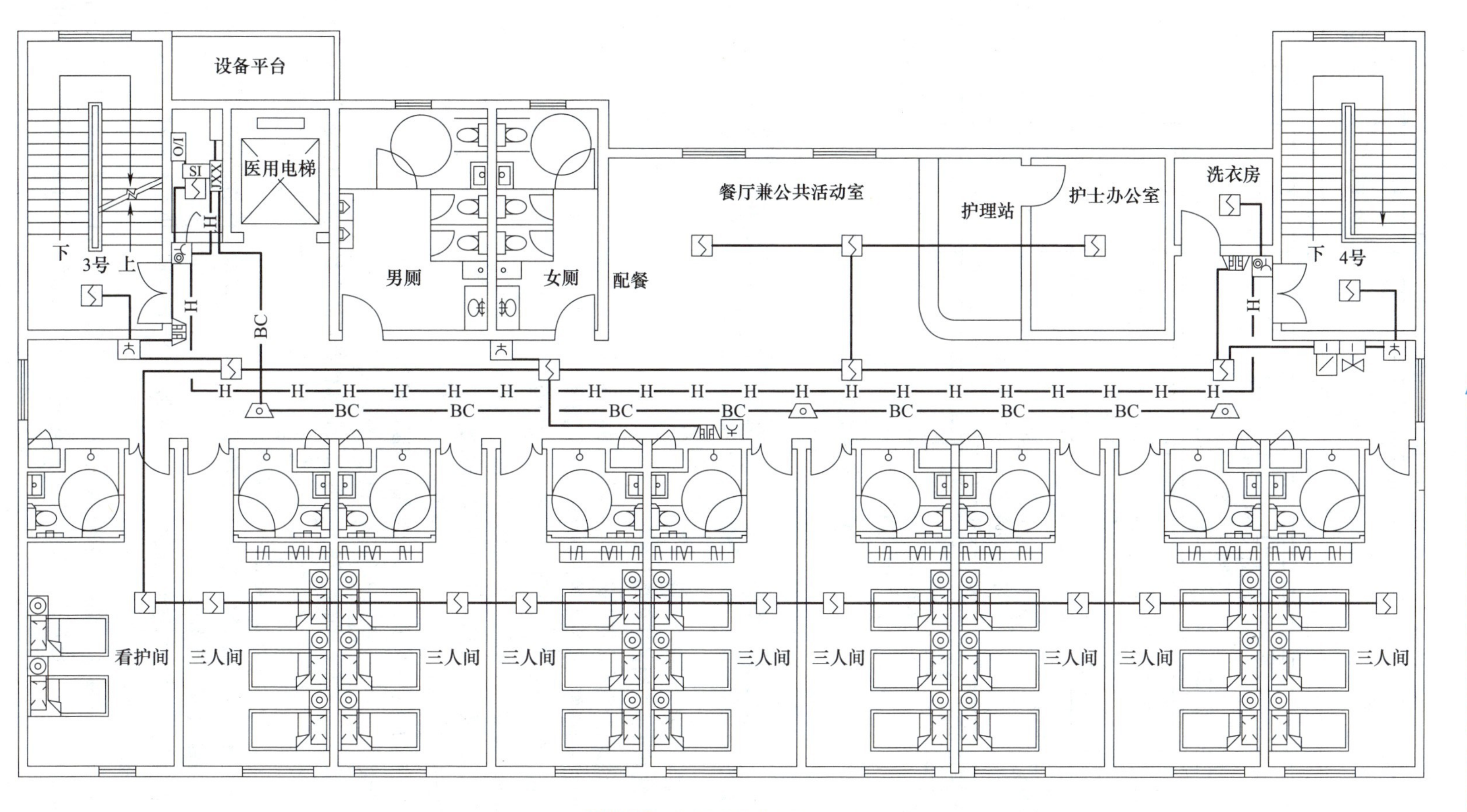

图 9-15　火灾自动报警平面图

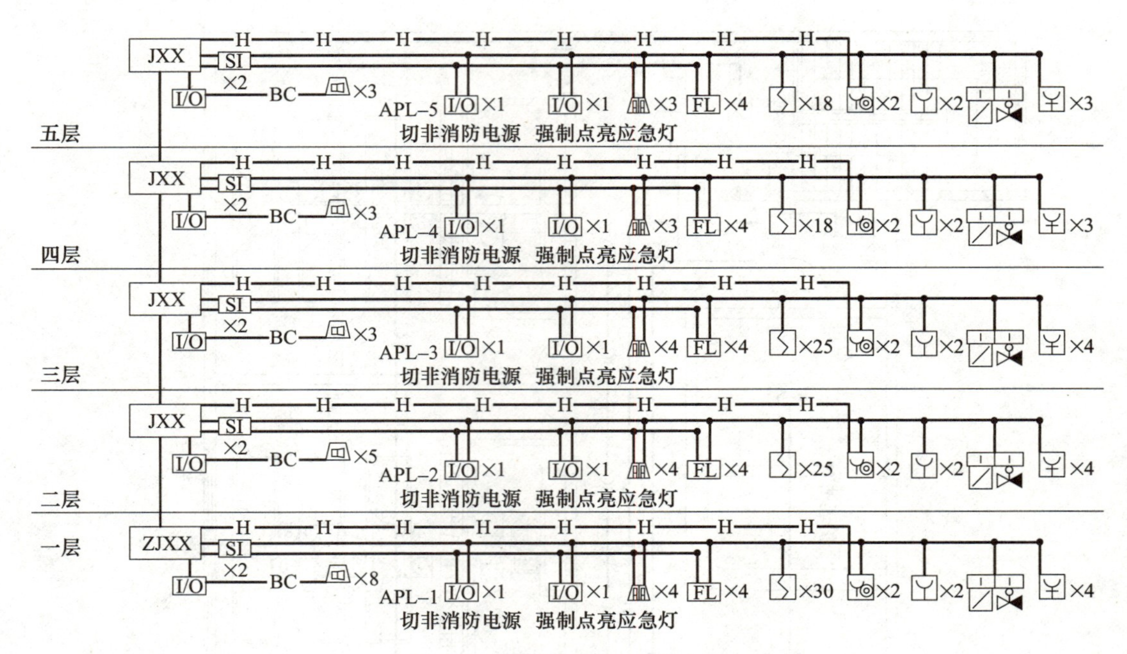

图 9-16　火灾自动报警系统图

1. 请写出建筑电气施工图设计范围。

2. 请写出建筑电气施工图设计成果。

3. 请写出建筑电气照明系统施工图设计步骤与识读内容。

4. 请写出建筑普通插座系统施工图设计步骤与识读内容。

5. 请写出建筑空调配电系统施工图设计步骤与识读内容。

6. 请写出建筑动力设备配电施工图设计步骤与识读内容。

7. 请写出建筑屋面防雷平面图设计步骤与识读内容。

8. 请写出建筑基础接地平面图设计步骤与识读内容。

9. 请写出火灾自动报警系统平面图设计步骤与识读内容。

10. 请写出火灾自动报警系统图设计步骤与识读内容。

11. 如图 9-17 所示，为某乡村振兴服务中心一层公共部位设置的公共照明配电箱系统图，乡村振兴服务中心建筑层数为五层，每层公共部位设有 1 个内走道、1 个楼梯间、1 个强电间、1 个弱电间、1 个卫生间，请你试对图 9-17 中的公共照明配电箱系统图识读。

12. 如图 9-18 所示，为建筑层数为五层的某乡村振兴服务中心五层空调终端配电箱系统图，请你试对图 9-18 中的空调终端配电箱系统图识读。

13. 如图 9-19 所示，为建筑层数为五层的某乡村振兴服务中心的空调配电箱系统图，请你试对图 9-19 中的空调配电箱系统图识读。

14. 某乡村为了实现美丽乡村建设，整体规划建设了一个美丽乡村居住区，美丽乡村居住区户内用户配电箱系统图如图 9-20 所示。已知该户建筑户型为两室一厅一厨一卫户型，请你试对图 9-20 中的用户配电箱系统图识读。

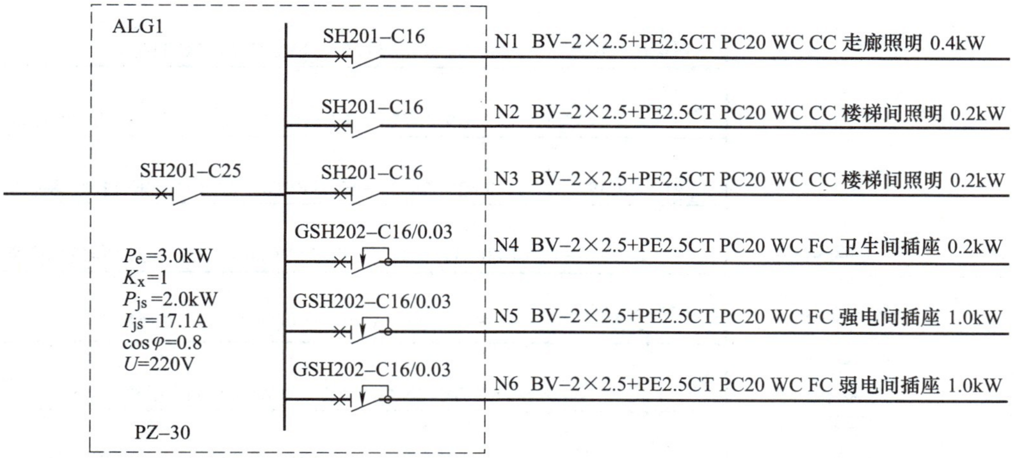

ALG1

SH201–C25

SH201–C16 N1 BV–2×2.5+PE2.5CT PC20 WC CC 走廊照明 0.4kW

SH201–C16 N2 BV–2×2.5+PE2.5CT PC20 WC CC 楼梯间照明 0.2kW

SH201–C16 N3 BV–2×2.5+PE2.5CT PC20 WC CC 楼梯间照明 0.2kW

GSH202–C16/0.03 N4 BV–2×2.5+PE2.5CT PC20 WC FC 卫生间插座 0.2kW

GSH202–C16/0.03 N5 BV–2×2.5+PE2.5CT PC20 WC FC 强电间插座 1.0kW

GSH202–C16/0.03 N6 BV–2×2.5+PE2.5CT PC20 WC FC 弱电间插座 1.0kW

P_e=3.0kW
K_x=1
P_{js}=2.0kW
I_{js}=17.1A
cosφ=0.8
U=220V

PZ–30

图 9-17 习题 11 图

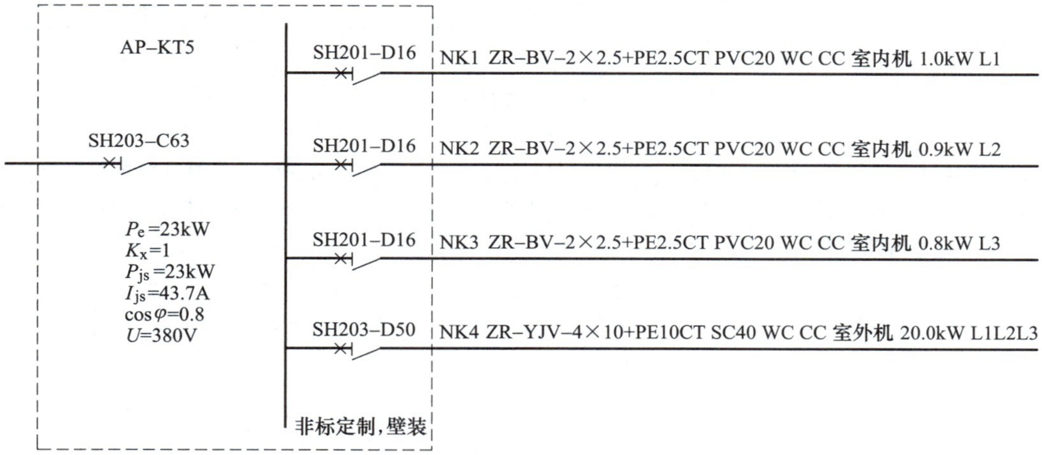

AP–KT5

SH203–C63

SH201–D16 NK1 ZR–BV–2×2.5+PE2.5CT PVC20 WC CC 室内机 1.0kW L1

SH201–D16 NK2 ZR–BV–2×2.5+PE2.5CT PVC20 WC CC 室内机 0.9kW L2

SH201–D16 NK3 ZR–BV–2×2.5+PE2.5CT PVC20 WC CC 室内机 0.8kW L3

SH203–D50 NK4 ZR–YJV–4×10+PE10CT SC40 WC CC 室外机 20.0kW L1L2L3

P_e=23kW
K_x=1
P_{js}=23kW
I_{js}=43.7A
cosφ=0.8
U=380V

非标定制，壁装

图 9-18 习题 12 图

APL–KT

电源引自变配电房变压器低压出线柜
ZR–YJV–4×95+1×50SC100 CT WC FC

T3N250/R200/4P
+RC221–0.3A

DTS606
–1.5(6)A
KWH

200/5A

SPD

DTS606 –10(40)A KWH SH203 –C25 N1 ZR–YJV–4×4+1×4CT SC32 WC FC AP–KT1 10kW

DTS606 –10(40)A KWH SH203 –C40 N2 ZR–YJV–4×10+1×10CT SC40 WC FC AP–KT2 15kW

DTS606 –10(40)A KWH SH203 –C40 N3 ZR–YJV–4×10+1×10CT SC40 WC FC AP–KT3 16kW

DTS606 –15(60)A KWH SH203 –C50 N4 ZR–YJV–4×10+1×10CT SC40 WC FC AP–KT4 20kW

DTS606 –20(80)A KWH SH203 –C63 N5 ZR–YJV–4×16+1×16CT SC40 WC FC AP–KT5 23kW

P_e=84kW
K_x=1
P_{js}=84kW
I_{js}=159.5A
cosφ=0.8
U=380V

PE N

非标定制，落地明装

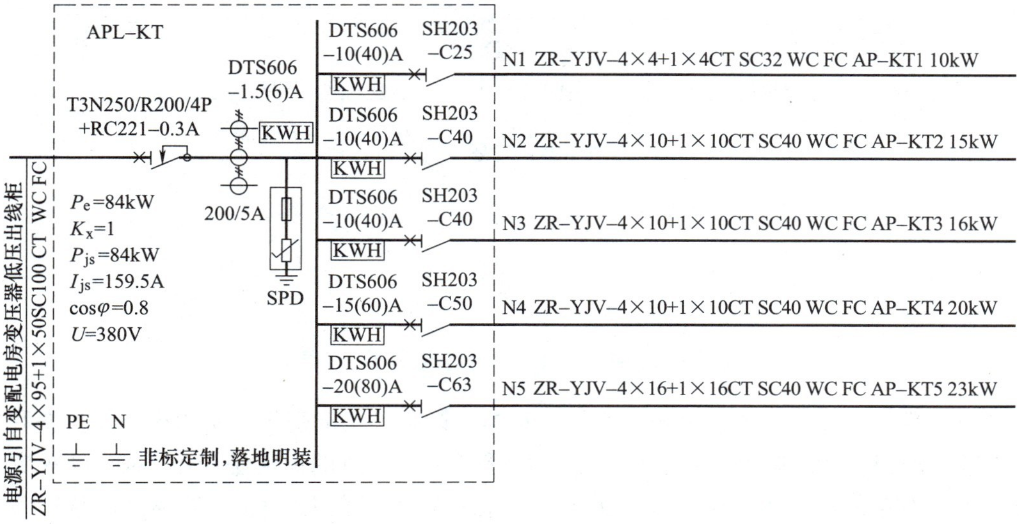

图 9-19 习题 13 图

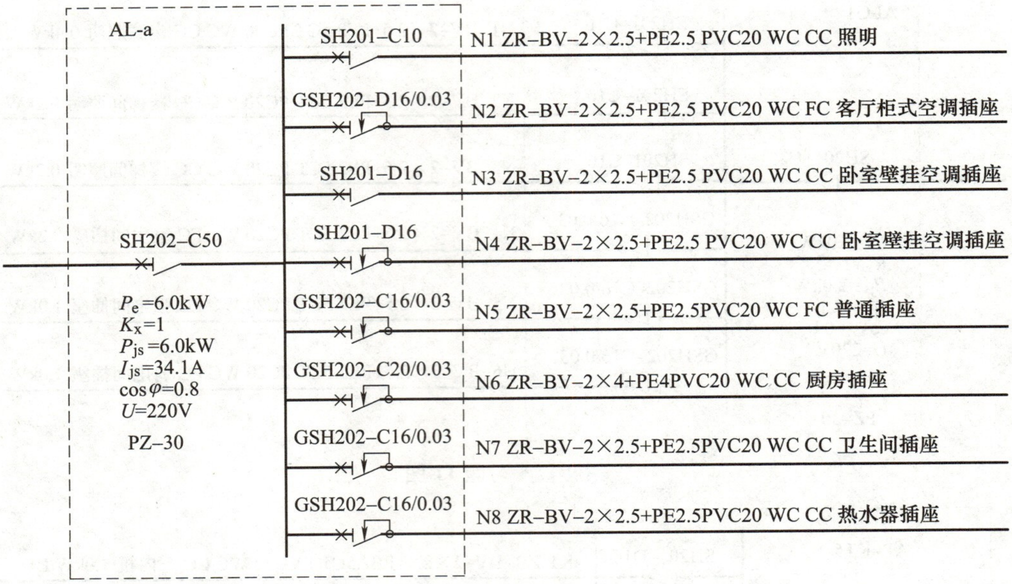

AL-a
SH202–C50
P_e=6.0kW
K_x=1
P_{js}=6.0kW
I_{js}=34.1A
cosφ=0.8
U=220V
PZ–30
SH201–C10
N1 ZR–BV–2×2.5+PE2.5 PVC20 WC CC 照明
GSH202–D16/0.03
N2 ZR–BV–2×2.5+PE2.5 PVC20 WC FC 客厅柜式空调插座
SH201–D16
N3 ZR–BV–2×2.5+PE2.5 PVC20 WC CC 卧室壁挂空调插座
SH201–D16
N4 ZR–BV–2×2.5+PE2.5 PVC20 WC CC 卧室壁挂空调插座
GSH202–C16/0.03
N5 ZR–BV–2×2.5+PE2.5PVC20 WC FC 普通插座
GSH202–C20/0.03
N6 ZR–BV–2×4+PE4PVC20 WC CC 厨房插座
GSH202–C16/0.03
N7 ZR–BV–2×2.5+PE2.5PVC20 WC CC 卫生间插座
GSH202–C16/0.03
N8 ZR–BV–2×2.5+PE2.5PVC20 WC CC 热水器插座

图 9-20 习题 14 图

15. 某乡村为了实现美丽乡村建设，整体规划建设了一个美丽乡村居住区，美丽乡村居住区配套有一个和谐邻里中心，和谐邻里中心建筑平面图如图 9-21 所示。请你试对和谐邻里中心进行照明插座设计与配电，并画出配电箱系统图。

4400
4400
3000
7400

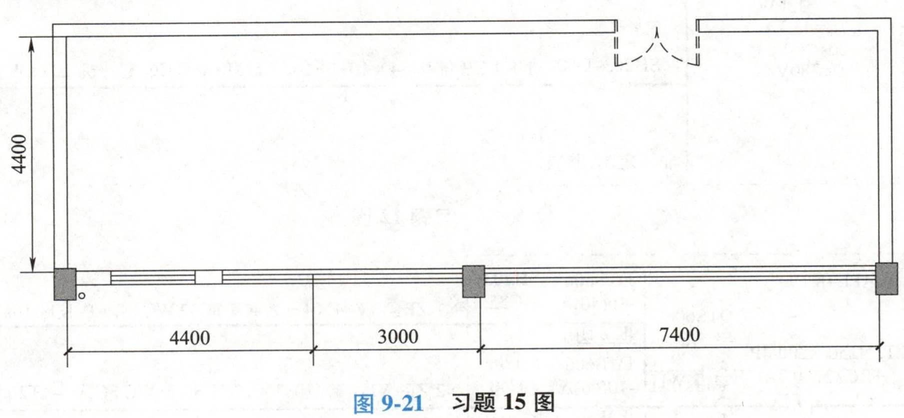

图 9-21 习题 15 图

拓展阅读

规范设计守护生命，行业责任重于泰山

目前，我国火灾统计数据表明，商场、宾馆、饭店等人员密集场所的火灾发生率和火灾死亡人数已经得到比较强的控制，但是令人担忧的是，在总的火灾统计中，40%的火灾发生在家庭里，而在这 40%火灾中的死亡人数却占总火灾中死亡人数的近 70%，这与这些场所没有安装火灾自动报警装置直接相关。

家庭火灾预防和人员密集的公共场所的火灾预防是有区别的。我国已经具备了适用于不同家庭的火灾自动探测报警装置。根据不同的需求，家庭火灾报警系统的选择可以是以户为单位的独立式的探测报警器，也可以是配合住宅访客对讲系统的家庭火灾安全系统，这些都可以作为建筑物火灾自动报警系统的一部分。

今天，保护人的生命安全上升到第一位。火灾自动报警系统的主要作用是在火灾初期尽早发现火灾并报警，提醒人员疏散。从大量火灾案例分析来看，火灾初期绝大多数是火灾自动报警系统首先发现火灾（感烟探测器探测到火灾初期烟雾），这时需要立即组织人员疏散。火灾如果继续蔓延，接下来就需要启动灭火系统。

根据试验，一般常规场所，从感烟探测器报警开始，可以有 20 多分钟的疏散时间，虽然疏散时间不是很充裕，但逃出一个防火分区是足够的。当人员疏散完成后，如果火势加大（约达到整个空间的 1/3 高度时），火灾自动报警系统的感温探测器就会动作，这时启动自动灭火系统是科学合理的。感烟探测器动作时不组织人员疏散就直接启动自动灭火系统是不合理的，当然，不依据规范设置火灾自动报警系统，等到火灾蔓延到一定程度后直接进入灭火阶段也是不科学的，这会使里面的人员很危险。

立足标准规范，工于匠心配电

根据 GB 50016—2014《建筑设计防火规范》（2018 年版）的规定，民用建筑根据其建筑高度和层数可分为单、多层民用建筑和高层民用建筑。高层民用建筑根据其建筑高度、使用功能和楼层的建筑面积可分为一类高层民用建筑和二类高层民用建筑。

建筑高度大于 54m 的住宅建筑（包括设置商业服务网点的住宅建筑）为一类高层住宅建筑。

建筑高度大于 27m，但不大于 54m 的住宅建筑（包括设置商业服务网点的住宅建筑）为二类高层住宅建筑。

建筑高度不大于 27m 的住宅建筑（包括设置商业服务网点的住宅建筑）为单层或多层住宅建筑。

建筑高度大于 50m 的公共建筑；建筑高度 24m 以上部分任一楼层建筑面积大于 $1000m^2$ 的商店、展览、电信、邮政、财贸金融建筑和其他多种功能组合的建筑；医疗建筑、重要公共建筑、独立建造的老年人照料设施；省级及以上的广播电视和防灾指挥调度建筑、网局级和省级电力调度建筑；藏书超过 100 万册的图书馆、书库，以上这些建筑为一类高层公共建筑。

除一类高层公共建筑外的其他高层公共建筑为二类高层公共建筑。

建筑高度大于 24m 的单层公共建筑、建筑高度不大于 24m 的其他公共建筑为单层或多层公共建筑。

同时，GB 50016—2014《建筑设计防火规范》（2018 年版）和 GB 55024—2022《建筑电气与智能化通用规范》规定、明确了民用建筑主要用电设备的用电负荷等级。

一类高层民用建筑的消防用电按一级负荷供电。一类民用高层建筑的安全防范系统、航空障碍照明、值班照明、警卫照明、客梯、排水泵、生活给水泵等按一级负荷供电。

二类高层民用建筑的消防用电按二级负荷供电。二类高层民用建筑的安全防范系统、客梯、排水泵、生活给水泵等按二级负荷供电。

一类和二类高层民用建筑的主要通道、走道及楼梯间照明等按二级负荷供电。

座位数超过1500个的电影院、剧场，座位数超过3000个的体育馆，任一层建筑面积大于3000m^{2}的商店和展览建筑，省（市）级及以上的广播电视、电信和财贸金融建筑，室外消防用水量大于25L/s的其他公共建筑，这些建筑的消防用电按二级负荷供电。

其他用电按三级负荷供电。

附　录

附录 A　常用导线允许载流量

表 A-1　**PVC 绝缘/两根有载导体/铜的载流量**　　（单位：A）

导体标称截面面积/mm²	敷设方式			
	A	B	C	D
铜				
1.0	11	13.5	15	17.5
1.5	14.5	17.5	19.5	22
2.5	19.5	24	26	29
4	26	32	35	38
6	34	41	46	47
10	46	57	63	63
16	61	76	85	81
25	80	101	112	104
35	99	125	138	125
50	119	151	168	148
70	151	192	213	183
95	182	232	258	216
120	210	269	299	246
150	240	—	344	278
185	273	—	392	312
240	320	—	461	360
300	367	—	530	407

注：导体温度为 70℃；环境温度，在空气中为 30℃，在地中为 20℃。

表 A-2 **XLPE 或 EPR 绝缘/两根有载导体/铜的载流量** （单位：A）

导体标称截面面积/mm²	敷设方式			
	A	B	C	D
铜				
1.0	15	18	19	21
1.5	19	23	24	26
2.5	26	31	33	34
4	35	42	45	44
6	45	54	58	56
10	61	74	80	73
16	81	100	107	95
25	106	133	138	121
35	131	164	171	146
50	158	198	210	173
70	200	254	269	213
95	241	306	328	252
120	278	354	382	287
150	318	—	441	324
185	362	—	506	363
240	424	—	599	419
300	486	—	693	474

注：导体温度为90℃；环境温度，在空气中为30℃，在地中为20℃。

表 A-3 **PVC 绝缘/三根有载导体/铜的载流量** （单位：A）

导体标称截面面积/mm²	敷设方式			
	A	B	C	D
铜				
1.0	10.5	12	13.5	14.5
1.5	13	15.5	17.5	18
2.5	18	21	24	24
4	24	28	32	31
6	31	36	41	39
10	42	50	57	52
16	56	68	76	67
25	73	89	96	86
35	89	111	119	103

（续）

导体标称截面面积/mm²	敷设方式			
	A	B	C	D
50	108	134	144	122
70	136	171	184	151
95	164	207	223	179
120	188	239	259	203
150	216	—	294	230
185	248	—	341	257
240	286	—	403	297
300	328	—	464	336

注：导体温度为70℃；环境温度，在空气中为30℃，在地中为20℃。

表 A-4　**XLPE 或 EPR 地缘/三根有载导体/铜的载流量**　（单位：A）

导体标称截面面积/mm²	敷设方式			
	A	B	C	D
铜				
1.0	13.5	16	17	17.5
1.5	17	20	22	22
2.5	23	27	30	29
4	31	37	40	37
6	40	48	52	46
10	54	66	71	61
16	73	89	96	79
25	95	117	119	101
35	117	144	147	122
50	141	175	179	144
70	179	222	229	178
95	216	269	278	211
120	249	312	322	240
150	285	—	371	271
185	324	—	424	304
240	380	—	500	351
300	435	—	576	396

注：导体温度为90℃；环境温度，在空气中为30℃，在地中为20℃。

表 A-1～表 A-4 中 A～D 代表的敷设方式见表 A-5。

表 A-5 A～D 代表的敷设方式

敷设方式	参考敷设方式	具有相同载流量的其他敷设方式
A	绝缘导线穿管敷设在绝缘墙内	多芯电缆直敷在绝缘墙内； 绝缘导线穿管敷设在封闭地沟内； 多芯电缆穿管敷设在绝缘墙内
B	绝缘导线穿管敷设在墙上	绝缘导线敷设在墙上槽盒内； 绝缘导线穿管敷设在通风的楼板、地沟内； 绝缘导线、单芯或多芯电缆穿管或穿导管敷设在砌体内
C	多芯电缆敷设在墙上	单芯电缆敷设在墙、楼板或天花板上； 多芯电缆直敷在砌体内； 多芯电缆敷设楼板上； 单芯电缆或多芯电缆敷设在开启或通风的地沟内； 多芯电缆在槽盒内，或穿管敷设在空气中，或触及砌体敷设（数值乘以 0.8）
D	多芯电缆敷设在地中导管内	单芯电缆敷设在地中导管内； 单芯或多芯电缆直埋在地中

附录B 常用导线敷设管径值

表 B-1 导线穿聚氯乙烯硬质电线管（PVC）管径值

<table>
<tr><th rowspan="3">导线型号
0.45/0.75kV</th><th rowspan="3">单芯导线
穿管根数</th><th colspan="10">导线截面面积/mm²</th></tr>
<tr><th>1.0</th><th>1.5</th><th>2.5</th><th>4</th><th>6</th><th>10</th><th>16</th><th>25</th><th>35</th><th>50</th></tr>
<tr><th colspan="10">导线穿聚氯乙烯硬质电线管（PVC）/mm</th></tr>
<tr><td rowspan="4">ZR-BV
BV
BLV
BV-105
BLV-105
BX
BLV</td><td>2</td><td colspan="3" rowspan="2">16</td><td colspan="2" rowspan="2">20</td><td colspan="2">32</td><td colspan="2">40</td><td>50</td></tr>
<tr><td>3</td><td colspan="2">40</td><td colspan="2">50</td><td></td></tr>
<tr><td>4</td><td colspan="2">16</td><td colspan="2">20</td><td>25</td><td>40</td><td colspan="2">50</td><td></td><td></td></tr>
<tr><td>5</td><td colspan="3">20</td><td colspan="2">25</td><td colspan="3">50</td><td></td><td></td></tr>
</table>

表 B-2 导线穿焊接钢管（SC）管径值

<table>
<tr><th rowspan="3">导线型号
0.45/0.75kV</th><th rowspan="3">单芯导
线穿管
根数</th><th colspan="14">导线截面面积/mm²</th></tr>
<tr><th>1.0</th><th>1.5</th><th>2.5</th><th>4</th><th>6</th><th>10</th><th>16</th><th>25</th><th>35</th><th>50</th><th>70</th><th>95</th><th>120</th><th>150</th></tr>
<tr><th colspan="14">导线穿焊接钢管（SC）或水煤气钢管（RC）/mm</th></tr>
<tr><td rowspan="4">ZR-BV NH-BV
BV
BLV
BV-105
BLV-105
BX
BLV</td><td>2</td><td colspan="4">15</td><td>20</td><td colspan="2">25</td><td colspan="2">32</td><td>40</td><td>50</td><td colspan="2">70</td><td>80</td></tr>
<tr><td>3</td><td colspan="3" rowspan="2">15</td><td colspan="2">20</td><td>25</td><td>32</td><td colspan="2">40</td><td>50</td><td>70</td><td colspan="2">80</td><td>100</td></tr>
<tr><td>4</td><td colspan="2" rowspan="2">25</td><td colspan="2">32</td><td colspan="2" rowspan="2">50</td><td rowspan="2">70</td><td colspan="2">80</td><td colspan="2">100</td></tr>
<tr><td>5</td><td colspan="2">15</td><td>20</td><td>32</td><td>40</td><td>80</td><td colspan="2">100</td><td>125</td></tr>
</table>

表 B-3 电缆穿焊接钢管（SC）最少管径值

<table>
<tr><th rowspan="2">电缆型号
0.6/1kV</th><th colspan="2">电缆标称截面面积/mm²</th><th>1.5</th><th>2.5</th><th>4</th><th>6</th><th>10</th><th>16</th><th>25</th><th>35</th><th>50</th><th>70</th><th>95</th><th>120</th><th>150</th><th>185</th><th>240</th></tr>
<tr><th colspan="2">焊接钢管（SC）或水煤气钢管（RC）</th><th colspan="15">最小管径/mm</th></tr>
<tr><td rowspan="3">YJV
ZR-YJV
YJLV
ZR-YJLV</td><td rowspan="3">电缆穿管
长度在30m
及以下</td><td>直线</td><td>15</td><td>20</td><td colspan="3">32</td><td colspan="2">40</td><td colspan="2">50</td><td colspan="3">70</td><td colspan="3">100</td></tr>
<tr><td>一个弯曲时</td><td>20</td><td>25</td><td colspan="2">32</td><td colspan="2">40</td><td>50</td><td colspan="3">70</td><td>80</td><td colspan="2">100</td><td colspan="2" rowspan="2">150</td></tr>
<tr><td>两个弯曲时</td><td>25</td><td colspan="2">32</td><td colspan="2">40</td><td colspan="3">70</td><td colspan="2">80</td><td colspan="2">100</td><td>125</td></tr>
</table>

<table>
<tr><th rowspan="2">电缆型号
0.6/1kV</th><th colspan="2">电缆标称截面面积/mm²</th><th>2.5</th><th>4</th><th>6</th><th>10</th><th>16</th><th>25</th><th>35</th><th>50</th><th>70</th><th>95</th><th>120</th><th>150</th><th>185</th><th>240</th></tr>
<tr><th colspan="2">焊接钢管（SC）或水煤气钢管（RC）</th><th colspan="14">最小管径/mm</th></tr>
<tr><td rowspan="3">NH-YJV
GZR-YJV</td><td rowspan="3">电缆穿管
长度在30m
及以下</td><td>直线</td><td colspan="2">32</td><td colspan="2">40</td><td colspan="2">40</td><td colspan="2">70</td><td colspan="3">80</td><td colspan="2">100</td><td>125</td></tr>
<tr><td>一个弯曲时</td><td colspan="2">40</td><td colspan="2">50</td><td colspan="2">70</td><td colspan="2">80</td><td colspan="2">100</td><td colspan="2">125</td><td colspan="2">150</td></tr>
<tr><td>两个弯曲时</td><td colspan="2">50</td><td colspan="3">70</td><td colspan="3">100</td><td colspan="2">125</td><td colspan="4">150</td></tr>
</table>

附录 C　建筑用电分项计量系统能耗结构图

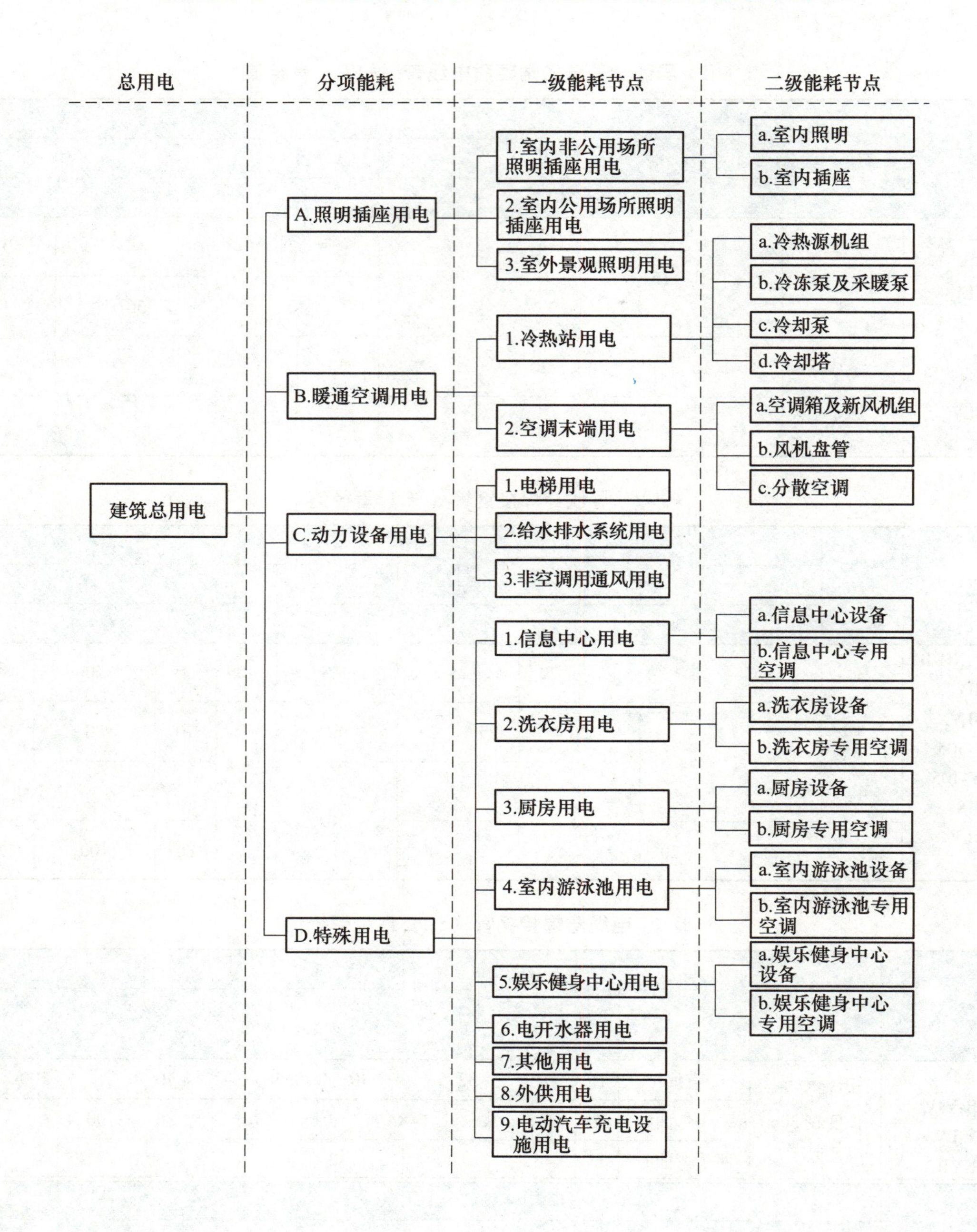

参 考 文 献

[1] 方潜生．建筑电气［M］.2 版．北京：中国建筑工业出版社，2018.

[2] 王晓丽．建筑供配电与照明技术［M］. 北京：中国建筑工业出版社，2020.

[3] 段春丽．建筑电气［M］.2 版．北京：机械工业出版社，2018.

[4] 马永力，黄志开．建筑电气［M］. 北京：中国水利水电出版社，2018.

[5] 唐定曾，唐海，朱相尧．建筑电气技术［M］.2 版．北京：机械工业出版社，2003.

[6] 中华人民共和国住房和城乡建设部．建筑电气与智能化通用规范：GB 55024—2022［S］. 北京：中国建筑工业出版社，2022.

[7] 中华人民共和国住房和城乡建设部．民用建筑电气设计标准：GB 51348—2019［S］. 北京：中国建筑工业出版社，2020.

[8] 中华人民共和国住房和城乡建设部．建筑电气制图标准：GB/T 50786—2012［S］. 北京：中国建筑工业出版社，2012.

[9] 中国建筑标准设计研究院．《建筑电气制图标准》图示：12DX011［S］. 北京：中国计划出版社，2012.

[10] 中华人民共和国住房和城乡建设部．火灾自动报警系统设计规范：GB 50116—2013［S］. 北京：中国计划出版社，2014.

[11] 中国建筑标准设计研究院．《火灾自动报警系统设计规范》图示：14X505-1［S］. 北京：中国计划出版社，2013.

[12] 中华人民共和国住房和城乡建设部．建筑物防雷设计规范：GB 50057—2010［S］. 北京：中国计划出版社，2011.

[13] 全国电工术语标准化技术委员会．电工术语 电缆：GB/T 2900. 10—2013［S］. 北京：中国标准出版社，2014.

[14] 全国低压电器标准化技术委员会．低压开关设备和控制设备　第 1 部分　总则：GB/T 14048. 1—2012［S］. 北京：中国标准出版社，2013.

[15] 全国低压电器标准化技术委员会．低压开关设备和控制设备　第 2 部分　断路器：GB/T 14048. 2—2020［S］. 北京：中国标准出版社，2020.

[16] 全国变压器标准化技术委员会．油浸式电力变压器技术参数和要求：GB/T 6451—2015［S］. 北京：中国标准出版社，2016.

[17] 中南建筑设计院股份有限公司．建筑工程设计文件编制深度规定（2016 版）［Z］. 2016.

[18] 中华人民共和国住房和城乡建设部．建筑照明设计标准：GB/T 50034—2024［S］. 北京：中国建筑工业出版社，2024.

[19] 中华人民共和国住房和城乡建设部．建筑设计防火规范：GB 50016—2024（2018 年版）［S］. 北京：中国计划出版社，2018.

参考文献

[illegible]